"十四五"高等学校计算机教育新形态一体化系列教材

大数据概论及应用实践

通识版

刘爱芹 杜建彬 ◎ 主 编
闫乐林 周杨姊 侯 燕 王相成 张 明 ◎ 副主编

中国铁道出版社有限公司
CHINA RAILWAY PUBLISHING HOUSE CO., LTD.

内 容 简 介

本书为"十四五"高等学校计算机教育新形态一体化系列教材之一。随着大数据时代的到来，数据成为第五大生产要素，也是发展新质生产力的优质生产要素。本书由浅入深、循序渐进地论述了培养复合型大数据专业人才所需要的数据意识、数据思维、数据伦理和数据能力等概念和理论。全书分为基础篇、技术篇、数据管理篇和应用篇四大部分，包括绪论、大数据技术概述、数据采集与数据预处理、数据存储与管理、数据分析与挖掘、数据可视化、大数据安全、大数据思维、数据开放与共享、大数据的法律政策规范、大数据应用、综合案例共12章。为避免理论论述的抽象，本书融入丰富案例，同时引入浪潮数据管理平台为拓展仿真实训平台，使读者转换学习场景，直观地理解相应理论的具体内涵。

本书适合作为高等院校数据科学与大数据及计算机专业的导论课程教材，也可以作为高等院校非计算机专业（尤其文科）数据科学类课程教材，亦可作为职业院校大数据类课程教材，还可供对大数据感兴趣的读者自学。

图书在版编目（CIP）数据

大数据概论及应用实践：通识版 / 刘爱芹，杜建彬主编． -- 北京：中国铁道出版社有限公司，2024.10.
（"十四五"高等学校计算机教育新形态一体化系列教材）.
ISBN 978-7-113-31327-2

I. TP274

中国国家版本馆CIP数据核字第2024SY2704号

书　　名：大数据概论及应用实践（通识版）
作　　者：刘爱芹　杜建彬

策　　划：李志国　祁　云　　　　　　编辑部电话：（010）63549458
责任编辑：祁　云　李学敏
封面设计：刘　颖
责任校对：安海燕
责任印制：樊启鹏

出版发行：中国铁道出版社有限公司（100054，北京市西城区右安门西街8号）
网　　址：https://www.tdpress.com/51eds/
印　　刷：河北燕山印务有限公司
版　　次：2024年10月第1版　2024年10月第1次印刷
开　　本：850 mm×1 168 mm　1/16　印张：14.75　字数：378千
书　　号：ISBN 978-7-113-31327-2
定　　价：46.00元

版权所有　侵权必究

凡购买铁道版图书，如有印制质量问题，请与本社教材图书营销部联系调换。电话：（010）63550836
打击盗版举报电话：（010）63549461

"十四五"高等学校计算机教育新形态一体化系列教材
编审委员会

主　任：石　冰

副主任：王志军　王志强　宁玉富　刘　瑜　李　明

　　　　李晓峰　吴晓明　周元峰　秦绪好　韩慧健

委　员：（按姓氏笔画排序）

　　　　王玉锋　王平辉　刘爱芹　祁　云　杜建彬

　　　　李凤云　何　伟　邹淑雪　张　敏　郑永果

　　　　孟　雷　赵彦玲　姜雪松　祝　铭　高金雷

　　　　崔立真　董吉文　董国庆　潘　丽

秘书长：杨东晓

序

党的二十大报告强调，教育、科技、人才是全面建设社会主义现代化国家的基础性、战略性支撑，要"深入实施科教兴国战略、人才强国战略、创新驱动发展战略"。2024年1月31日，习近平总书记在中共中央政治局第十一次集体学习时强调，加快发展新质生产力，扎实推进高质量发展。随着新质生产力的形成发展，以人工智能、大数据、云计算等为代表的新一代信息技术日新月异，对高等教育特别是计算机教育提出了新的挑战和机遇，不仅要求我们在理论上有所创新，更需要在实践中不断探索与突破。

教材作为人才培养的重要载体，是知识传承的媒介，也是人才培养的基石。在新时代背景下，要进一步推动高等学校计算机教育教学改革，教材作为连接理论与实践的桥梁，就要在引导学生掌握扎实理论知识的同时，起到实践能力和创新精神培养的作用。近年，教育部关于教材建设出台了一系列文件。《普通高等学校教材管理办法》及《教育部办公厅关于开展"十四五"普通高等教育本科国家级规划教材第一次推荐遴选工作的通知》（教高厅函〔2024〕9号）都要求，遵循高等教育教学规律和人才培养规律，注重守正创新，推动学科交叉、产教融合、科教融汇，着力打造高质量教材体系，形成引领示范效应。

在此背景下，中国铁道出版社有限公司与山东省高教学会计算机教学研究专业委员会共同策划组织了这套"'十四五'高等学校计算机教育新形态一体化系列教材"。本套教材旨在为我国高等计算机教育事业注入新的活力，培养更多适应未来社会需求的高素质计算机专业人才。本套教材在思政元素、内容构建、资源建设、产学协同等方面体现了诸多优势，主要表现为：

一、价值引领，育人为本

本系列教材积极贯彻《习近平新时代中国特色社会主义思想进课程教材指南》，主动融入课程思政元素，内容编写体现爱国精神、科学精神和创新精神，强化历史思维和工程思维，落实立德树人根本任务。

二、内容创新，质量至上

在内容编排上，本套教材坚持"理论够用、实践为主、注重应用"原则，为了满足新工科专业建设和人才培养的需要，编者结合各自的研究专长和教学实践，对教材内容进行了精心设计和反复打磨，确保每一章节都既具有科学性、系统性，又贴近实际、易于理解，教材中的案例在设计上充分考虑高阶性、创新性和挑战度。同时，我们还注重引入行业案例和最新研究成果，使教材内容保持与行业发展同步。

三、一体化设计，新形态呈现

党的二十大报告指出"推进教育数字化"，本系列教材以媒体融合为亮点，配套建设数字化资源，包括教学课件、教学案例、教学视频、动画以及试题库等；部分教材配套课程教学平台和教学软件，以帮助学生充分利用现代教育技术手段，提高课程学习效果。教材建设与课程建设结合，努力实现集成创新，深入推进教与学的互动，利于教师根据教学反馈及时更新与优化教学策略，有效提升课堂的活跃互动程度，真正做到因材施教，方便教学和推广。

四、加强协同，锤炼精品

全面提升教材建设的科学化水平，打造一批满足专业建设要求、支撑人才成长需要、经得起历史和实践检验的精品教材，是编审委员会的初心和使命。本系列教材编审委员会由全国知名专业领域专家、教科研专家、院校的专家及行业企业的专家组成。他们具有较高的政策理论水平，在相关学术领域、教材或教学方面取得有影响的研究成果，熟悉相关行业发展前沿知识与技术，有丰富的教材编写经验，并对系列教材进行审稿、审核，以确保每种教材的质量。每种教材尽可能科教协同、校企协同、校际协同编写，并且大部分教材都是具有高级职称的专业带头人或资深专家领衔编写。

展望未来，我们坚信，本系列教材内容前瞻、特色鲜明、资源丰富，是值得关注的一套好教材。希望本系列教材实现促进人才培养质量提升的目标和愿望，为我国高等教育的高质量发展起到推动作用。

2024年8月

前 言

当前，数字化技术迅猛发展，数字经济成为推动全球经济增长的新引擎，数据也已经成为第五大生产要素，科技创新、产业形态和应用格局已悄然变化，人类社会进入了大数据时代。金融、医疗、交通、医学、安防、零售、政务、科研等多个领域都受到了大数据的影响。从国家治理到企业运营，从经济生产到社会生活，从趋势预测到决策支持等，大数据的身影无处不在，深刻影响和改变着人类社会的生产、生活及思维方式。

伴随着国家对数据要素价值的高度重视，数据的基础资源作用和创新引擎作用日益凸显，在以创新为主要引领和支撑的数字经济新格局构建中，大数据人才的培养成为新一轮科技较量的基础。

尽管各方都意识到了大数据人才培养的重要性，但是如何培养好大数据人才以满足社会的需要，还是亟待解决的问题。大数据专业知识体系涵盖了计算机、数学、统计学等多个学科，同时结合了诸多领域的理论和技术，包括模式识别、人工智能、数据存储、分布式技术深度学习、数据可视化等复杂的专业知识体系。高等院校中除了计算机及大数据专业，像数学、管理学、金融、应用化学等其他专业的学生以及有志于从事大数据方向的IT人员也需要系统了解大数据技术及其应用，因此编者根据高等学校数据科学与大数据计算专业的培养目标和现状，基于企业多年的大数据应用的实际业务案例和在高校从事大数据人才培养的实际经验，同时结合多年从事大数据前沿技术的研究和对社会发展的影响，从导论的角度编写了本书。本书力图使读者通过学习，能够对大数据建立一个全局的认知，包括专业知识体系、专业技能、应用领域等，并能基本理解大数据的关键技术、掌握大数据技术并解决实际问题、了解大数据在各个行业的应用场景，同时建立起数据意识、数据思维和数据伦理等复合型大数据人才的数据素养能力，更好地理解大数据对社会发展带来的影响，同时也更好地掌握科学思维和方法。

大数据技术具有很强的实用性。本书坚持应用为先的原则，将基本概念与实例相结合，由浅入深、循序渐进地对大数据的基础知识、大数据的处理流程以及大数据管理和大数据应用进行了全面系统的论述。全书分为基础篇、技术篇、数据管理篇和应用篇四大部分共12章。第1章绪论，介绍了数据的基本知识、大数据时代的发展历程，以及大数据的技术挑战和科学意义。第2章简述了大数据技术，包括基本流程和主要模式。第3章系统地介绍了数据采集及数据预处理的相关技术和原则等。第4章介绍了数据存储与管理，阐述了从传统存储技术到大数据时代存储技术的变迁、常用的存储技术等。第5章介绍了数据分析与挖掘的理论和方法，并简单介绍了几种常用技术的概念、处理流程、算法等。第6章介绍数据可视化技术的概念、原则等，不同的可视化技术在不同场景的应用，以及几种可视化工具的使用。第7章讨论了大数据的安全问题，包括大数据保护的基本原则、支撑技术、策略等，全方位地介绍了国家对数据安全做出的努力。第8章介绍大数据时代新的思维方式，并给出典型应用案例来加强认识思维变化对社会生活带来的变革。第9章介绍数据开放与共享，大数据时代数据也成为一种资产，从政策、分类、平台等方面介绍保障数据的交易。第10章介绍大数据的法律政策规范。第11章介绍大数据在各大领域的典型应用，包括互联网、城市交通、物流、生物医学、金融、安防等领域。第12章介绍了大数据在企业应用中的真实案例。

为了能够更加直观地体验大数据的应用，本书以浪潮数据管理平台为载体，以企业真实案例为背景，让读者真实地感受数据采集、数据处理、数据存储、数据分析以及可视化展示等各个环节的操作场景，揭开数据的神秘面纱。同时本书配有电子课件和课后习题，读者可登录中国铁道出版社教育资源数字化平台https://www.tdpress.com/51eds获得相关资源。

本书由刘爱芹、杜建彬任主编，闫乐林、周杨姊、侯燕、王相成、张明任副主编。本书在编写的过程中，参考了大量的资料、国内外文献，在此谨向相关文献作者表示衷心感谢。

由于编者水平有限，兼之时间仓促，书中免存在不足之处，恳请广大读者批评指正。

编　者

2024年4月

目 录

基 础 篇

第1章 绪论 ... 2
- 1.1 数据 ... 2
  - 1.1.1 数据的定义 ... 2
  - 1.1.2 数据的类型 ... 2
  - 1.1.3 数据的组织形式 ... 3
  - 1.1.4 数据的生命周期 ... 4
  - 1.1.5 数据的价值 ... 5
  - 1.1.6 大数据的特征 ... 6
- 1.2 大数据 ... 7
  - 1.2.1 大数据的发展历程 ... 8
  - 1.2.2 大数据时代 ... 9
  - 1.2.3 大数据时代的驱动力 ... 10
  - 1.2.4 大数据的影响 ... 11
- 1.3 大数据的挑战和科学意义 ... 13
  - 1.3.1 大数据带来的思维模式的变革 ... 13
  - 1.3.2 大数据计算面临的挑战 ... 14
  - 1.3.3 大数据专业与职业 ... 15
  - 1.3.4 大数据与其他新兴技术的关系 ... 19
- 小结 ... 25
- 习题 ... 26

技 术 篇

第2章 大数据技术概述 ... 28
- 2.1 大数据处理的基本流程 ... 28
  - 2.1.1 数据采集与预处理 ... 28
  - 2.1.2 数据存储与管理 ... 28
  - 2.1.3 数据分析与挖掘 ... 28
  - 2.1.4 数据可视化 ... 29
- 2.2 大数据处理的主要模式 ... 29
  - 2.2.1 流处理模式 ... 29
  - 2.2.2 批处理模式 ... 29
- 小结 ... 30
- 习题 ... 30

第3章 数据采集与数据预处理 ... 31
- 3.1 概述 ... 31
- 3.2 数据采集 ... 31
  - 3.2.1 数据采集概述 ... 31
  - 3.2.2 数据采集的原则 ... 32
  - 3.2.3 数据采集的来源 ... 33
  - 3.2.4 数据采集的方法 ... 34
- 3.3 数据预处理 ... 36
  - 3.3.1 数据清洗 ... 37
  - 3.3.2 数据集成 ... 40
  - 3.3.3 数据转换 ... 42
  - 3.3.4 数据脱敏 ... 42
- 3.4 拓展实训 ... 43
- 小结 ... 55
- 习题 ... 55

第4章 数据存储与管理 ... 56
- 4.1 数据存储与管理技术的发展 ... 56
- 4.2 传统的数据存储和管理技术 ... 58
  - 4.2.1 文件系统 ... 58
  - 4.2.2 关系数据库 ... 58

4.2.3　数据仓库…………………………59
　　4.2.4　并行数据库…………………………59
4.3　大数据时代的数据存储和管理技术……59
　　4.3.1　分布式文件系统……………………59
　　4.3.2　非结构化数据库……………………62
　　4.3.3　几款新型数据库产品介绍…………64
4.4　拓展实训………………………………68
小结……………………………………………77
习题……………………………………………77

第5章　数据分析与挖掘………………78

5.1　概述……………………………………78
　　5.1.1　数据分析的基础知识………………78
　　5.1.2　数据分析关联技术…………………79
5.2　机器学习和数据挖掘算法……………79
　　5.2.1　分类…………………………………80
　　5.2.2　聚类…………………………………81
　　5.2.3　回归分析……………………………82
　　5.2.4　关联规则……………………………83
5.3　大数据分析技术………………………84
　　5.3.1　技术分类……………………………84
　　5.3.2　大数据分析的代表性作品…………86
5.4　拓展实训………………………………88
小结……………………………………………99
习题……………………………………………99

第6章　数据可视化……………………100

6.1　概述……………………………………100
　　6.1.1　数据可视化的概念…………………100
　　6.1.2　数据可视化的原则…………………100
　　6.1.3　可视化的发展历程…………………101
　　6.1.4　可视化的重要作用…………………102
6.2　数据可视化主要技术…………………103
　　6.2.1　高维数据可视化……………………103
　　6.2.2　网络数据可视化……………………106

　　6.2.3　层次结构数据可视化………………106
　　6.2.4　时空数据可视化……………………107
　　6.2.5　文本数据可视化……………………108
　　6.2.6　高扩展可视化………………………109
6.3　数据可视化工具………………………111
　　6.3.1　入门级工具…………………………112
　　6.3.2　信息图表工具………………………112
　　6.3.3　地图工具……………………………112
　　6.3.4　时间线工具…………………………113
　　6.3.5　高级分析工具………………………113
6.4　拓展实训………………………………113
小结……………………………………………125
习题……………………………………………126

▎数据管理篇▎

第7章　大数据安全……………………128

7.1　概述……………………………………128
　　7.1.1　大数据安全与传统信息安全的
　　　　　异同……………………………………128
　　7.1.2　隐私和个人信息安全问题…………129
　　7.1.3　国家安全问题………………………130
　　7.1.4　数据采集及治理的安全问题………131
　　7.1.5　数据存储与管理的安全问题………133
　　7.1.6　数据分析及处理的安全问题………133
　　7.1.7　数据交互、共享与服务的安全
　　　　　与隐私…………………………………134
7.2　大数据保护的基本原则………………134
　　7.2.1　数据主权原则………………………135
　　7.2.2　数据保护原则………………………135
　　7.2.3　数据自由流通原则…………………135
　　7.2.4　数据安全原则………………………136
7.3　数据安全与隐私保护的支撑技术……136
　　7.3.1　密码学基础及关键技术……………136
　　7.3.2　公钥基础设施………………………140

7.3.3 数字证书……142
7.3.4 访问控制……142
7.4 数据安全与隐私保护的对策……143
　　7.4.1 使用隐私保护技术……143
　　7.4.2 定期备份数据……144
　　7.4.3 定期审计数据安全状态……144
　　7.4.4 注重对大数据和隐私保护的监督和管理……144
小结……144
习题……145

第8章 大数据思维……146

8.1 传统的思维方式……146
8.2 大数据时代的思维方式……147
　　8.2.1 全样而非抽样……147
　　8.2.2 效率而非精确……147
　　8.2.3 相关而非因果……148
　　8.2.4 以数据为中心……149
　　8.2.5 我为人人，人人为我……149
8.3 运用大数据思维的典型案例……150
　　8.3.1 商品比价网站……150
　　8.3.2 啤酒与尿布……150
　　8.3.3 基于大数据的药品研发……150
　　8.3.4 基于大数据的微信朋友圈广告……151
　　8.3.5 搜索引擎"单击模型"……151
　　8.3.6 流感趋势预测……152
　　8.3.7 大数据的简单算法比小数据的复杂算法更有效……152
　　8.3.8 百度翻译……153
小结……153
习题……154

第9章 数据开放与共享……155

9.1 概述……155
　　9.1.1 数据开放与共享的发展历程……155
　　9.1.2 数据开放与共享的概念……157
9.2 数据开放与共享原则……158
9.3 我国数据开放与共享的政策……159
　　9.3.1 中国数据开放与共享的政策发展历程……159
　　9.3.2 数据开放与共享实施指南……160
9.4 数据开放与共享的分类……161
　　9.4.1 政府数据开放与共享……161
　　9.4.2 公共财政资助产生的科学数据开放与共享……162
　　9.4.3 企业数据开放与共享……162
　　9.4.4 个人数据开放与共享……163
9.5 数据开放与共享平台……163
　　9.5.1 数据开放与共享综合平台……163
　　9.5.2 数据开放与共享领域平台……164
　　9.5.3 数据开放与共享平台的基本功能……165
　　9.5.4 数据开放与共享平台的产权保护……166
小结……166
习题……166

第10章 大数据的法律政策规范……167

10.1 概述……167
10.2 我国大数据政策法规……167
　　10.2.1 我国大数据政策法规发展过程……167
　　10.2.2 我国数据保护监管机构……168
　　10.2.3 我国数据安全立法监管……169
10.3 数据主权与权利……170

10.3.1 数据主权 170
10.3.2 数据权利 171
10.4 数据交易监管 171
10.4.1 数据交易的特殊性 171
10.4.2 数据交易中蕴含的法律问题 172
10.4.3 我国数据交易政策法规现状 173
10.5 个人信息立法保护 173
10.5.1 "个人信息"的界定 174
10.5.2 《中华人民共和国个人信息保护法》的实施 174
10.6 数据跨境流动监管机制 175
10.6.1 数据跨境流动的现状与风险 175
10.6.2 我国立法应对数据跨境流动安全隐患 175
小结 176
习题 176

应用篇

第11章 大数据应用 178

11.1 大数据在互联网领域的应用 178
11.1.1 推荐系统概述 178
11.1.2 推荐机制 178
11.1.3 推荐系统的应用 181
11.2 大数据在城市交通领域的应用 183
11.2.1 智慧交通大数据概述 183
11.2.2 大数据技术在城市交通拥堵治理中的作用 183
11.3 大数据在物流行业的应用 184
11.3.1 物流大数据的作用 184
11.3.2 物流大数据应用 184
11.3.3 物流大数据应用案例 186
11.4 大数据在生物医学领域的应用 186
11.4.1 生物医学大数据的特点及发展现状 186
11.4.2 生物医学领域大数据的价值应用 186
11.4.3 生物医疗大数据的应用案例 187
11.5 大数据在金融领域的应用 188
11.5.1 银行领域 188
11.5.2 保险行业 188
11.6 大数据在安防领域的应用 189
11.6.1 大数据安防应用的关键技术 189
11.6.2 大数据在安防领域的应用案例 190
11.6.3 大数据安防面临的挑战 191
小结 192
习题 192

第12章 综合案例 193

参考文献 223

第1章 绪 论

第1章 绪 论

大数据时代悄然来临,带来了信息技术发展的巨大变革,开启一次重大的时代转型,并深刻影响着社会生产和人们生活的方方面面。世界各国政府均高度重视大数据技术的研究和产业发展,纷纷把大数据上升为国家战略加以重点推进。大数据时代来临,它的影响力和作用力正迅速触及社会的每个角落,特别是随着计算机技术的进步以及移动互联网、物联网、云计算、5G移动通信网络技术的发展,多源异构、形式多样的数据正在沿着摩尔定律呈爆炸式增长,所到之处,或是颠覆,或是提升,都让人们深切感受到了大数据实实在在的威力。

本章主要介绍了大数据的相关概念、大数据时代的发展历程以及大数据的技术挑战和科学意义。

1.1 数 据

本节主要介绍数据的定义、数据的类型、数据的组织形式、数据的生命周期、数据的价值以及大数据的特征。

1.1.1 数据的定义

数据是指对客观事物的属性、状态以及相互之间的关系等进行记载的描述客观事件的物理符号或是物理符号的组合,它们是可识别的、抽象的。数据和信息是两个不同的概念,信息是较为宏观的概念,它是由数据有序排列组合而成,传递给读者某个方法或者概念等不同的信息。而数据是信息的基本组成单位,离散的数据几乎没有任何有用的价值。

伴随着新一代信息技术的飞速发展,我们的日常生活和生产中每天都在不断地产生大量的数据,这些数据已经渗透各个领域,成为重要的生产要素。对企业而言,数据资源已经和物质资源、人力资源一样,成为影响企业决策乃至创新的重要因素,推动着企业的发展,并使各级组织的运营更加高效。某种意义上,数据将成为每个企业核心竞争力的关键因素。当下,数据资源已经成为国家的重要战略资源,影响着国家和社会的安全、稳定与发展。

1.1.2 数据的类型

在知识冗余和数据爆炸的网络全覆盖时代,数据可以来自互联网上发布的各种信息,例如搜索引擎信息、网络日志、电子商务交易信息等,还可以来自各种传感器设备及系统,例如工业设备系统、水电表传感器、农林业监测系统等,因此数据类型呈现出复杂多样的特征。

常见的数据类型通常包括文本、图片、视频、音频等。

①文本:文本是一种由若干行字符构成的计算机文件。通常文本数据是不能参与算术运算的

任何字符,称为字符型数据。在计算机中,文本数据一般保存在文本文件中,常见的格式有TXT、DOC等。

②图片:图片是指由图形、图像等构成的平面媒体。图片的格式很多,大体上可以分为点阵图和矢量图两大类,我们常用的BMP、JPG等格式都是点阵图形,而Photoshop绘图软件所生成的PSD等格式的图片以及CDR、AI等格式的图片都属于矢量图形。

③音频:人类能够听到的所有声音都称为音频,它可能包括噪声等。数字化的声音数据就是音频数据。音频文件是指存储声音内容的文件,把音频文件用一定的音频程序执行,就可以还原以前录制的声音。音频文件的格式很多,常见的有CD、WAV、MP3、MID、WMA、RM等。

④视频:视频泛指将一系列静态影像以电信号的方式加以捕捉、记录、处理、存储、传送与重现的各种技术。因此视频数据是指连续的图像序列。在计算机中,视频数据的存储格式有MPEC-4、AVI、DAT、RM、MOV、ASF、WMV以及DivX等。

1.1.3 数据的组织形式

大数据时代,数据的类型是复杂多样的。根据数据结构的不同,数据可分为结构化数据、半结构化数据和非结构化数据。

结构化数据多数存在于传统的关系型数据库中,是我们熟知的数据形式,数据结构事先已经定义好,非常方便使用二维表格形式描述,便于存储和管理,表1-1中的某校学生信息数据为结构化数据。

表1-1 某校学生信息数据

学 号	姓 名	学 院	专 业
2021112001	赵宁宁	信息科学与工程学院	计算机科学与技术
2021112002	钱喜喜	信息科学与工程学院	计算机科学与技术
2021112003	孙安安	信息科学与工程学院	计算机科学与技术
2021113001	李糖糖	信息科学与工程学院	网络空间安全
2021113002	刘平平	信息科学与工程学院	网络空间安全

目前关于结构化数据的处理方法非常成熟,多见于对关系型数据库的管理与分析处理,比如银行财务系统、企业财务报表等,在大数据时代多以文件形式存在,虽然它在大数据中所占的比例在逐年下降(不到15%),但是这类数据在日常生活应用中依然占据着重要的位置。

非结构化数据不同于传统的结构化数据,其数据结构很难描述,不规则或不完整,没有统一的数据结构或者模型,无法提前预知,例如海量的图片、社交网站上分享的视频、音频等(见图1-1),多媒体数据都属于这一类,不能直接用二维逻辑表格形式进行存储,如图1-1所示。NoSQL数据库作为一个非关系型数据库,能够用来同时存储结构化和非结构化数据。随着非结构化数据在大数据中所占的比例不断上升,如何将这些数据组织成合理有效的结构是提升后续数据存储、分析的关键。

半结构化数据介于结构化数据与非结构化数据之间,可以用一定数据结构来描述,但通常数据内容与结构混叠在一起,结构变化很大,本质上不具有关系性,例如网页、电子邮件等。不能简单地用二维表格来实现结构描述,必须由自身定义的首位标识符来表达和约束其关键内容,对记录和字段进行分层,通常需要特殊的预处理和存储技术。半结构化数据通常是自描述的结构,多数以树或者图的数据模型进行存储，常见的半结构化数据有XML、HTML、JSON等，如图1-2所示。目前非结构化数据和半结构化数据占据大数据来源的85%。

（a）图形

（b）视频

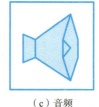
（c）音频

图1-1 非结构化数据

```
<?xml version="1.0" encoding="UTF-8"?>
<book>
    <name>Big data technology</name>
    <author>Jane</author>
    <year>2021</year>
</book>
```
（a）XML

```
<html>
  <head>
    <title>book</title>
  </head>
  <body>
    <p>name: Big data technology</p>
    <p>author: Jane</p>
    <p>year: 2021</p>
  </body>
</html>
```
（b）HTML

```
{
  "book" : {
    "name" : "Big data technology",
    "author" : "Jane",
    "year" : "2021"
  }
}
```
（c）JSON

图1-2 半结构化数据

结构化数据、非结构化数据和半结构化数据的区别见表1-2。

表1-2 结构化数据、非结构化数据和半结构化数据的区别

比较项	结构化数据	非结构化数据	半结构化数据
基本定义	可以用固定的数据结构来描述的数据	数据结构很难描述的数据	介于结构化数据与非结构化数据之间的数据
数据与结构的关系	先有结构，后有数据	有数据，无结构	先有数据，后有结构
数据模型	二维表格（关系型数据库）	无	树状、图状
常见来源	各类规范的数据表格	图片、视频、音频等	HTML文档、电子邮件、网页等

1.1.4 数据的生命周期

数据都存在生命周期。通常会经历数据采集、数据存储与管理、分析与挖掘以及可视化显示等四个阶段。

1. 数据采集

使用数据的第一步通常是数据采集。在网络快速发展的今天，数据采集已广泛应用于互联网及分布式领域，比如摄像头、麦克风等都是数据采集的工具。在数据大爆炸的时代，数据的类型是复杂多样的，形成了"多源异构"的海量数据。正是由于这种"多源异构"的模式，数据缺失、词义模糊等问题不可避免，必须采取相应措施有效解决这些问题，即数据清洗。这个过程需要借助工具

实现数据转换，形成高质量的、标准化的数据，把数据变成一种可用的状态。

2. 数据存储与管理

数据通常存放到数据库系统中进行管理。从20世纪70年代到21世纪前十年，关系型数据库一直占据主流地位。它以规范化的行和列的二维表的形式保存数据，并进行各种查询操作，同时支持事务一致性功能，很好地满足了各种商业应用的需求。但是随着大数据爆炸时代的到来，非结构化数据开始迅速增加，关系型数据库不足以支撑数据存储，暴露出很多难以克服的问题。NoSQL数据库（非关系型数据库）就应运而生，有效地满足了对非结构化数据进行管理的需求，并由于其本身的特点得到了非常迅速的发展。

3. 分析与挖掘

数据的重要价值之一就是对采集到的数据，结合大数据处理技术，利用机器学习算法和数据挖掘，对海量数据进行计算，得到有价值的结果，服务于生产和生活。广义的数据分析是利用适当的分析方法（如统计学、机器学习和数据挖掘等方法）对收集的数据进行分析，提取有用信息并形成结论的过程，发挥数据的作用。而数据挖掘是从大量的数据中，通过统计学、人工智能、机器学习等方法，挖掘出未知的且可能有价值的信息和知识的过程，寻找未知的模式与规律，获取到非常有价值的信息。

4. 可视化显示

在大数据时代，"多源异构"的数据导致数据容量和复杂性不断增加，限制了普通用户从大数据中直接获取知识，数据可视化的需求越来越大。对数据分析或数据挖掘的结论依靠可视化手段以简单友好的图表形式展现出来，可以使枯燥的数据变得更加通俗易懂，有助于用户更加快捷地理解数据的深层次含义，提高数据分析效率、改善数据分析结果、增强数据的吸引力。

除了上述四个主要阶段，生命周期还可能包括其他环节，如数据预处理、数据共享、数据归档和数据销毁等。每个阶段都需要相应的技术和管理策略来确保对数据的有效利用和保护。随着技术的发展，数据生命周期的各个阶段也在不断地演进和优化。

1.1.5 数据的价值

如果只是进行数据采集并存储起来，不加以分析利用，数据就只是一条记录。但是在大数据时代，数据的本质是为人们提供价值。人们通过对数据分析与挖掘，提取数据中蕴含的价值，有助于人们了解事物的现状，总结事物的发展规律，从而提供生产生活实践的指导建议。

大数据时代，数据的采集往往是为了某个特定的目的。对于数据采集者来说，数据的价值是确定并且不断地被人所熟知的。在之前，数据一旦发挥了基本的作用，通常会被删除。一是因为过去的存储技术相对落后，人们需要删除旧数据来存储新的数据。二是因为人们没有意识到数据的潜在价值。例如，在电子商务网站搜索一件玩具时，当输入性别、年龄、种类等关键字之后，就很容易搜到心仪的商品，但是当购买完成后，这些数据就会被删除。而在大数据时代，这些购买数据就会被记录下来并进行整理，当收集到海量的购买信息后，就可以预测商品未来流行的特征以及与之关联的商品。电子商务网站可以把这些信息有偿提供给各类生产商，帮助生产商在竞争中脱颖而出，或者电子商务网站把关联商品主动推给消费者，提高消费者的购买力，这就是数据价值的再发现。

数据的价值不会因为不断使用而消减，反而会因为不断重组而产生更大的价值。例如，可以预测流感趋势的工具。这个工具将人们的搜索数据、地理信息，以及不同时空尺度人口流动性、移动模式和参数，同时把病原学、人口统计学等各种不同的数据整合到一起，可以更加准确地对流行病在各个区域间传播的时空路线和规律进行态势评估、预测。已经被广为流传成大数据时代的一个经典案例，数据的价值重要性不言而喻。基于数据的价值特性，各种途径收集上来的不同类型的数据都应当尽可能长时间地保存下来，同时也在一定条件下与全社会分享，产生更多更大的价值。在大数据时代，当今和未来最有价值的商品是数据。因此，要实现大数据时代思维方式的转变，就必须要正确认识数据的价值，数据已经具备了经济的属性。

1.1.6 大数据的特征

大数据的特征通常被定义为"4V特征"，即规模庞大（volume）、种类繁多（variety）、变化频繁（velocity）和价值巨大但价值密度低（value）。

①规模庞大，是指数据集相当于现有计算和存储能力而言，规模庞大。在大数据刚刚提出的时候，普遍认为PB级别的数据就可以称为"大数据"，但这并不绝对。随着存储和计算技术的进步，以及互联网上用户生成内容和大量传感器实时获取数据的增加，数据量呈几何级数增长，对数据的获取、传输、处理、分析等带来挑战。

②种类繁多，是指在大数据面对的应用场景中，数据种类多。种类多体现在两个方面：一方面体现在面向一类场景的大数据可能同时覆盖结构化、半结构化、非结构化的数据；另一方面体现在同类数据中的结构模式的复杂多样。例如，城市交通数据，可能包含车辆注册数据、驾驶人信息、城市道路信息等结构化数据，也可能包含各类文档等半结构化数据以及道路路口摄像头数据等非结构化数据。数据类型的多样性往往会导致数据的异构性，从而加大了数据处理的复杂性，同时对数据处理能力也提出了更高的要求。

③变化频繁，是指数据所描述的事物状态在频繁、持续地变化。数据来源于对现实世界和人的行为的持续观察。如果希望在数据基础上对客观世界加以研究，就必须保持足够高的采样率，以确保对客观世界细节的客观刻画。速度体现在大数据上，就要求数据集必须持续、快速地更新，从而能够不断反映大数据所描述的客观世界和人的行为的变化。在技术上体现在数据生成、采集、存储及处理等必须考虑的时效性要求，实现实时数据的处理。

④价值巨大但价值密度低，是指在大数据中，通过数据分析，在无序数据中建立关联可以获得大量高价值、非显而易见的隐含知识，从而具有巨大的价值。对于一个特定分析问题，大数据中可能包含大量的"无用数据"，有价值的数据会淹没在大量的无用数据中，因此有"价值密度低"的说法。

此外，还有一些学者在大数据的"4V"特征基础上增加了其他的说法，形成了大数据的"5V"特征。例如，IBM从获取的数据质量的角度，将真实性或准确性（veracity）作为大数据的特征。

无论是"4V"还是"5V"，都是从定性的角度刻画数据集本身的一些特征。这些特征对发现事实、揭示规律并预测未来提出了新的挑战，并对已有的计算模式、理论和方法产生了深远的影响。

1.2 大数据

当下我们正处于大数据时代。人类社会信息科技的发展为大数据时代的到来提供了技术支撑，数据产生方式的变革是促进大数据到来至关重要的因素。

近年来，伴随着云计算、大数据、物联网、人工智能等信息技术的快速发展和传统产业数字化的转型，尤其是以互联网、物联网、信息获取、社交网络等为代表的技术日新月异，促使手机、PC、平板电脑等各式各样的信息传感器到处可见。虚拟网络技术快速发展，现实世界快速虚拟化，数据的来源以及数量正以前所未有的速度呈现几何级数增长。根据市场研究资料显示，全球数据总量将从2016年的16.1 ZB增长到2025年的163 ZB（大约是180万亿GB），十年内有9倍多的增长，复合增长率为26%，如图1-3所示。在这些数据中，约85%的数据是非结构化或半结构化类型的数据，甚至有一部分是不断变化的流数据。因此，数据的爆炸性增长态势，以及数据构成特点使得人们进入了"大数据"时代。

图1-3 2016—2025年全球数据产量及预测

当下，大数据已经被赋予多重战略意义。在资源的角度，数据被视为"未来的石油"，作为战略性资产进行管理；在国家治理的角度，大数据被用来提升治理效率，重构治理模式，破解治理难题，它将掀起一场国家治理革命；从经济增长的角度，大数据是全球经济低迷环境下的产业亮点，是战略新兴产业的最活跃部分。总之，国家竞争的焦点将从资本、土地、人口、资源等转向数据空间。

宏观上看，由于大数据革命的系统性影响深远，主要大国快速做出战略响应，将大数据置于非常核心的位置，推出国家级创新战略计划。我国政府发布了大数据发展战略，有关部委出台了20余份大数据政策文件，各地方出台了300余项相关政策，多个省区市、计划单列市和副省级城市设立了大数据管理机构，央地协同、区域联动的大数据发展推进体系逐步形成。

微观上看，大数据重塑了企业的发展战略和转型方向。美国的企业以GE提出的"工业互联网"为代表，提出智能机器、智能生产系统、智能决策系统，将逐渐取代原有的生成体系，构成一个"以数据为核心"的智能化产业生态系统。德国的企业以"工业4.0"为代表，要通过信息物理系统（cyber physical system，CPS）把一切机器、物品、人、服务、建筑系统连接起来，形成一个高度整合的生态系统。中国的企业以阿里巴巴提出的"DT时代"（data technology）为代表，认为未来驱动发展的不再是石油、钢铁，而是数据。这三种新的发展理念可谓异曲同工，共同宣告"数据驱动发展"成为时代主题。

1.2.1　大数据的发展历程

大数据不是凭空出现的，从其发展历程来看，大数据的发展过程大致分为三个阶段：萌芽时期、发展时期和大规模应用期。

1. 萌芽时期（约为20世纪90年代至21世纪初）

在这一阶段，大数据只是作为一个概念或者假设，少数学者对其进行了研究和讨论。数据挖掘理论和数据库技术逐步成熟，一批商业智能工具和知识管理技术开始被应用，如数据仓库、专家系统、知识管理系统等。

2. 发展时期（约为21世纪初至2010年）

21世纪前十年，互联网行业迎来了一个快速发展的时期。在这一阶段，大数据作为一个新名字，开始受到理论界的关注，其概念和特点得到进一步的丰富，相关的数据处理技术层出不穷，大数据开始显现出活力。Web 2.0应用在这一时期也迅猛发展，同时非结构化数据和半结构化数据大量产生，传统处理方法难以应对，带动了大数据技术的快速突破，大数据解决也逐渐走向成熟，形成了并行计算与分布式系统两大核心技术，谷歌的GFS和MapReduce等大数据技术受到追捧，Hadoop也盛行起来。

3. 大规模应用期（约为2011年至今）

2011年之后大数据的发展可以说是进入了全面兴盛的时期，越来越多的学者对大数据的研究从基本概念、特性转到数据资产、思维变革等多个角度。大数据的应用也渗透到各行各业中，不断变革原有行业技术和创造出新的技术。数据驱动决策、信息社会智能化程度等都大幅提高。

下面简要回顾大数据的发展简史。

①1961年，德里克·普赖斯出版了《巴比伦以来的科学》，在这本书中，提出了"指数增长规律"，也就是说新期刊的数量以指数方式增长而不是以线性方式增长，每15年翻一番，每50年以10为指数倍进行增长。因此新科学的产生数量永远严格地与科学发现总量成正比。

②1980年，美国未来学家阿尔文·托夫勒在《第三次浪潮》一书中将人类社会划分为三个阶段，第一次浪潮为农业阶段、第二次浪潮为工业阶段、第三次浪潮为信息化阶段，并且在此书中，将大数据热情地赞颂为"第三次浪潮的华彩乐章"。

③1997年10月，迈克尔·考克斯和大卫·埃尔斯沃思在第八届美国电气和电子工程师学会（IEEE）关于可视化的会议论文集中发表了《为外存模型可视化而应用控制程序请求页面调度》论文。这是在美国计算机学会的数字图书馆中第一篇使用"大数据"这一术语的论文。

④1999年10月，在美国电气与电子工程师协会（IEEE）关于数据可视化的年会上"自动化或者交互：什么更适合大数据？"的专题小组探讨了大数据的问题。

⑤2001年2月，梅塔集团分析师道格·莱尼发布了一份研究报告，题为《3D数据管理：控制数据容量、处理速度及数据种类》。十年后，3V作为定义大数据的三个维度而被广泛接受。

⑥2005年9月，蒂姆·奥莱利发表了《什么是Web 2.0》一文，在文中，他断言"数据将是下一项技术核心"。

⑦2008年6月，思科发布了一份题为《思科视觉网络指数——预测与方法，2007—2012》的报告，这份报告预言，"现在到2012年，IP流量将每两年翻一番"，这份预测比较准确，2012年IP流量刚刚超过0.5 ZB，比2008年增长了8倍。

⑧2008年，《自然》杂志推出大数据专刊；计算机社区联盟发表了报告《大数据计算：在商业、科学和社会领域的革命性突破》，阐述了大数据技术及其面临的一些挑战。

⑨2010年2月，肯尼斯·库克尔在《经济学人》上发表了一份关于管理信息的特别报告《数据，无所不在的数据》。文中写道："世界上有着无法想象的巨量数字信息，并以极快的速度增长，很多地方都已感受到了这种巨量信息的影响。科学家和计算机工程师已经为这个现象创造了一个新词汇：大数据。"

⑩2011年2月，《科学》杂志推出专刊《处理数据》，讨论了科学研究中的大数据问题。

⑪2011年，维克托·迈尔·舍恩伯格出版著作《大数据时代：生活、工作与思维的大变革》，引起轰动。

⑫2011年5月，麦肯锡全球研究院发布《大数据：下一个具有创新力、竞争力与生产力的前沿领域》，提出"大数据"时代到来。

⑬2013年12月，中国计算机学会发布《中国大数据技术与产业发展白皮书》，系统总结了大数据的核心科学与技术问题，推动了中国大数据学科的建设与发展。

⑭2015年8月，国务院印发《促进大数据发展行动纲要》，全面推动我国大数据发展和作用，加快建设数据强国。

⑮2017年1月，工业和信息化部印发了《大数据产业发展规划（2016—2020年）》，加快实施国家大数据战略，推动大数据产业健康快速发展。

⑯2021年11月，工业和信息化部印发了《"十四五"大数据产业发展规划》。

1.2.2 大数据时代

第三次信息化浪潮涌动，大数据时代全面到来，让信息技术的发展发生了巨大变化，并深刻影响着社会生产和人民生活的方方面面。每个国家都高度重视大数据技术的研究和产业发展，纷纷把大数据上升为国家战略加以重点推进。企业和教育机构也纷纷加大技术、资金和人员投入力度，以期在"第三次信息化浪潮"中占得先机，引领市场。

1. 第一次信息化浪潮

1980年前后，个人计算机的普及，使得计算机走入企业和家庭，大大提高了社会生产力，也使得人类迎来了第一次信息化浪潮，Intel、IBM、苹果、Microsoft、联想等企业是这个时期的标志。

2. 第二次信息化浪潮

1995年左右，人类开始全面进入互联网时代，互联网的普及让世界变成"地球村"，每个人都可以在信息的海洋里"冲浪"，此时迎来了第二次信息化浪潮，这个时期产生了谷歌、阿里、百度等互联网公司。

3. 第三次信息化浪潮

在2010年左右，物联网、云计算和大数据的快速发展，促成了第三次信息化浪潮。各个企业纷纷投入人力、物力，期望能在这个浪潮中成为技术的标杆。

目前，随着大数据、云计算、人工智能、物联网、5G通信技术等核心技术的发展，以及当前正在进行的数字化转型阶段，业界称之为"第四次信息化浪潮"，大数据时代也进入高速发展期，企业和组织需要不断适应技术进步和市场需求变化，应对相关的挑战，持续在各个领域发挥重要作用，推动社会的数字化转型。

1.2.3 大数据时代的驱动力

近年来，随着互联网技术的发展以及移动互联网、物联网等技术的广泛应用，人、机、物三元世界进入深度融合时代，网络信息空间反映了人类社会与物理世界的复杂联系，其数据与人类活动密切相关，其规模以指数级增长，且有高度复杂化趋势。也就是说，人们进入了一个数据爆炸的大数据时代。

大数据，首先会带来一场技术革命。毫无疑问，如果没有强大的数据存储、传输和计算等技术能力，缺乏必要的设施、设备，大数据的应用也就无从谈起。同样地，数据产生方式的变革，是促成大数据时代来临的重要因素。

1. 信息科技为大数据时代提供技术支撑

信息科技的进步是大数据时代的物质基础。信息科技技术需要解决信息存储、信息处理和信息传输三大核心问题。人类社会在信息科技领域的不断进步，为大数据时代提供了强有力的技术支撑。

（1）存储设备容量不断增加

早期的存储设备容量小、价格高、体积大。随着科学技术的不断进步，现在高性能的硬盘存储设备，不仅提供了海量的存储空间，还大大地降低了数据存储成本。与此同时，以闪存为代表的新型存储介质也得到了大规模的普及和应用，闪存具有体积小、质量轻、能耗低、抗震性好等优良特性。

总体而言，数据量和存储设备容量二者之间是相辅相成、互相促进的。一方面，随着数据量指数级的增长，需要存储的数据量不断增长，人们对存储设备的容量提出了更高的要求；另一方面，更大容量的存储设备，加快了数据量增长的速度。所以，随着单位存储空间价格的不断降低，人们开始倾向于把更多的数据保存起来，以期在未来某个时刻可以用更先进的数据分析工具从中挖掘价值。

（2）CPU处理能力大幅提升

CPU处理性能的不断提升也是促使数据量不断增长的重要因素。CPU的性能不断提升，大大提高了处理数据的能力，使我们可以更快地处理不断累积的海量数据。从20世纪80年代至今，CPU的处理速度已经从10 MHz提高到6 GHz。在2013年之前很长的一段时间里，CPU处理速度的提高一直遵循"摩尔定律"，即芯片上集成的元件数量大约每18个月翻一番，性能大约每隔18个月提高一倍，价格下降一半。

（3）网络带宽不断增加

进入21世纪，世界各国纷纷加大了带宽网络建设力度，不断扩大网络覆盖范围，提高数据传输速率。以我国为例，截至2023年底，移动通信4G基站有600万个，占据全世界的60%，5G基站有320万个，占据全世界的70%，数据传输不再受网络发展初期的制约。

2. 数据提供方式的变革促成大数据时代的来临

总体而言，人类社会数据产生的方式大致经历了三个阶段：运营式系统阶段、用户原创内容阶段和感知式系统阶段。

（1）运营式系统阶段

人们最早对数据进行大规模管理和使用，是从数据库系统的诞生开始。股票交易系统、医院医疗系统、零售超市销售系统、银行交易系统、企业客户管理系统等大量运营式的信息化系统，都是建立在数据库基础之上的。数据库中的结构化数据记录着信息系统中的各项关键信息，用于满足各种业务需求。在这个阶段，数据是被动产生的，只有当实际业务发生时，才会产生新的数据并存储到数据库中。比如，对于零售超市销售来说，只有当卖出一件商品的时候，系统中才会生成相关的数据。

（2）用户原创内容阶段

互联网的出现，让数据的传播更加快捷。网页的出现进一步加速了大量网络内容的产生，从而导致数据开始呈现"井喷式"的增长。Web 2.0时代到来，大量以"用户原创内容"的互联网数据真正爆发。Web 2.0技术以微博、微信、抖音等应用所采用的自助服务模式为主，强调自服务，大量用户本身就是内容的生产者，尤其是移动互联网和智能手机终端的普及，人们更是可以随时随地通过手机发微博、视频等，从而数据量急剧增长。于是我们通过微博、微信、抖音等各种方式采集到大量数据，然后通过同样的渠道和方式，把处理过的数据反馈出去。然后这些数据被不断存储和加工，使得互联网世界里的"公开数据"不断被丰富，极大地加速了大数据时代的到来。

（3）感知式系统阶段

物联网技术的发展导致了人类社会数据量的第三次飞升。物联网中包含大量传感器，如温度传感器、湿度传感器、压力传感器、位移传感器、光电传感器等，此外，视频监控摄像头也是物联网的重要组成部分。物联网中的这些设备，每时每刻都会自动产生大量数据，这种自动数据产生方式，将在短时间内生成更密集、更大量的数据，使得人类社会迅速进入"大数据时代"。

1.2.4 大数据的影响

伴随着大数据的蓬勃发展，大数据在科学研究、社会发展和就业市场都具有重要而深远的影响。在科学研究方面，大数据使得人类科学研究在经历了实验、理论、计算三种范式以后，进入了第四种范式——数据。在社会发展方面，大数据决策逐渐成为新的决策方式，占据重要的地位。在就业市场方面，大数据的兴起使得数据科学家成为热门职业。在人才培养方面，大数据的发展很大程度上促进高校信息技术相关专业教学和科研体制的改革。

下面对这几方面的影响，进行简单的阐述。

1. 大数据对科学研究的影响

大数据的核心价值是为人类提供认识复杂系统的新思维和新手段。图灵奖得主吉姆·格雷博士认为，人类自古以来在科学研究上经历了四种范式，即实验、理论、计算和数据。

第一范式：实验。以记录和描述自然现象为主的实验科学，比如钻木取火。1590年，伽利略在比萨斜塔上做了"两个铁球同时落地"的实验，得出了重量不同的两个铁球同时下落的结论，推翻了亚里士多德的结论，即"物体下落的速度与重量成比例"的学说，纠正了这个持续了1 900年之久的错误结论。

第二范式：理论。利用模型归纳总结过去记录的现象，人类采用各种数学、几何、物理等理论，构建问题模型和解决方案，比如牛顿定律和麦克斯韦方程等为代表的理论科学，这些理论的广泛传播和运用对人们的生活和思想产生了极大的影响，在很大程度上推动了人类社会的发展。

第三范式：计算。计算机的出现，诞生了模拟复杂现象的计算科学，人类进入了以"计算"为中心的全新时期，通过设计算法并编写程序输入计算机运行，解决复杂的问题。

第四范式：数据。通过收集大量的数据，让计算机去总结规律的数据密集型科学，云计算、物联网、大数据推动了科技创新和社会进步。

2. 大数据对社会发展的影响

大数据的产生对社会发展将产生深远的影响。

（1）大数据决策成为一种新的决策方式

根据数据制定决策，并非是大数据时代才产生的。早在20世纪90年代开始，数据仓库和商务智能工具开始用于企业决策。随着大数据时代的到来，数据仓库承载了批量和周期性的数据加载能力，同时具备了数据变化的实时监测、传播和加载的能力，并且能结合历史数据和实时数据，实现查询分析和自动规则触发，从而提供战略决策。例如，政府相关部门通过使用大数据分析技术对舆情进行监测，把论坛、博客、社区等多种来源的数据结合起来进行综合分析，弄清或者验证信息中本质性的事实和趋势，挖掘出信息中隐含的情报内容，对事物发展做出预测，协助政府进行决策，从而有效应对各种突发事件。

（2）大数据成为提升国家治理能力的新方法

政府可以通过对大数据进行分析和挖掘，揭示出政治、经济、社会事务中传统技术难以展现的关联关系，从而对事物的发展趋势做出准确预判，在复杂情况下做出合理、优化的决策；大数据与实体经济深度融合，将大幅度推动传统产业提质增效，促进经济转型、催生新业态，因此大数据成为促进经济转型增长的新引擎。同时，大数据的采集、管理、交易、分析等手段，打通了各政府、公共服务部门的数据，促进数据流转共享，将有效促进政府审批事务的简化，提高公共服务的效率。

（3）大数据应用促进新一代信息技术与各行业的融合发展

伴随着大数据的快速发展，催生了大量新兴的业务市场。有专家指出，在未来十年的时间里，大数据将改变几乎每一个行业的业务功能。例如，互联网、交通、物流、医学、服务、能源、教育、金融等行业，不断累积的大数据将会加速这些行业与信息技术的深度融合，开拓新的行业发展方向。例如，快递公司可以通过采集到的大数据进行分析，选择运输成本最低的路线；投资者可以根据大数据分析协助选择收益最大的股票投资组合；零售商可以通过大数据分析有效定位目标客户群体，实现广告精准投放等。总之，大数据所触及的每个行业，都将会因之发生巨大而深刻的变化。

（4）大数据开发推动新技术和新应用的不断涌现

在大数据广泛应用需求的驱动之下，各种突破性的大数据技术被不断提出并被应用，数据的价值也被进一步地挖掘。未来，原本依靠人工判断的领域应用，并逐步被大数据应用取代。例如，汽车保险公司，凭借少量的车主信息，对客户进行简单的类别划分，同时结合客户的出险次数给予对应的保费优惠方案，客户选择哪家保险公司没有太大的差别。但是随着物联网技术的应用，车联网技术也被广泛应用，将会产生大量的"汽车大数据"。如果某家汽车保险公司能够获取到客户车辆更多的细节信息，并利用事先设定的模型对客户进行细化判定，进而定制出"一对一"的个性化优惠方案，那么这家保险公司必将具备独特的市场竞争优势，获得更多的客户，取得更高的效益。

3. 大数据对就业市场的影响

大数据的兴起促使了行业的变革，也相应地产生了很多与大数据相关的岗位，比如数据治理工程师、数据分析工程师、数据挖掘工程师、数据算法工程师等，逐渐成为市场上最热门的职位之一，具有广阔的发展前景。

随着大数据时代的到来，大数据技术已经渗透到各行各业，对就业市场产生的影响也是多方面的；新的就业机会和职业发展机会、现有职业的转型、就业区域分布的变化、就业需求结构的变化等一系列的变化。例如传统的销售人员，需要掌握数据分析和数据挖掘等技能，以便更好地了解市场和客户的需求，进行精准营销，获取更大的收益。

4. 大数据对人才培养的影响

大数据时代的快速发展，导致行业的变革，对人才具备的技能也提出了新的要求。高等院校作为培养人才的基地，也将在很大程度上对信息技术相关专业的现有教学和科研体制进行改变，从而培养出更高水平的人才。2016年，教育部首次审批通过了"数据科学与大数据"专业。在我国高校现有的学科和专业设置中，通常是数学学院、信息科学与工程学院等学院牵头申请，但是很难培养出全面掌握数据科学相关知识的复合型人才。另一方面，人才需要在真正的大数据环境中不断学习、实践并融会贯通，将自身专业背景与所在行业进行深度融合，从数据中发现有价值的信息。鉴于上述两个原因，"数据科学与大数据"专业不再局限于数学学院和信息科学与工程学院，经管学院、化学学院、物电学院等学院都可以设置，培养复合型人才。大数据相关的人才是在企业实际应用环境中边工作边学习的方式不断成长起来的，其中，互联网领域集中了大多数的大数据人才。

在未来5~10年，市场对大数据人才的需求会日益增加。高校作为人才培养的摇篮和人才聚集地，需要采取"两条腿"的培养策略，即"引进来"和"走出去"。"引进来"是指高校要加强与企业的紧密合作，为学生搭建接近企业实际应用的、仿真的大数据实战环境，以企业真实的业务需求为基础，通过对脱敏脱密的数据开展数据分析与挖掘，从而培养出与市场需求匹配的人才。同时，从企业引进具备丰富实战经验的高级人才，切实提高教学质量、水平和实用性。"走出去"是指积极鼓励和引导学生走出校门，进入具备大数据应用环境的企业开展实践活动，同时，促进产、学、研合作，创造条件让高校教师参与企业大数据项目中，实现理论知识与实际应用的深层次融合，锻炼高校教师的大数据实战能力。

1.3 大数据的挑战和科学意义

大数据时代的到来，数据来源的多样化以及超大规模数据量的产生，人们从看似无序的数据中寻找有序、有价值的关联关系是在数据集上进行分析、挖掘出重要信息。在这一变化的过程中，对数据存储、计算模型、应用软件和系统等都提出了全新的挑战，同时对已有的思维模式、计算模式、理论和方法等都产生深远的影响。

1.3.1 大数据带来的思维模式的变革

大数据给传统的数据带来了思维模式的改变。

1. 抽样与全样：尽可能采集全面而完整的数据

在统计方法中，由于数据不容易获取，数据分析的主要手段就是进行随机抽样分析，其成功的关键依赖于抽样的绝对随机性，而实现绝对随机性非常困难，只要抽样过程中出现任何偏差，都会使分析结果产生偏离。在大数据时代，由于数据来源复杂而众多，找到最优抽样的标准非常困难。同时，随机抽样的数据方法具有确定性，一旦问题变化，抽样的数据就不再可用，随机抽样就会受到数据变化的影响，一旦数据发生变化，就需要重新抽样。

大数据时代数据量不仅是大，更是体现在"全"上。当有条件获取海量信息时，随机抽样的方法和意义就大大降低了。同时，随着存储技术、计算技术等技术的飞速发展以及价格的大幅降低，不仅使得大公司的存储能力和计算能力大大提升，也使得中小企业有了一定的大数据的处理与分析能力。

2. 效率与非精确：宁愿放弃数据的精确性，也要尽可能收集更多的数据

当数据量小的时候，对数据的基本要求是尽量精确无误。特别是进行随机抽样时，少量的偏差将可能结果严重错误，从而影响数据的准确性。因此，数据的精确性也是当时人们追求的目标。

然而，大数据时代，保持数据的精确性几乎是不可能的。"多源异构"获取的数据，通常会出现多源数据之间的不一致性，甚至数据之间是不匹配的。虽然目前有方法和技术进行数据清洗，试图保证数据的精确性，这不仅耗费巨大，而且保证所有数据都是精确的也几乎是不现实的。同时，经验表明，也没有必要必须保持数据的精确性，有时候牺牲数据的精确性，反而能够通过数据集之间的关联获得更广泛的数据，从而提高数据分析结果的精确性。例如，微博、新闻网站、旅游网站、购物网站等通常允许用户对网站的图片、新闻、游记等打标签，这些标签没有精确的分类标准，也没有对错，完全是从用户的感受出发。这些标签达到几十亿的规模，但却能让用户更加容易地找到自己所需的信息。

3. 因果与关联：基于归纳得到的关联关系与基于逻辑推理的因果关系同样具有价值

基于因果关系分析和基于关联关系分析进行预测的方法，通常是人们对数据分析从而预测某事是否会发生常用的方法。因果关系分析通常基于逻辑推理，耗费巨大；关联关系分析面临着数据量不足的问题。

大数据时代，对于已经获取到的海量数据，广泛采用的方法是使用关联关系分析进行预测。例如，通过观察可以发现打伞和下雨之间存在关联关系，这样，当看到窗外所有人都打着伞，那么就可以推测窗外在下雨，在这个过程中，我们并不在意到底是打伞导致了下雨还是下雨导致了打伞。这一关联关系分析的预测方法通常被广泛应用于各类推荐任务上。通常，数据中能够发现的更多的是关联关系，因果关系的判断和分析需要由领域专家的参与才能完成。当然，这不是说重视关联关系分析而否定了因果关系的重要性。事实上，也有很多研究是在探索如何从数据中获得因果关系。例如，在智能工业互联网应用中，需要了解究竟是哪个因素与产品优良率之间存在因果关系，这些都是典型的基于实验数据推断因果关系，进而推动应用的例子。因此，在大数据中，关联关系与因果关系同样具有应用价值。

大数据带来的思维模式的变革，在第8章中将会进行详细的阐述。

1.3.2 大数据计算面临的挑战

数据中蕴含的价值，通常是需要通过计算获取到的。大数据计算就是通过计算获取价值的过程。

大数据的4V或5V特征，给数据处理的过程带来直接的挑战。

随着数据规模的增大，受到挑战最大的是数据的存储和计算能力。通过各种途径采集到的大量数据经过预处理后，需要被存储下来，并根据各种数据查询任务和数据分析任务，进行数据加工和分析计算。特别是对于时效性要求较高的分析任务，这种压力更为巨大。

应对数据的规模性，通常有两个思路：

一个思路是"分而治之"。它是指将计算任务分解，并交由不同的计算节点来并发执行。也就是说，当存储和计算的能力超出一台计算机的极限时，在将数据存储在不同节点的基础上，将计算任务进行分解，并交由不同的计算机节点来并发执行。这样一个由一组相互协作的计算机通过高速网络互联起来形成的存储和计算系统，称为分布式系统。一个设计良好的分布式系统应当具有可扩展性，即通过扩大分布式系统的规模，处理更大量的数据和更多的计算任务，支持定制化设计。

另一个思路是充分利用数据的特征，"变蛮算为巧算"。这就需要进一步考察不同大数据集的特点，考察基于这个数据集的查询或计算任务的特点，有针对性地设计优化方法。这些优化方法的设计也得遵循一些基本的原则。

(1) 大数据数量庞大，但合理的抽样仍然具有意义

在大数据时代，抽样的统计方法存在一定的局限性，不再被广泛应用。但是，在大数据的计算中，有些计算任务允许计算精度在一定范围内波动。对单一数据项和分析算法的精确性要求就不再苛刻，可以牺牲部分精确性来换取计算量的减少。此外，一些针对性设计的采样方法，也可以保证抽样结果与全样结果对特定问题保持确定的数学性质。例如，求取一个数据集的均值，在全部数据集上求得的均值与通过随机抽样求得的均值就会保持相同。这为大数据的"巧算"提供一种思路。

(2) 大数据变化频繁，在计算中应利用好数据的"增量"特性

大数据种类繁多，变化频繁，已有的计算模式往往通过预先确定的分类方法简化问题的难度和规模，提高预测的准确性。在大数据计算中，数据的持续更新可能难以形成稳定的分类，不仅要考虑可分类条件下的精确算法，还要考虑动态数据下的增量算法。考虑到相对于大量的存量数据，增量数据的规模要小很多，如果能够找到方法，不需要每次计算都重新扫描所有数据，而只要在上次计算结果的基础上，通过对更新数据的计算，合并出新的计算结构，就可以避免大量的计算，从而让大数据计算变得更加有效。

(3) 大数据种类繁多，利用好多源数据有助于寻找关联关系

大数据的研究不同于传统的逻辑推理研究。针对一个问题，往往不只是在一个确定的数据集上开展研究，而是对数量巨大的数据做统计分析和归纳，甚至可以根据数据分析的目的，有针对性地获取、整合管理数据，从而形成多源异构的大数据集。通过还原方法和自底向上的归纳方法，实现多源数据和多种计算方法的有效融合。

针对大数据计算的变化，我们可以把大数据计算归纳为"近似处理、增量计算、多源归纳"三个计算属性，通常称之为"3I"特征，即近似性（inexact）、增量性（incremental）和归纳性（inductive）。

1.3.3 大数据专业与职业

随着数据量的持续攀升与数据科学的进一步发展，大数据对于国民经济的重要作用也得到越来

越多的国家认可。展望未来,数据驱动一切,没有数据寸步难行。在大数据蓬勃发展的大背景下,市场上大数据人才的缺口不断扩大。高校作为人才培养基地,及时培养出理论型、实践型、应用型等适应经济和社会发展的复合型人才刻不容缓。

1. 人才培养目标

大数据专业面向国家发展战略和大数据产业发展需求,致力于培养德智体美全面发展,践行社会主义核心价值观,具有良好的职业道德和人文素养,具备大数据平台架构设计与运行维护、数据建模和分析以及解决行业应用问题的能力,信息化时代的终身学习能力的人才;培养面向健康医疗、电子商务、金融、交通等大数据相关领域,能够承担大数据平台架构设计、数据采集、存储与管理、数据分析与可视化任务,能在相应领域从事各行业大数据分析、处理、服务、开发和利用,具有社会责任感、创新精神、国际视野和较强实践能力的高素质、应用型高级专门人才。

2. 专业知识体系

从学科角度而言,大数据可以理解为一个跨多学科领域的,从数据中获取知识的科学方法、技术和系统的集合。因此,大数据专业知识体系涵盖了计算机、数学、统计学等多个学科领域,结合了诸多领域中的理论和技术,包括应用数学、统计学、模式识别、机器学习、人工智能、深度学习、数据可视化、数据挖掘、数据仓库、分布式计算、云计算、系统架构设计等。

从大数据分析角度而言,典型的大数据分析过程包括:数据采集与预处理、数据存储与管理、数据处理与分析、数据可视化等,如图1-4所示。因此,大数据专业知识体系涵盖了数据采集与预处理技术、数据存储与管理技术、数据处理与分析技术、数据可视化技术等。同时,在分析过程中,对商业领域的业务知识也需要一定的理解。

图1-4 典型的大数据分析过程

3. 专业课程体系

大数据专业课程体系涵盖了通识教育课、学科基础课、专业基础课、专业核心课、专业课以及综合实践课等。

①通识教育课:思政类课程、军体类课程、外语课、创新创业课等;

②学科基础课:高等数学、线性代数、概率论与数理统计等;

③专业基础课:程序设计、计算机系统基础及组成原理、离散数学、计算机网络、算法与数据结构、数据库系统、操作系统、软件工程等;

④专业核心课:大数据导论、网络爬虫与数据采集、数据清洗、NoSQL数据库、数据可视化、分布式并行编程、机器学习等;

⑤专业课:云计算、数据安全、数据仓库、数据挖掘等;

⑥综合实践课:课程设计、毕业设计等。

从图1-5中看出,第一至第三学期开设通识教育课、学科基础课、专业基础课等基础课程。从第四学期开始学习专业核心课和专业课,并进行综合实践。

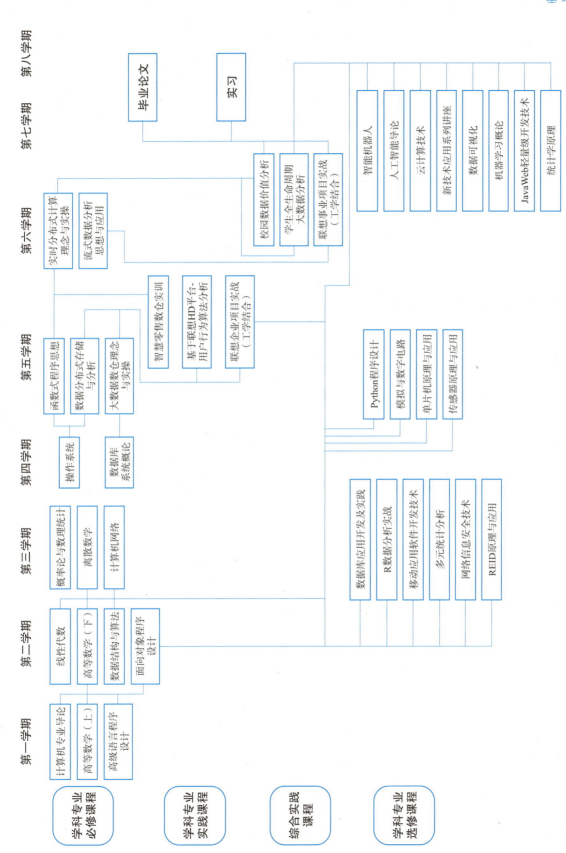

图1-5 大数据专业课程体系图

4. 实践课程要求

大数据专业不仅是知识的传承，更重要的是能力的锤炼，以期满足国家与社会发展的需要。专业主管机构设置了一系列的大数据人才评价系统，包括数据分析工程师、数据治理工程师、数据安全工程师、数据算法工程师、大数据咨询工程师等不同级别的评价规则。因此需要学生事先做好规划、深入学习，同时在培养的过程中，注重基础知识与实践的结合。

5. 职业道德

（1）大数据安全与职业道德

大数据的蓬勃发展，促使了很多行业和岗位的衍生。目前，大多数软件都是开源的、可免费使用的，其中最典型的就是网络爬虫技术。网络爬虫技术的原理是对互联网上含有关键信息的网页进行分析，按照这些网页提供的信息跳跃到相关的网页，进一步扩展和获得更多的信息。为了保护私密信息，许多网页规定了爬虫紧抓协议和网页紧抓标记。但是，一些不正规的从业公司或者从业者无视这些道德准则和规范，肆意抓取网上公开的信息，甚至挖掘不公开的信息，并互相交易，导致用户隐私数据被大数据泄露。

在2019年5月，国家互联网信息办公室发布了《数据安全管理办法（征求意见稿）》，希望互联网公司能够善意使用用户信息，承担自己的社会责任。

（2）行业从业者的道德规范

大数据领域的从业者，也应该遵从软件开发职业中的道德准则。目前，被广泛接受的道德规范见表1-3，表1-4为大数据行业相关标准。

表1-3　软件开发者的道德规范和工程师的道德规范

序号	软件开发者的道德规范	工程师的道德规范
1	始终关注公众利益，按照与公众的安全、健康、幸福一致的方式发挥作用	始终以公众健康、安全和财产为出发点，及时公布可能危害公众的要素
2	提高职业正直性和声誉	发表声明或评估时，诚实、不浮夸
3	确保软件对公众、客户及用户有益，质量可接受，按时完成且价格合理	正确评价他人的贡献
4	保持数据的安全和正确；离开工作时，不应带走公司的任何财产，不应将项目告知他人	提高对技术、应用及各种潜在后果的理解

表1-4　大数据行业相关标准

序号	名称	发布单位	发布时间	侧重内容
1	《信息安全技术　大数据安全管理指南》（GB/T 37973—2019）	国家市场监督管理总局 国家标准化管理委员会	2019年8月	数据管理安全，数据平台安全
2	《信息安全技术　个人信息安全规范》（GB/T 35273—2020）	国家市场监督管理总局 国家标准化管理委员会	2020年3月	个人隐私保护，公众利益保护
3	《信息安全技术　大数据服务安全能力要求》（GB/T 35274—2023）	国家市场监督管理总局 国家标准化管理委员会	2023年8月	公司从业资质，数据服务安全
4	《贵阳市大数据安全管理条例》	贵阳市第十四届人民代表大会常务委员会通过	2018年8月	数据安全，数据审计

全国信息安全标准化技术委员会发布了一系列国家标准征求意见稿,对数据来源、数据交易、数据管理、数据平台、从业者资质等方面的评估提出了指导性意见。同时,针对个人信息面临的安全问题,这些国家标准征求意见稿规范了个人信息控制者在收集、保存、使用、共享、转让、公开等环节的相关行为,以抑制个人信息非法收集、滥用等乱象,保护个人合法权益和社会公共利益。

1.3.4 大数据与其他新兴技术的关系

云计算、大数据和物联网被称为"第三次信息化浪潮"的"三朵浪花"。云计算大大减少了企业IT系统的成本,降低了企业信息化的门槛。大数据为企业提供了海量的数据,帮助企业从大量数据中分析或挖掘出有价值的信息,提供决策支持。物联网以"万物互联"为目标,通过传感器等,把人和物通过新的方法连接起来,形成人与物、物与物的相连,实现远程管理控制。

大数据与云计算、物联网、人工智能、区块链之间存在着"千丝万缕"的联系。

1. 云计算

(1)云计算的定义

云计算是一种基于互联网的计算方式,通过这种方式,共性的软件/硬件资源和信息可以按需提供给计算机和其他设备,就像日常用的水、电,按需付费,不用关心其来源。云计算是一种按使用量付费的模式,这种模式提供可用的、便捷的、按需的网络访问,进入可配置的计算机资源共享池(资源包括存储、软件、服务),这些资源能够被快速提供,只需投入很少的管理工作,或与服务提供商进行很少的交互。

概括来说,云计算是各种虚拟化、效用计算、服务计算、网格计算、自动计算等概念的混合演进并集大成之结果。它既是技术上的突破(技术上的集大成),也是商业模式上的飞跃(用多少付多少,没有浪费)。这也决定了其将成为未来的IT产业主导技术与运营模式。

(2)云计算的服务模式和运营模式

云计算的服务模式包括三种,即基础设施即服务(infrastructure as a service,IaaS)、平台即服务(platform as a service,PaaS)和软件即服务(software as a service,SaaS)。IaaS是把基础设施(计算资源和存储设备)作为服务提供给用户,PaaS是把应用开发环境(应用编程接口和运行平台等)作为服务提供给用户,SaaS是把软件作为服务提供给用户。这些服务是以按需租用的方式向最终用户提供服务。

云计算的运营模式也包括三种,即公有云、私有云和混合云。公有云是面向所有注册用户提供服务,只要按需付费都可以使用,比如AWS;私有云是面向特定的用户提供服务,比如企业和社团组织等出于安全考虑自建的云计算环境,只为自己内部提供服务,可以很少地受到公有云的诸多限制;混合云是把公有云和私有云结合到一起,用户可以通过一种可控的方式部分拥有,部分与他人共享。这是因为,一方面由于受各种法规或安全限制,需要把资源放在私有云上,另一方面,又希望获得公有云的计算资源等,这就形成了混合云。云计算的服务模式和运营模式如图1-6所示。

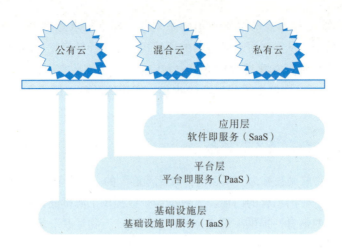

图1-6 云计算的服务模式和运营模式

（3）云计算的应用

随着云计算技术的飞速发展，数据量也在飞速地增长。但是"云端"只是一个形象的说法，实际上数据并不会在"天上的云朵"里，而要"落地"，也就是说，这些云端的数据实际上是被保存在全国各地大大小小的数据中心里。通常，云计算数据中心包括一整套复杂的设施，包括刀片服务器、宽带网络、环境控制设备、监控设备以及各种安全装置。数据中心是云计算的重要载体，为云计算提供计算、存储、宽带等各种资源，同时为各种平台和应用提供运行支撑环境。谷歌、微软、阿里、华为等IT"巨头"，纷纷投入巨资在全球范围内大量修建数据中心，旨在掌握云计算发展的主导权。我国政府和企业也都在加大力度建设云计算数据中心，中国国际信息技术（福建）产业园的数据中心、阿里巴巴在甘肃玉门市建设的数据中心，以及三大运营商在贵州建设的数据中心等。截至2023年2月，整个贵州省的服务器承载能力达到225万台，平均上架率是56.5%，预计到2025年，将达到400万台。

同时，云计算在电子政务、教育、企业、医疗等领域的应用不断深化，对提高政府服务水平、促进产业转型升级和培育发展新兴产业都起到了关键的作用。比如在政务云上可以部署公共安全管理、城市管理、智能交通、社会保障等应用，实现信息资源整合和政务资源共享，推动政务管理创新，加快向服务型政府转型。教育云可以有效整合幼儿教育、中小学教育、高等教育以及继续教育等优质教育资源，逐步实现教育资源共享以及教育资源深度挖掘等目标。医疗云可以推动医院与医院、医院与社区、医院与患者之间服务共享，并形成一套全新的医疗健康服务系统。

2. 物联网

（1）物联网的定义

物联网（internet of things，IoT）是新一代信息技术的重要组成部分，被称为是"万物相连的互联网"。这包含两层含义，第一，物联网的核心和基础仍然是互联网，是互联网的延伸和扩展；第二，网络的边缘延伸和扩展到了普通非智能的物品，物品利用传感器、红外感应器、激光扫描器等信息传感设备接入网络并实现物品之间的互连，实现信息化和远程管理控制。

（2）物联网的关键技术

物联网的关键技术包括识别和感知技术、网络与通信技术、数据挖掘与融合技术等。识别和感知技术主要实现如何识别物体唯一标识、定位物体位置、物体移动情况等各种信息的采集，比较常用的技术有二维码技术、RFID、传感器、红外感应技术、生物特征识别、声音及视觉识别技术等。网络与通信技术包括短距离无线通信技术和远程通信技术。短距离无线通信技术包括NFC、蓝牙、Wi-Fi、RFID等；远程通信技术包括互联网、移动通信网络、卫星通信网络等。数据挖掘与融合技术是对物联网中存在的各种不同类型的系统产生的大量不同来源的不同类型的数据，进行有效整合、处理和挖掘。

（3）物联网的应用

物联网已经广泛应用于智慧家居、智慧社区、智慧交通、智慧医疗、智慧农业、智慧工业领域，对国家数字化建设与社会发展起到了重要的推动作用。

3. 大数据与云计算、物联网之间的关系

大数据、云计算和物联网可以说是IT领域的"三驾马车"，三者相辅相成，既有联系又有区别，三者的区别见表1-5。

表1-5　大数据、云计算和物联网的区别

比较项目	大数据	云计算	物联网
目的	发掘数据的价值	实现计算、网络、存储资源的弹性管理	实现信息化连接
对象	数据	互联网资源以及应用等	各类物体
背景	用户和社会各行各业所产生的数据呈几何级数增长	用户服务需求的增长，以及企业处理业务能力的提高	识别与感应技术的发展以及数据资源的获取需求
价值	发掘数据的有效信息	大量节约使用成本	各类信息、咨询可以更容易地被获取并产生衍生价值

三者的联系在于它们都是数据存储和处理服务，都需要占用大量的存储和计算资源，因而都要用到数据存储技术、数据管理技术等，而云计算所具备的弹性伸缩和动态调配、资源虚拟化，以及环保节能等基本要素可以满足大数据处理技术的需求。物联网的传感器源源不断产生的大量数据，构成了大数据的重要来源，实现了人工产生阶段向自动产生阶段的转变。同时，物联网需要借助于云计算和大数据技术，实现对物联网数据的分析和处理。

图1-7展示大数据、云计算和物联网三者之间的联系。

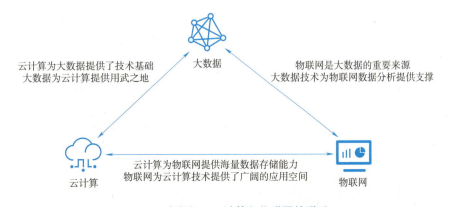

图1-7　大数据、云计算和物联网的联系

总之，大数据与云计算、物联网三者之间相互融合、彼此渗透，在很多应用场景都会被同时使用，未来云计算、大数据、物联网融合发展是趋势。

4. 人工智能

（1）人工智能的定义

人工智能（artificial intelligence，AI）是研究、开发用于模拟、延伸和扩展人的智能的理论、方法、技术及应用系统的一门新的技术科学。人工智能包含的领域很广，包括机器学习、深度学习、智能机器人、图像识别、专家系统和自然语言处理等，其目标是使机器能够胜任一些通常需要人类智能才能完成的复杂工作。人工智能从诞生以来，其理论和技术日益成熟，应用领域也不断扩大，未来应用了人工智能的科技产品，成为改变生活、改变世界的重要力量。总的来说，人工智能是一门极富挑战性的学科，属于自然学科和社会学科的交叉学科。

（2）人工智能的关键技术

人工智能的关键技术包含了机器学习、知识图谱、自然语言处理、人机交互、计算机视觉、生物特征识别、AR/VR等七个关键技术。

机器学习（machine learning）是一门涉及统计学、系统辨识、逼近理论、神经网络、优化理论、计算机科学、脑科学等诸多领域的交叉学科，研究计算机怎样模拟或实现人类的学习行为，以获取新的知识或技能，重新组织已有的知识结构使之不断改善自身的性能，是人工智能技术的核心。基于数据的机器学习是现代智能技术中的重要方法之一，研究从观测数据（样本）出发寻找规律，利用这些规律对未来数据或无法观测的数据进行预测。根据学习模式、学习方法以及算法的不同，机器学习存在不同的分类方法。根据学习模式可以将机器学习分类为监督学习、无监督学习和强化学习等。根据学习方法可以将机器学习分为传统机器学习和深度学习。

知识图谱本质上是结构化的语义知识库，是一种由节点和边组成的图数据结构，以符号形式描述物理世界中的概念及其相互关系，其基本组成单位是"实体—关系—实体"三元组，以及实体及其相关"属性—值"。不同实体之间通过关系相互连接，构成网状的知识结构。在知识图谱中，每个节点表示现实世界的"实体"，每条边为实体与实体之间的"关系"。通俗地讲，知识图谱就是把所有不同种类的信息连接在一起而得到的一个关系网络，提供了从"关系"的角度去分析问题的能力。知识图谱可用于反欺诈、不一致性验证、组团欺诈等公共安全保障领域，需要用到异常分析、静态分析、动态分析等数据挖掘方法。特别地，知识图谱在搜索引擎、可视化展示和精准营销方面有很大的优势，已成为业界的热门工具。

自然语言处理是计算机科学领域与人工智能领域中的一个重要方向，研究实现人与计算机之间用自然语言进行有效通信的各种理论和方法，涉及的领域较多，主要包括机器翻译、机器阅读理解和问答系统等。

人机交互主要研究人和计算机之间的信息交换，主要包括人到计算机和计算机到人的两部分信息交换，是人工智能领域重要的外围技术。人机交互是与认知心理学、人机工程学、多媒体技术、虚拟现实技术等密切相关的综合学科。传统的人与计算机之间的信息交换主要依靠交互设备进行，主要包括键盘、鼠标、操纵杆、数据服装、眼动跟踪器、位置跟踪器、数据手套、压力笔等输入设备，以及打印机、绘图仪、显示器、头盔式显示器、音箱等输出设备。人机交互技术除了传统的基本交互和图形交互外，还包括语音交互、情感交互、体感交互及脑机交互等技术。

计算机视觉是使用计算机模仿人类视觉系统的科学，让计算机拥有类似人类提取、处理、理解和分析图像以及图像序列的能力。自动驾驶、机器人、智能医疗等领域均需要通过计算机视觉技术从视觉信号中提取并处理信息。随着深度学习的发展，预处理、特征提取与算法处理渐渐融合，形成端到端的人工智能算法技术。根据解决的问题，计算机视觉可分为计算成像学、图像理解、三维视觉、动态视觉和视频编解码五大类。

生物特征识别是指通过个体生理特征或行为特征对个体身份进行识别认证的技术。从应用流程看，生物特征识别通常分为注册和识别两个阶段。注册阶段通过传感器对人体的生物表征信息进行采集，如利用图像传感器对指纹和人脸等光学信息、麦克风对说话声等声学信息进行采集，利用数据预处理以及特征提取技术对采集的数据进行处理，得到相应的特征进行存储。识别过程采用与注册过程一致的信息采集方式对待识别人进行信息采集、数据预处理和特征提取，然后将提取的特征与存储的特征进行比对分析，完成识别。从应用任务看，生物特征识别一般分为辨认与确认两种任务，辨认是指从存储库中确定待识别人身份的过程，是一对多的问题；确认是指将待识别人信息与存储库中特定单人信息进行比对，确定身份的过程，是一对一的问题。

虚拟现实（VR）/增强现实（AR）是以计算机为核心的新型视听技术。结合相关科学技术，在一定范围内生成与真实环境在视觉、听觉、触感等方面高度近似的数字化环境。用户借助必要的装备与数字化环境中的对象进行交互，相互影响，获得近似真实环境的感受和体验，通过显示设备、跟踪定位设备、触力交互设备、数据获取设备、专用芯片等实现。虚拟现实/增强现实从技术特征角度，按照不同处理阶段，可以分为获取与建模技术、分析与利用技术、交换与分发技术、展示与交互技术以及技术标准与评价体系五个方面。获取与建模技术研究如何把物理世界或者人类的创意进行数字化和模型化；分析与利用技术重点研究对数字内容进行分析、理解、搜索和知识化方法；交换与分发技术主要强调各种网络环境下大规模的数字化内容流通、转换、集成和面向不同终端用户的个性化服务等；展示与交换技术重点研究符合人类习惯数字内容的各种显示技术及交互方法，以期提高人对复杂信息的认知能力；标准与评价体系重点研究虚拟现实/增强现实基础资源、内容编目、信源编码等的规范标准以及相应的评估技术。

（3）人工智能的应用

随着数字化时代的到来，人工智能被广泛应用，特别是在家居、制造、金融、医疗、安防、交通、零售、教育和物流等多领域。随着技术不断进步，人工智能将会有更广泛的应用，也将会给人们的生活带来更多的便利。

（4）大数据与人工智能的关系

人工智能和大数据是紧密相关的两种技术，两者既有联系又有区别，见表1-6。

表1-6　大数据和人工智能的区别

比较项目	大　数　据	人工智能
计算形式	不会根据结果采取行动，只是寻找结果	是一种计算形式，允许计算机执行人工功能
实现手段	通过数据的对比分析来掌握和推演出更优的方案	辅助或代替人更快、更好地完成某些任务或进行某些决定
达成目标	推断出哪些内容可能更需要，并将其进行推送	对重复性的事项，以速度更快、错误更少的处理优势高效地达成目标

可以从三个方面了解大数据与人工智能的联系。首先，大数据为人工智能提供数据支撑。大数据是人工智能实现智能化的基础，人工智能的算法需要大量的数据进行训练和优化，才能得到更高的准确性和精度。通过分析大数据，人工智能可以识别出数据中的模式和趋势，并利用这些信息来推断新的结果。其次，人工智能提供更高效、更精准的大数据处理和分析工具。人工智能不仅可以从大数据中学习和发现规律，还可以为大数据的处理和分析提供更高效、更精准的工具和方法。最后，大数据和人工智能的结合可以促进技术的创新和发展。大数据和人工智能的结合可以为各行各业带来更多的创新和发展机会。

5. 区块链

（1）区块链的定义

狭义上来讲，区块链是一种按照时间顺序将数据区块以顺序相连的方式组合成的一种链式数据结构，并以密码学方式保证的不可篡改和不可伪造的分布式账本。

广义上来讲，区块链技术是利用块链式数据结构来验证与存储数据、利用分布式节点共识算法来生成和更新数据、利用密码学的方式保证数据传输和访问的安全、利用自动化脚本代码组成的智能合约来编程和操作数据的一种全新的分布式基础架构与计算方式。

（2）区块链的关键技术

区块链的四大核心技术包括分布式账本、非对称加密、共识机制、智能合约。分布式账本是指分布在每个节点记录的完整账目，这些详细的账目记录可以参与监督、交易，拥有很高的合法性，也可以作为证据。非对称加密是指存储在区块链上的交易信息虽然是透明的，但是账号身份却是严格保密的，当你得到数据拥有者的授权后，才能正常访问存储数据，很大程度上保障数据和个人隐私安全。共识机制是为了防止数据被篡改，共识机制"人人平等""少数服从多数"的特点，适应很多应用场景，能在效率和安全性中取得平衡，而当区块链的节点足够多时，造假的情况也会少了很多。智能合约是指基于区块链中不可篡改的数据，智能合约可以自动化执行原先预定好的条款和规则。

（3）区块链的应用

区块链技术可以看作一个去中心化、不可篡改的分布式数据库，因为它不需要中心化的机构来管理，所有节点都可以共同维护账本的完整性。区块链技术从根本上改变了数据存储和信息传递的方式，同时也为数字货币的发展和数字资产的管理带来了新的思路和工具。区块链技术的应用也不仅限于货币和数字资产领域，它也可以在金融、政府管理、企业管理、医疗健康等领域发挥重要的作用。

（4）大数据与区块链的关系

同样，区块链和大数据都是新一代信息技术，二者既有区别，又存在着紧密的联系，见表1-7。

表1-7 大数据和区块链的区别

比较项目	大 数 据	区 块 链
数据量	海量数据，处理方式上更粗糙	数据量小，具有细致的处理方式
数据结构	更多的是非结构化数据	典型的结构化数据
独立和整合	信息的整合分析	信息相对独立

比较项目	大　数　据	区　块　链
直接和间接	间接的数据	直接的数据
CAP理论	实现AP	实现CP
数学和数据	数据说话	数学说话
匿名和个性	个性化	匿名化
基础网络	计算机集群	P2P网络
价值来源	数据是信息，从数据中挖掘到价值	数据是资产，是价值的传承
计算模式	分布式算法，一件事情分给多个计算机执行	多个节点同时记录一件事情

对CAP理论进行详细的说明。C（consistency）一致性，是指写操作后的读操作可以读取到最新的数据状态，当数据分布在多个节点上，从任意节点读取到的数据都是最新的状态。A（availability）可用性，是指任何事务操作都可以得到响应结果，且不会出现响应超时或响应错误。P（partition tolerance）分区容忍性，是指通常分布式系统的各节点部署在不同的子网，这就是网络分区，不可避免地会出现由于网络问题而导致节点之间通信失败，此时仍可对外提供服务，能够正常运行。因此按照CAP理论，一个分布式系统不可能同时满足一致性、可用性和分区容忍性这三个需求，最多只能同时满足其中两个。

可以从三个方面了解大数据与区块链的联系。首先，区块链将打破"数据孤岛"现象。区块链技术可以以其可信任性、安全性和不可篡改性，让更多数据被解放出来，形成一个资源池，不仅可以保障数据的真实、安全、可信，如果数据遭到破坏，也可以通过区块链技术的数据库应用平台灾备中间件进行迅速恢复。其次，区块链可扩大数据规模，规范数据管理。区块链的可追溯性，使得数据从采集、交易、流通，以及计算分析的每一步记录，都可以留存在区块链上，保证数据分析结果的正确性。同时，区块链自动化的"基于规则"的运营和管理功能可有效提高数据管理透明度，并节约管理成本。再次，大数据能极大地提高区块链的数据价值。区块链的主要优势是保证数据的可信任性、安全性和不可篡改性等，实际数据的统计分析能力是较弱的，而大数据则可以对数据进行深度分析和挖掘，这能够极大地提升区块链数据的价值和使用空间。

小　　结

当今人类已经步入大数据时代，人类的生活被数据紧紧"环绕"，并产生了深刻的变革。处于大时代浪潮下的我们应该接近数据、了解数据，并利用好数据。因此本章首先从数据的基础知识讲起，讲解了数据的概率、类型、组织形式、生命周期、价值以及特性等，然后介绍了大数据时代到来的背景及发展历程，同时总结了世界各国的大数据发展战略。最后从大数据对思维模式带来的变革、面临的挑战、职业发展的影响以及与其他新兴技术的关系几个方面，简要介绍了大数据的技术挑战和科学意义。

习 题

1. 什么是大数据？大数据的特征是什么？
2. 大数据的基本类型有哪些？
3. 大数据发展的三个重要阶段是什么？
4. 大数据带来的影响有哪些？并进行简单的阐述。
5. 大数据带来的思维变革有哪些？
6. 大数据时代面临的挑战有哪些？

技术篇

第2章　大数据技术概述

第3章　数据采集与数据预处理

第4章　数据存储与管理

第5章　数据分析与挖掘

第6章　数据可视化

第 2 章 大数据技术概述

大数据技术作为新一代信息产业的有力技术支持，能够帮助人们存储管理好大数据，并从大体量、高复杂的数据中提取价值。大数据技术是指从各种各样类型的海量数据中快速获取到有价值信息的技术。

2.1 大数据处理的基本流程

大数据的数据来源广泛，数据类型多样化，应用需求也不尽相同，但是基本的处理流程是一致的。可以被定义为，在恰当工具的辅助下，对多源异构的数据源进行抽取和集成，并对结果按照一定的规则进行统一存储，然后根据用户的需求利用匹配的数据分析技术对数据进行挖掘，从中获取有价值的知识，通过恰当的方式将结果呈现给终端用户。

2.1.1 数据采集与预处理

大数据的重要特征之一就是多源异构，这意味着数据来源极其广泛，数据类型极为复杂。要想处理大数据，必须对所需数据源的数据进行抽取和集成，同时制定一系列的规则，对数据进行清洗，保证数据质量及可信性。这项技术并不是一项全新的技术，但是随着新的数据源的涌现，数据采集与预处理的方法也在不断地更新发展之中。目前常用的采集方法有基于管理信息系统的采集方法、基于互联网信息系统的采集方法、基于物联网的采集方法以及网络爬虫等方法。

2.1.2 数据存储与管理

大数据存储与管理的主要目的是用存储器把采集到的数据存储起来，建立相应的数据库，并进行管理和调用。在大数据时代，从多渠道获取到的原始数据往往缺乏一致性，数据结构混杂，并且数据量在急剧增长，传统的关系型数据库管理系统不足以支撑。因此，在大数据时代，数据存储与管理技术逐渐转化到结构化、半结构化和非结构化的存储与管理技术上，解决了大数据的可存储、可表示、可处理、可靠性及有效传输等关键问题。通俗来讲解决了海量文件的存储与管理，海量小文件的存储、索引和管理，海量大文件的分开与存储、系统可扩展性与可靠性。

2.1.3 数据分析与挖掘

大数据处理的核心就是对大数据进行分析，只有通过分析才能获取到智能的、深入的、有价值的信息。越来越多的应用涉及大数据，这些大数据的属性，包括数量、速度、多样性等都引发了大数据不断增长的复杂性，所以，大数据的分析方法在大数据领域就显得尤为重要。利用数据挖掘进行数据分析的常用方法主要有分类、回归分析、聚类、关联规则等。

2.1.4 数据可视化

大数据时代下,数据井喷式增长,分析人员将庞大的数据汇总并进行分析,而分析出的成果如果是密密麻麻的文字,那么就没有几个人能理解,所以我们就需要将数据可视化。图表甚至动态图的形式将数据更加直观地展现给用户,从而减少用户的阅读和思考时间,以便很好地做出决策,因此可视化技术是最佳的结果展示方式之一。数据可视化技术是一个新兴领域,有很多新的发展,必须满足实时性、操作简单、更丰富的展现以及多种数据支持等特性。

2.2 大数据处理的主要模式

大数据的应用类型很多,主要的处理模式有流处理模式和批处理模式两种。流处理模式是直接处理,批处理模式则是先存储后处理。

2.2.1 流处理模式

流处理模式的基本概念是,数据的价值会随着时间的流逝不断减少。因此,尽可能地对最新的数据做出分析并给出结果是流处理模式的主要目标。需要采用流处理的大数据应用场景主要是网页单击数的实时统计,传感器网络、金融中的高频交易等。

流处理模式将数据视为流,将源源不断的数据组成数据流,当产生新的数据时立即处理并返回所需的结果。

数据的实时处理具有挑战性,数据流本身具有持续到达、速度快、规模巨大等特点,通常不会对所有数据进行永久化存储,同时由于数据不断地变化,系统很难准确掌握数据的全貌,但是对响应时间又有要求,流处理的过程基本在内存中完成,处理方式更多地依赖于在内存中设计灵活的概要数据结构。内存容量是限制流处理的一个主要瓶颈。

2.2.2 批处理模式

批处理模式最典型的代表作是2004年Google公司提出的MapReduce编程模型。MapReduce模型首先将原始数据进行分块,然后分别交给不同的Map任务去处理。Map任务从输入中解析出key/value对集合,然后对这些集合执行用户自行定义的Map()函数以得到中间结果,并把这些结果写入本地硬盘。Reduce任务从硬盘上读取到数据以后,根据key值进行排序,并把具有相同key的数据组织在一起。最后,用户自定义的Reduce()函数会作用于这些排好序的结果并输出最终结果。

MapReduce的核心设计思想有两点:第一点是将问题分而治之,把待处理的数据分成多个模块分别交给多个Map任务去并发处理;第二点是从计算推到数据而不是数据推到计算,从而有效地避免数据传输过程中产生的大量通信开销。

小 结

本章对大数据技术做了一个简单的介绍,以便读者在深入详细地学习大数据之前,对大数据技术体系有一个系统的了解,主要从大数据处理的基本流程及涉及的相关技术,以及大数据处理的主要模式进行了介绍。

习 题

1. 大数据处理的基本流程由哪几个步骤组成?
2. 大数据处理基本流程涉及的关键技术有哪些?
3. 大数据的主要处理模式有哪些?它们的区别是什么?

第3章 数据采集与数据预处理

随着云计算、大数据、人工智能、物联网、5G移动通信等新一代信息技术的发展和应用，产生了海量的数据。这些数据增长速度迅速，来源广泛，类型多样，且有时效性，如通过网站、政务系统、办公系统、微博等应用系统收集的数据；抖音小视频、快手、视频号等收集的音频视频数据；监控摄像头、传感器等技术收集的图像；微信、E-mail、购物网站等收集的文本、日志相关的数据。对于这些来源广泛且类型多样的数据，数据缺失、数据重复、语义模糊等问题是不可避免的，通常无法直接使用。要实现数据的最大价值，就必须采取相应的措施。对数据做必要的清洗、集成、转换等称之为"数据预处理"，是对数据进行分析的第一步，也是为后续的数据挖掘和分析奠定良好的基础。

本章主要介绍数据采集及数据预处理，包括数据采集来源、原则和方法，以及数据清洗、数据集成、数据转换、数据脱敏等操作。

3.1 概 述

在大数据时代，数据的价值在各个行业的推广和应用过程中已经充分显现，数据也成为重要的资产。如何有效地获取这些规模巨大、产生速度迅速、类型多的数据，即数据采集，是进行数据挖掘和分析的重要前提。数据采集（data acquisition，DAQ）也称为数据获取或数据收集，是指利用不同的设备和技术通过一系列流程自动采集数据，并传到存储空间中进行分析、处理的过程。

然而，在很多情况下，即使采集的数据得到了有效的集成，也难以直接使用，主要有两大原因：一是数据源数据的单位、类型、格式和应用要求等难以统一；二是在数据采集、传输、集成等一系列步骤中难免产生错误，比如数据重复、数据缺失、数据不完整等，这些"脏数据"会对后续的数据挖掘和分析造成误导，导致应用结果的偏差，从而失去了大数据的价值。因此，在应用之前，需要对数据进行预处理，达到数据完整性、一致性、有效性的管理。

3.2 数据采集

本节主要介绍数据采集的概念、数据采集的原则、数据采集的数据来源和数据采集的方法。

3.2.1 数据采集概述

海量的数据是大数据战略建设的基石，具有极高的应用价值。但是如果没有数据，谈何价值，就好比没有打井，就不会有水。数据采集，是大数据分析的前奏，是数据价值挖掘和分析的重要一环，数据价值的挖掘和分析都是建立在数据采集的基础之上。它通过不同的设备或技术手段把外部多种数据源产生数据实时或者非实时地采集并加以利用。在大数据高速发展的互联网时代，被采集的数据的类型也是多样化的，包含结构化数据、非结构化数据以及半结构化数据。其中结构化数据是最常见的，就是保存在传统的关系型数据库中，是我们惯用的数据形式，数据结构预先已定义好，使用非常便于理解和形象化展示的数据模型来存储和管理。非结构化数据不同于结构化数据，其数据结构不规则或者不完整，没有预先定义好的数据模型，无法提前预知，比如海量的图片、音频/视频信息、文本、数字等各种不同的信息，这类数据在大数据中占比逐步上升，如何将这些数据转换成合理且有效的，是提升后续数据应用的关键。半结构化数据是可以用一定数据结构来描述，但是数据内容与结构通常混合在一起，结构变化非常大，本质上不具有关系性，比如网页、电子邮件等。

不同的数据类型在采集时既有联系又有区别，见表3-1。

表3-1 采集的区别

类别	传统的数据采集	大数据采集	
	结构化数据采集	半结构化数据采集	非结构化数据采集
数据源	来源单一，数据量相对较少	来源广泛，数据量巨大	
数据类型	单一	多样	
常见来源	各类规范的数据表格	图片、视频、音频、电子邮件、网页等	

3.2.2 数据采集的原则

1. 大

数据量越大其分析的价值就越大。数据量越大，越能提供准确的统计结果，减少数据量少引起的偏差，从而帮助人们发现更多的趋势和模式，提高预测精度，从而能够改善决策和规划，为进一步的决策提供有力的基础数据支撑。

2. 全

数据信息的缺失、不全面很可能导致不能得出正确的结果。比如对某本图书销量的分析，我们尽可能地收集信息，比如哪些人群购买的，通过什么渠道购买的，所属地区等多种类型的信息，足够多的数据来支撑分析需求，能够精准地获取某一类型的信息，能够进行精准分析，制定进一步的营销策略。

3. 细

数据更重要的是能满足分析需求，收集充分全面的属性、维度、指标，使存储的数据质量更高，最终实现直通、高效的数据分析。对某本图书销量的分析，比如对购买者的性别、年龄、职业、学历进行收集，通过对这一系列的属性进行分析，从而能够分析出这本图书购买的群体对象和特点，从而进行精准推送，提高该图书的销量。

4. 准

只有正确的信息和数据整理分析后才能得到正确的结果和结论。数据信息的正确性要求我们应通过各种渠道获取信息并进行比对。

5. 时

高效性和及时性。高效性是指在采集数据时一定要有明确的目标，带着问题去收集数据，使数据更加高效和有针对性。同时，采集数据的及时性，提高了数据应用的及时性，能够创造更大的价值。

3.2.3 数据采集的来源

数据是描述事物的符号记录，而世间万物又是多样的、复杂的，这就导致了我们在数据采集时面对的数据源广泛，数据庞大，类型丰富多样。在大数据分析的整个过程中，数据的采集、预处理、存储以及分析处理等环节，需要确定不同的技术类别和方案，采用何种方式方法本质上与数据源的特征紧密相关，数据源的差异和特点会影响整个架构设计。因此，根据数据类型的不同，数据来源大致分为四类。

1. 管理信息系统

管理信息系统通常是指企事业单位、政府机关等组织内部的业务平台，如协同办公平台、ERP管理系统、CRM管理系统等，在业务活动中会产生大量的数据，这些数据既包括终端用户输入的原始数据，也包括系统二次加工处理产生的数据，与企业的经营、管理密不可分，具有极高的潜在应用价值，通常存储于关系型数据库中，多为结构化数据。

2. 互联网信息系统

互联网信息系统主要是指互联网上的各种信息系统或网络平台，例如电子商务系统（如淘宝商城、京东商城）、社交平台（如新浪微博、微信）、搜索引擎（如百度）、自媒体系统（如抖音、快手）、电子政务平台、在线医疗、在线教育以及各种POS终端、网络支付系统等，构建了虚拟的数字信息空间，为大量的各类在线用户提供便捷的购物、社交服务、医疗、教育等服务。这些系统会产生大量的业务数据、内容数据和线上行为数据。这些数据中多数数据结构属于开放式，是半结构化数据或非结构化数据，具有多源异构、时效性、社会性、价值密度低等特点，需要选择合理的采集方法，并经过转换存储为统一的结构化数据。

3. 物联网信息系统

物联网信息系统主要是指通过传感器设备或智能设备感知、监控、识别、控制现实世界客观事物的信息系统，广泛应用于智能交通、现场指挥、行业生产等场合。在物联网信息系统中，数据由各种传感设备或监控设备产生，可以搜集到各类物理状态的基本测量值、行为形态的图片、音频/视频等。这些数据需要进行多维融合处理，转换成格式规范的结构化数据进行存储。

与互联网系统相比，物联网信息系统收集到的数据，具有如下特点：数据规模更大、数据传输速率更快、数据类型更加多样化。

4. 科学研究信息系统

科学研究信息系统主要是指科学大数据，可以来自科研院所、个人观察所得到的科学实验数据及传感数据。它是物联网信息系统的特例，其实验环境是预先设定的，数据如何采集和处理都是经过精心设计的，主要用于学术研究，如遗传学、天文学、粒子物理、基因研究等。这些科学数据来自真实的科学实验，也可以是通过仿真的方式得到的模拟实验数据。此类数据以非结构化数据为主，数据量在PB级甚至以上，非常庞大。

3.2.4 数据采集的方法

针对不同类型的数据来源，所使用的数据采集方法也各不相同。可以通过数据库查询的方式获取所需要的数据，也可以通过专业的海量数据采集工具，还可以借助一些网页数据获取工具以及购买、商业合作等方式完成数据的采集。

针对四种不同的数据源，相应的采集方法也分为四类。

1. 管理信息系统的数据采集方法

管理信息系统的数据通常使用关系型数据库MySQL、SQL Server和Oracle等来存储业务数据，即数据以单行记录或多行记录的形式写入数据库中。随着数据源源不断地增加，经过长年累月的累积，积累了海量又珍贵的数据。可以借助ETL［抽取（extract）、转换（transform）、加载（load）］工具，把分散在不同位置的系统数据，通过抽取、转换、加载到数据仓库中，再由特定的处理分析系统对数据进行后续的分析，满足各种决策分析需求。

对于保密性要求极高的数据，比如客户数据、财务数据等，一般会与专业的数据技术服务商合作，使用特定的系统接口等技术手段来保护数据的完整性和私密性。

2. 互联网信息系统的数据采集方法

作为当下大数据时代最大的数据来源之一，互联网源源不断地产生各种数据，比如网上商城产生的数据，像商品数据、订单数据、用户反馈、浏览记录等大量的信息，有文档、音频、视频、图片等多种类型，可以用于个性化推荐、营销策略制定等多方面的分析与预测。

互联网上的很多数据都是动态产生的，实时性很强，一般为非结构化数据或半结构化数据。目前主要的采集方法是通过网络爬虫或者是通过某些网上提供的公开的API（如百度、新浪微博），并根据用户需求将某些数据属性进行抽取，而访问日志等信息则可以使用系统日志的方法进行采集。

（1）网络爬虫

网络爬虫是一种按照一定的规则，自动抽取信息的程序或脚本，又称网络蜘蛛或网络机器人。它作为搜索引擎的重要组成部分，本质上是从要抽取信息网站出发，在抽取的过程中，不断从当前页面抽取新的URL加入任务队列，并从任务队列中选择待抽取的URL进行处理，将完成抽取的URL放到已抽取队列中，循环执行，直到满足系统的特定停止条件。网络爬虫的基本工作流程如图3-1所示。

通过网络爬虫采集方法倾向于获取尽可能多的数据，但是考虑到数据的效率和质量，关键在于爬虫策略，也就是说在网络爬虫过程中，采取何种策略能够保证抽取到的内容更全、速度更快、匹配度更高。常见的策略包括深度优先策略、宽度优先策略、反向链路树策略、大站优先策略等。但实际上，爬虫并不总是善意的，可能增加了网站的负担，可能抽取了商业机密数据，还有可能侵犯了版权、泄露了隐私等，为此很多网站采取了反爬虫措施。因此，在必要且合法的情况下，谨慎使用爬虫去抽取到需要的数据。

（2）API采集

API定义了一个网站与另一个网站之间通信的标准语法，即便是这两个网站的架构不同或者是实现的语言不同。通常是网站的管理者自行编写的一种程序接口。这类接口封装了网站的核心算法，只通过简单调用即可实现对网站数据的请求，满足使用者快速获取网站的部分数据。

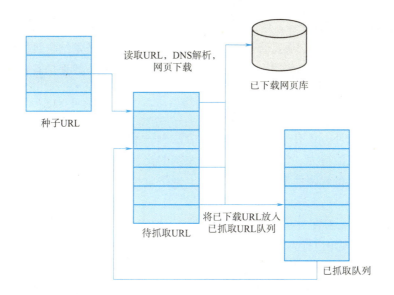

图3-1 网络爬虫的基本工作流程

目前主流的媒体平台、电子商务平台以及支付平台等,都通过API提供数据开放平台,比如微信支付,可以提供用户支付时间、支付方式、消费类型,以及收入等各种属性的数据,使用户非常快速地抽取到相关领域的数据,简化了数据采集的过程,从而能够在较短时间内获取海量的数据,更快地进行数据分析。对于以营利为目的的数据采集机构,可以通过付费的方式提供数据采集服务,这种方式比较适合于对数据采集有长期需求并且对数据质量要求比较高的特定领域的用户。

API采集技术很大程度上受限于平台开发者,一般免费提供API服务的网站中,通常都会限制采集时间和采集频率,对于开放的免费数据也因为数据的安全性和私密性,不能完全放开,从而不能完全满足用户需求。

3. 物联网信息系统的数据采集方法

物联网信息系统的数据主要是通过传感器进行数据传输,把物理世界的信息转化为可读的数字信号。目前根据各行各业的特定应用,大量的传感器设备被广泛部署,会周期性并持续地产生海量数据,例如在智能交通中,传感器数据包括车辆的位置、路况、信号灯等一系列的关联信息。再比如在智慧农业物联网系统中,采集到的温度、湿度、氧气含量等与农业种植、园艺培育、水产养殖等农业信息相关的数据。

在基于传感器技术进行采集的过程中,涉及众多数据源的选取,同时由于受传感器设备和通信传输系统的限制,采集到的数据类型差异很多,组织形式也多种多样,量纲也差异很多,存在文本、图片、音频、视频等多种不同的形式。因此,对于感知到原始数据进行统一的转换,过滤异常数据,根据采集目标的存储要求进行规则映射,才能满足传感器数据的采集需求。基于物联网的多传感器采集系统,如图3-2所示。

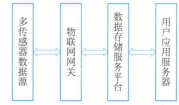

图3-2 基于物联网的多传感器采集系统

4. 科学研究信息系统的数据采集方法

科研数据因其特殊性,数据的采集方案都是经过科研人员精心设计的,需要通过特定的仪器进行采集并传送到数据中心进行处理。但是在不同科研领域,采用的方法也各不相同,比如舆情分析、用户行为分析及个性化推荐、交通监管等,可采用前面介绍的爬虫技术结合数据感知层的通用感知设备完成数据采集;而在宇宙奥秘探索、基因组研究、量子等领域,数据是需要特定的仪器,比如射电望远镜、电子显微镜等。

5. 其他数据采集方法

除去上述采集方法外,还有一个重要的采集方法——系统日志采集方法。系统日志是由系统运行产生,包含了系统的行为、状态以及用户和系统的交互。其含义是非常广泛的,可以是感知层采集到的数据、计算机软硬件系统运行的记录、网络监控的性能测量及流量管理等都属于系统日志。

通过查看系统日志,对针对系统故障发生的原因、搜索攻击者留下的痕迹以及随时监测系统可能发生的攻击事件、发现用户行为偏好等多个方面有着广泛的应用。

因此,在进行系统日志设计时,遵循以用户/系统行为认知的原则,需要根据应用的要求选择日志需要包含的内容,并根据内容的形式和应用方法设计有效的存取格式。例如,对于通话记录一类的需要频繁查询的海量日志仓库,可以选择数据库而不是文本文件,确保高效地查询。

3.3 数据预处理

理想的情况下,从各个数据源采集到数据后即可进行分析,然而现实却是"残酷"的。通过多源异构采集的数据,往往缺乏统一标准的定义,会出现大量重复或无关的数据、属性值丢失或者不确定的情况,或状态记录部分缺失等一系列的"脏数据"(不正确、不完整、不一致),难以直接进行高效的数据挖掘处理,必须对数据进行有效的预处理,才可以使数据质量得到提高,进而提高分析效率和提升挖掘成功率,有效进行应用。

数据预处理,是指对采集到的海量数据进行挖掘和分析处理前,需要对原始数据进行数据清洗、数据转换、数据集成及数据归约等多项工作,从而提高数据质量,尽可能满足后续数据挖掘与分析的目的,得出切实可行的结论,为客户的应用提供有力的支撑。在实际应用过程中,很可能针对数据挖掘的结果再次对数据进行预处理,重复进行。同时,数据预处理的方法之间存在关联性,比如消除重复数据,既是数据清除的方法,又是数据集成的方法。

数据预处理的流程如图3-3所示。

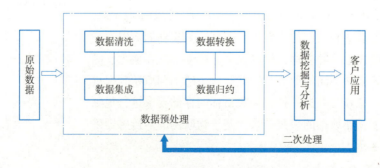

图3-3 大数据预处理流程图

本节主要介绍数据预处理的方法，包括数据清洗、数据集成、数据转换、数据脱敏。

3.3.1 数据清洗

数据清洗对于获得高质量的分析结果而言，其重要性不言而喻，没有高质量的输入数据，那么输出的分析结果的价值也会大打折扣，甚至没有价值。数据清洗是指将大量原始数据中的"脏数据"洗掉，是发现并纠正数据文件中可识别错误的最后一道程序，包括清除重复及无关的数据、检查数据一致性、处理无效值及缺失值等，我们按照一定的规则将数据整理成完整的、一致的、准确的高质量的数据。

1. 数据质量

数据质量又称信息质量，在大数据时代采集到数据数量之大、种类之广泛、时效之强大以及商业价值之多，在这种情况之下，如何定义高质量的数据标准，是难上加难，但是归纳起来，高质量的数据应该具备四大要素：完整性、一致性、准确性和及时性。

（1）完整性

数据的完整性主要指数据记录和数据信息是否完整，是否存在缺失的情况。数据的缺失主要有记录的缺失或记录中某个字段的缺失，通常是数据源系统本身的设计缺陷或使用过程中人为因素引发的，都会导致统计结果的不准确，所以完整性是对数据质量最基本的要求。

（2）一致性

数据的一致性主要包括数据记录的规范性和数据逻辑的一致性。数据记录规范主要是指数据编码和格式，例如，身份证号码字段长度是18位，手机号码长度是11位以及IP地址是由"."分隔的4个0~255的数字组成。数据逻辑的一致性是指数据结构或逻辑关系，例如，我国婚姻法规定已婚年龄必须在20周岁以上，然而在户口登记中的婚姻关系是"已婚"，年龄"12岁"，那么此条记录不满足数据逻辑一致性，可以看出数据逻辑的一致性与规则的制定有密切的关系。此外，原始数据可能来源于多个不同的数据源，某些数据记录的规则不一，异常的数值、不符合有效性要求的数值等，都可能导致数据的不一致。

（3）准确性

数据记录中准确性通常是指数据具有不正确的字段或不符合要求的数值，以及偏离预期的数值，它可能存在于个别记录中，也可能存在于整个数据集中。导致数据不准确的原因有很多，可能是原始数据输入有误、数据采集过程中设备故障、数据传输异常等，其表现形式也是多种多样的，比如字符型数据的乱码、超出正常值范围的异常数值、输入时间格式不一致、某些字段取值随机分布等情况。这些不准确的数据非常普遍，在数据采集过程中很难避免并且难以进行实时监测。

（4）及时性

数据从产生到可以采集有一定的时间要求，在数据的刷新、修改和提取等方面的快速响应，也是保证数据质量的一个重要方面。对于数据分析来说，如果从数据产生到采集经历过长的时间间隔，或者每周的分析报告要几周才能出来，对于很多实时分析的数据应用来说毫无意义。

因此，高质量的数据是数据应用的基础核心，必须把握以下几点：
①制定规范的数据质量度量标准；
②建立有效的数据质量监管体系；

③建立完善的数据质量管理制度。高质量的数据离不开数据标准、数据分析、数据检验及管理制度的综合作用。

2. 数据清洗的内容及方法

对于采集到的"脏数据",分析产生的原因和存在的形式,构建数据清洗的模型和算法,利用对应的技术手段进行"清洗",把原始数据转换成满足数据分析或应用要求的格式,从而提高数据的质量。

(1)不完整性处理

对于数据记录出现缺失的情况,一般从三个方面进行处理,即补充缺失值、删除记录和重新采集。

①补充缺失值。

- 人工补充。针对缺失值非常少的情况,可以根据业务知识或经验推测进行人工补充,但是在大数据集中通常是不可行的。
- 使用全局常量补充。将缺失的字段值用同一个常数、默认值、最大值等进行替换,但是这种方式容易误导数据分析,出现误差,甚至是错误的结论。该方法虽然简单,但是可用性太差,不推荐使用。
- 统计补充法。统计补充法有两种:均值不变法和标准差不变法。均值不变法是指使用该字段的一般水平的统计数据进行补充,比如均值、中位数或众数等。在此情况下,补充后的数据均值保持不变,从而降低了填充数据对数据整体特征的影响。例如,某一门票的平均价格是35,则可以使用这个数值来补充价格有所缺失的记录。标准差不变法是指在确保补充前后字段的标准差保持不变的前提下,对缺失值进行补充。其数值是由字段的所有非缺失值计算而得。
- 预测估算法。预测估算法是指有些字段的值可以根据其他同类别没有缺失值的字段进行推断,从而得出该字段最大可能的数值并进行填充。比如可以用身份证号码推算出年龄,或者使用回归、决策树归纳、贝叶斯推理、最近邻方法、神经网络等方法推断出最有可能的值,是目前主流的用于补充缺失值的方法。

②删除记录。

当数据记录数量很多并且出现缺失值的数据记录在整个数据中的占比比较小时,或者字段的缺失率高但字段不重要,或者字段虽然重要但没有有效办法进行补充,都可以直接删除。

这种方法尽管操作起来比较便捷,但是可能会改变数据的整体分布,对于只缺失某个字段就忽略其他所有的字段,也是对数据资源的一种浪费,因此进行此类处理时需要慎重。

③重新采集。

对于某些字段非常重要且缺失率又比较高,又没有有效的方法来补充时,可以尝试通过其他渠道重新采集获取所需的信息。

(2)不一致性处理

分析不一致数据产生的根本原因,通过和原始记录对比进行更正数据输入的错误;对于数据记录所有属性值完全相同的,则保留一个数据对象,删除其他重复数据;对于相似但属性值不完全相同的数据记录，则先确定是否代表同一对象，若是，则进行数据归并，否则需要确定相似数据对象的区分属性，避免意外的合并。

此外，对于不一致性数据情况的处理，可以利用数据自身与外部的联系手动进行修正，或者通过已知属性间的依赖关系查找违反函数依赖的值，或使用知识工程检测违反规则的数据。

（3）不准确性处理

不准确性数据产生的原因有很多，针对不同的原因采取对应的策略，可以采用不完整性和不一致性的某些处理方法。这里重点介绍对噪声数据的预处理。

噪声数据是由于随机错误或者偏差等造成的错误或异常数据。对于这些噪声数据需要进行平滑处理，常用的方法有分箱法、回归法、聚类以及人机交互检测法等。

①分箱法。

分箱法是通过考察邻近的数据来对有序数据进行平滑处理的方法。它将有序的数据等宽或等深分配到一系列箱中，然后考察箱子中相邻数据的值进而实现数据的平滑。其中前者等宽是指每个箱的区间宽度相同，各个箱子的取值范围为一个常数；后者等深按照个数进行分箱，每个箱子的数据的数量相同。在进行数据平滑时，可以取箱中的平均值、中位数或边界值进行替换。通常来说，宽度越大，平滑效果越明显。

②回归法。

回归法是采用构造拟合函数，利用一个（或一组）变量值来预测另一个变量值，根据实际值和预测值的偏离情况识别出噪声数据，然后将得到的预测值替换数据中引起噪声的属性值，从而实现噪声数据的平滑处理。通常使用线性回归法和非线性回归法。其中，线性回归旨在找出拟合两个变量的最佳直线，使得当已知一个变量的值时，能够预测出另外一个变量的值。多线性回归涉及两个以上的变量，是线性回归的扩展，它将数据拟合到一个多维面上。

③人机交互检测法。

人机交互检测法是使用人与计算机交互检查的方法来帮助发现噪声数据。利用专业分析人员的背景知识和实践经验，进行人工筛选或制作规则集，再由计算机自动处理，从而检测出不符合逻辑的噪声数据。当规则集设计合理，比较贴近数据集合的应用领域需求时，这种方法有助于提高数据筛选的准确率。

3. 数据清洗的注意事项

根据对数据质量的要求和数据清洗的内容及方法，在进行数据清洗时，需要注意以下事项。

①数据清洗时可优先进行缺失值、异常值和数据类型转换的操作，最后进行重复值处理。

②在对缺失值、异常值进行处理时，要根据业务需求选择恰当的处理方法。

③在数据清洗之前，最重要的是了解数据存储表的结构和发现需要处理的值，才能将数据清洗彻底。

④数据量的大小也直接影响着处理方式，根据数据对结果的影响，选择合适的处理方法。

⑤对于直接导入数据表的数据，一般需要对所有列依次地进行清洗，来保证数据处理得彻底。

4. 数据清洗的过程

不管采用哪种数据清洗的方法，数据清洗的过程大概由六个基本步骤组成，如图3-4所示。

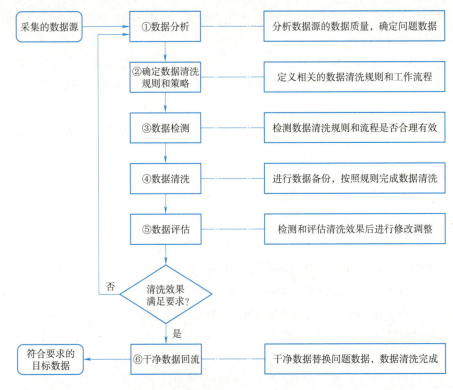

图3-4 数据清洗的六个基本步骤

3.3.2 数据集成

1. 基本概念

数据集成是将来自多个数据源的数据按照一定的规则整合进行统一存储,维护数据源整体的数据一致,以便提升挖掘的速度和准确度。但是在实际的应用中,运行在不同的软硬件平台上的数据往往是彼此独立并且异构的,如果没有有效的数据集成方案,很难完成数据的交互、共享和融合。随着大数据技术的不断发展和分析结果的应用,大数据的集成诉求更加迫切。

数据集成时,按照不同需求在不同数据源与集成目标之间,通过统一的数据源访问接口,执行用户对数据源的访问请求,并根据一定的规则进行匹配,完成数据的转换和整合,还需要消除数据冗余,并针对不同特征或数据间的关系进行关联性分析,如图3-5所示。

2. 需要解决的问题

在数据集成过程中,数据的转换、移动等都不可避免,同时由于技术的不断更新换代,在集成过程中难免出现一些问题,主要集中在以下几个方面:

(1)异构性

异构性包括模式异构性和系统异构性。模式异构是指数据源在存储模式上的差异,比如关系模式、对象模式、文档模式等。异构模式是指数据源所依赖的应用系统、数据库系统以及操作系统之间的差异。

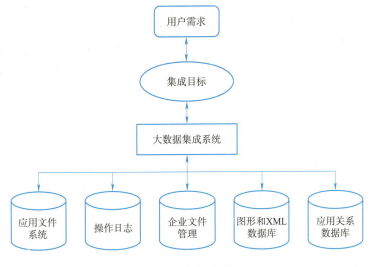

图3-5　数据集成

因此，在进行数据集成时需要为异构数据提供统一的标识、存储和管理，屏蔽它们之间的差异，提供统一的访问模式。

（2）一致性和冗余

数据的一致性涉及冲突数据的识别和处理，即判断来自不同数据源的实体是否为同一实体。例如，在某一数据库中存在信息记录{产品编号（int）、类型（short int）、价格（real）}，另一数据库中存在信息记录{产品编号（short int）、生产日期（date）、生产厂家（string）}，对比这两条信息，都有产品编号，有可能是同一属性，那么再进一步考察，两者的数据类型并不相同，因此在对这两条信息进行集成时，需要制定规则来确定是否是同一属性，在集成后这两项数据需要统一为相同的类型。这也是数据集成中最基础的问题。

冗余是数据集成中另一个常见问题。在数据集中，某个属性（如产品总价）可能会由另一个属性或多个属性（产品单价和销售数量）组成，这就导致数据挖掘需要对相同的信息进行重复处理，从而降低了工作效率。对于冗余问题，可以利用相关性分析方法来进行检测。

（3）数据的转换

根据不同集成目标的需求，对于不同类型的数据，制定转换规则，完成数据的整合，转换成统一的数据格式。在数据集成过程中，元数据和主数据是非常重要的，通常需要主数据引用元数据标签附加到非结构化数据上，在此基础上完成多种异构数据源的集成。例如，某段视频可能包含某家企业的信息（主数据），通过将其与企业商标、名称等图像进行匹配，增设标签（元数据），从而与企业信息建立关联。

（4）数据的迁移及协调更新

随着用户业务的更新，当新的应用系统替代原有的应用系统时，根据目标应用系统的数据结构需求，必须将原有应用系统的业务数据进行转换并迁移到新的应用系统。

处于统一数据集成环境中的多个应用系统，当其中某些应用系统的数据发生更新时，其他的应用系统需要及时被通知，以便及时完成必要的数据移动。

3.3.3 数据转换

通过数据清洗,原始数据中的"脏数据"被逐一清理;通过数据集成,解决了不同来源数据不一致的问题;而数据转换,是将待处理的数据进行转换或归并,构成一个适合数据挖掘的形式。

数据转换的方法有很多,常见的包括数据平滑处理、数据聚集处理、数据泛化处理、数据规范化处理、属性构造、数据离散化处理等,通过线性或非线性的数据转换方法将维数较高的数据压缩成维数较低的数据,从而减少不同数据源的原始数据之间的差异,进而获得高质量的数据,提高分析价值。

1. 数据平滑处理

数据平滑处理主要是针对噪声数据和无关数据进行的处理,也可以处理缺失数据和清洗"脏数据",提高数据的信噪比。

2. 数据规范化处理

数据规范化处理是数据转换策略比较重要的一种方法。它将一个属性取值范围投射到一个特定范围,以消除数值型属性因大小不一而造成挖掘结果的偏差。规范化特别适用于分类算法,比如神经网络的分类算法和基于距离度量的分类算法。前者有助于确保学习结果的正确性,提高学习的效率。后者有助于消除因属性取值范围不同而影响挖掘结果的公正性的情况。

常见的规范化方法有三种:最小-最大规范化、Z-Score规范化和小数定标规范化。

3.3.4 数据脱敏

数据脱敏是在给定的规则、策略下对敏感数据进行转换、修改的技术,它会根据数据保护规范和脱敏策略,通过对数据中的敏感信息实时自动变形,实现对敏感信息的隐藏和保护,最大程度上解决了敏感数据在非可信环境中使用的问题。比如在涉及客户安全数据或商业敏感数据的情况下,在不违反系统规则的条件下,需对身份证号、手机号、银行卡号等进行脱敏处理。

数据脱敏不是必需的数据预处理环节,可以根据需求对数据进行脱敏处理,也可以不进行脱敏处理。

1. 数据脱敏原则

数据脱敏不仅需要执行"数据漂白",抹去数据中的敏感内容,同时需要保持原有的数据特征、业务规则和数据关联性,保证进行大数据分析时不会受到脱敏的影响,达成脱敏前后的数据一致性和有效性,具体如下:

①保持原有数据特征。数据脱敏前后必须保持原有数据特征,比如,身份证号码由17位数字本体码和1位校验码组成,其中前6位是区域地址码,中间8位是出生日期码,倒数第三四位是所在地派出所代码,倒数第二位是性别,最后一位是校验码。那么脱敏后,需要仍旧保持这些特征信息。

②保持数据之间的一致性。在不同业务中,数据和数据之间具有一定的关联性。比如,出生日期和年龄之间的关系。

③保持业务规则的关联性。保持数据业务规则的关联性是指数据关联性和业务语义等保持不变,特别是高度敏感的账户类主体数据,往往能体现出主体的所有关系和行为信息,因此要特别注意保证所有相关主体信息的一致性。

④多次脱敏数据之间的数据一致性。对相同的数据进行多次脱敏，或者在不同的系统中进行脱敏，都需要确保每次脱敏的数据始终保持一致性，只有这样才能保证数据的持续一致性和业务的持续一致性。

2. 数据脱敏方法

数据脱敏方法包括以下几种：

①数据替换。用设置的固定虚构值替换真值，比如将手机号码统一替换为186×××0001。

②无效化。通过对数据值的截断、加密等方式对敏感数据进行脱敏处理，使其不再具有使用价值，比如将地址替换为"××××××"。数据无效化与数据替换所达成的效果基本类似。

③随机化。采用随机数据值代替真值，保持替换值的随机性以模拟样本的真实性，例如，用随机生成的姓名代替真值。

④偏移和取整。通过随机移位改变数据值，例如，把时间"2022-05-25 17∶59∶12"变为"2022-05-25 17∶00∶00"。偏移取整在保持了数据的安全性的同时，也最大程度地保证了数据的真实性。

⑤掩码屏蔽。掩码屏蔽是针对账户类数据的部分信息进行脱敏的有力方法，比如对银行卡号和身份证号码的脱敏，身份证号码替换为"370101××××××××1025"。

⑥灵活编码。对于需要特殊脱敏规则时，可使用灵活编码的方法，例如，用固定字母和固定位数的数值代替合同编号的真值。

3.4 拓展实训

企业员工信息整合案例

案例介绍：A公司是一家创新性原料型生产企业，成立于2001年，由于A公司报销、人力、评优等系统之间没有打通，员工入职后需要在各信息系统中填写信息。管理层决定由人力资源部牵头实现各系统间信息联通，建设员工全方位信息数仓作为公司对人才管理的基本资料，用以完善员工发展制度、晋升机制、奖励机制、招聘机制等制度，同时为员工制定合理的成长计划和培养计划。

1. 数据采集

（1）创建模型

参照表3-2，在浪潮数据管理平台单击"数据加工厂"→"设计区"→"工厂分层"→"ODS操作数据"路径下新建主题域和主题，通过"创建自定义模型（全部字段需要手动定义）"的方式创建指定名称的表。

表3-2 基础信息表

路径	标题/简称	代号	数据源连接	数据库表
主题域	编号+员工信息整合	编号+YGXXZH	浪潮数据管理平台输出数据	—
主题	编号+员工信息数仓建设	编号+YGXXSCJS	浪潮数据管理平台输出数据	—
维表	编号+员工基本信息表	编号+YGJBXXB	—	编号+Ygjbxxb_ODS

根据员工基本信息表3-3，完成信息初始化。

表3-3 员工基本信息表

字 段 名	别 名	数据类型	长 度	精 度
ygxm	员工姓名	字符型	30	—
gh	工号	字符型	30	—
ssdw	所属单位	字符型	30	—
bm	部门	字符型	30	—
nl	年龄	字符型	30	—
sfzh	身份证号	字符型	30	—
xb	性别	字符型	30	—
jg	籍贯	字符型	100	—
csrq	出生日期	日期型	—	—
mz	民族	字符型	30	—
byyx	毕业院校	字符型	30	—
zy	专业	字符型	30	—
xl	学历	字符型	30	—
bysj	毕业时间	日期型	—	—
gznx	工作年限	浮点型	20	2
rzsj	入职时间	日期型	—	—
lxfs	联系方式	字符型	30	—
yx	邮箱	字符型	30	—

打开数据管理平台，登录浪潮数据管理平台软件。单击"数据加工厂"→"设计区"→"工厂分层"→"ODS操作数据"命令。依次右击，顺序创建"新建主题域""创建主题"命令。主题创建后，单击"维表"→"添加维表"命令，在弹出的"请选择一种创建方式"窗口中，选择"创建自定义维表"按钮。表字段信息参考表3-3，全部字段需要手动添加。操作步骤如图3-6~图3-8所示。

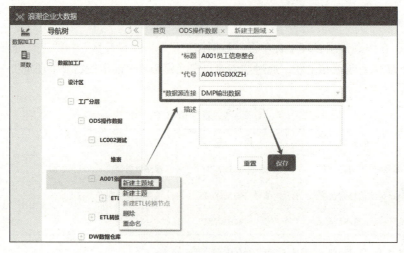

图3-6 创建主题域

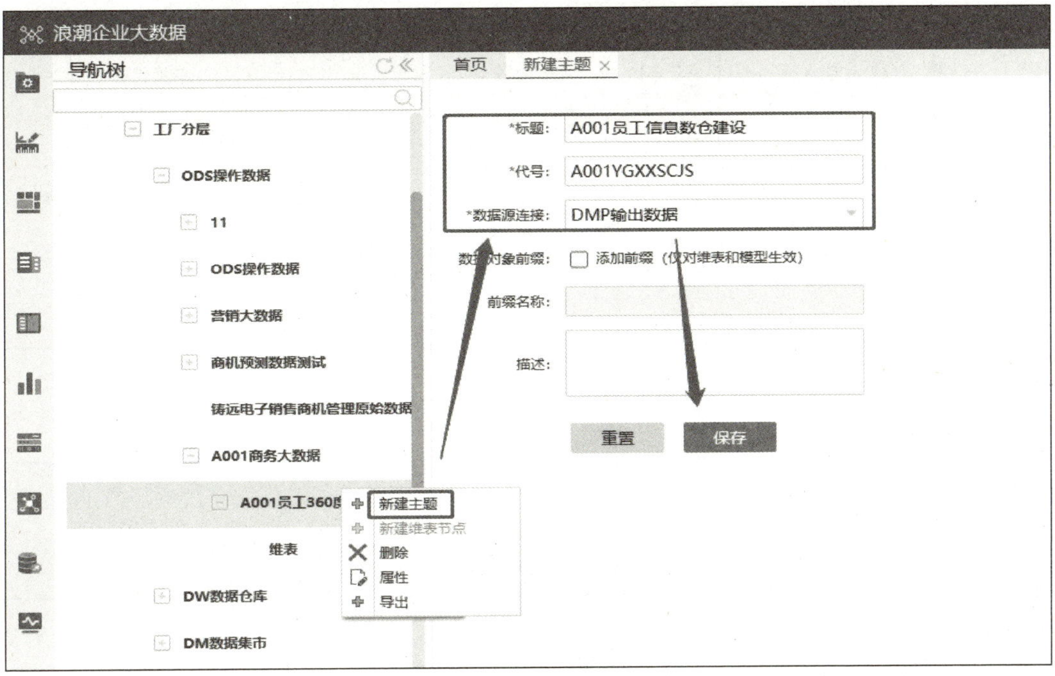

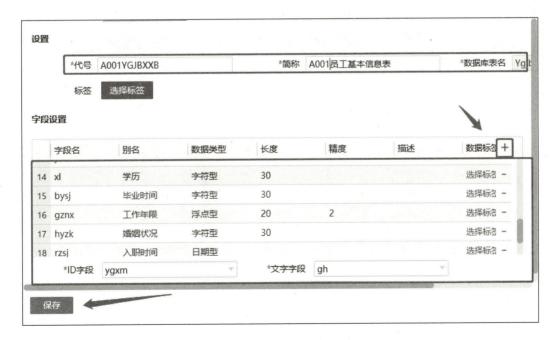

图3-7 创建主题

图3-8 创建维表

（2）数据抽取

参照表3-4原始路径，在浪潮数据管理平台"数据加工厂"→"设计区"→"工厂分层"→"ODS操作数据"→"ETL转换"路径下创建指定名称的ETL转换。

表3-4　原始路径

路　　径	转换标题	转换代号
新建分组	编号+员工信息数仓建设	编号+YGXXSCJS

ETL转换命名见表3-5。

表3-5　转换命名

路　　径	转换标题	转换代号	转换类型
ETL转换	编号+员工基本信息表ETL	编号+YGJBXXBETL	普通转换

ETL转换要求见表3-6。

表3-6　转换要求

组件名称	数据源连接	选　择　表
表输入1	人力资源系统	Ygjbxxb
表输出1	浪潮数据管理平台输出数据	编号+Ygjbxxb_ODS

【操作步骤】

第一步，根据表3-4信息新建分组。依次执行"数据加工厂"→"设计区"→"工厂分层"→"ODS操作数据"命令，右击选择"新建ETL转换节点"命令。在新建的ETL转换节点下，右击选择"新建分组"命令，填写信息并保存，如图3-9和图3-10所示。

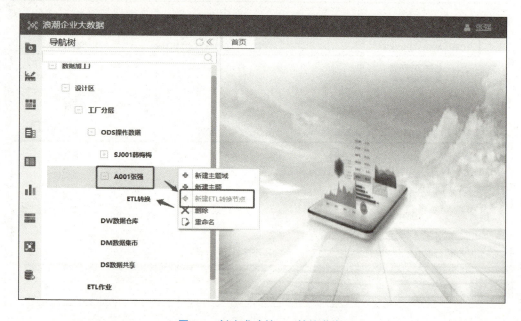

图3-9　创建成功的ETL转换节点

第二步，右击选择"新建ETL转换"命令，根据表3-6填写信息，选择组件后保存，如图3-11所示。

第三步，单击"运行"按钮运行，如图3-12所示。

第四步，选中创建的维表，查看抽取的结果，如图3-13和图3-14所示。

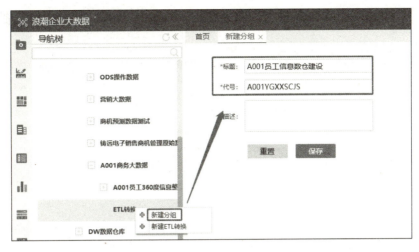

图3-10　新建分组

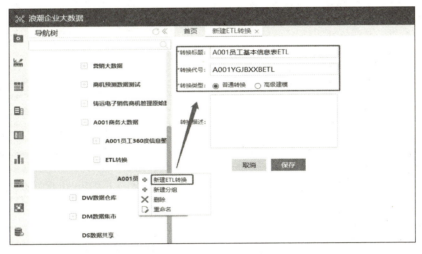

图3-11　新建ETL转换

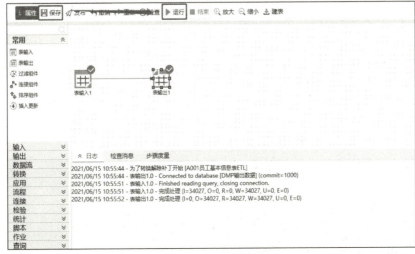

图3-12　建立连接成功

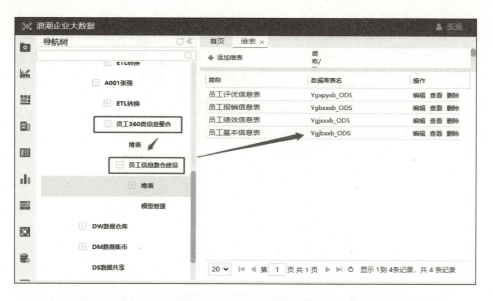

图3-13 选中创建的维度表

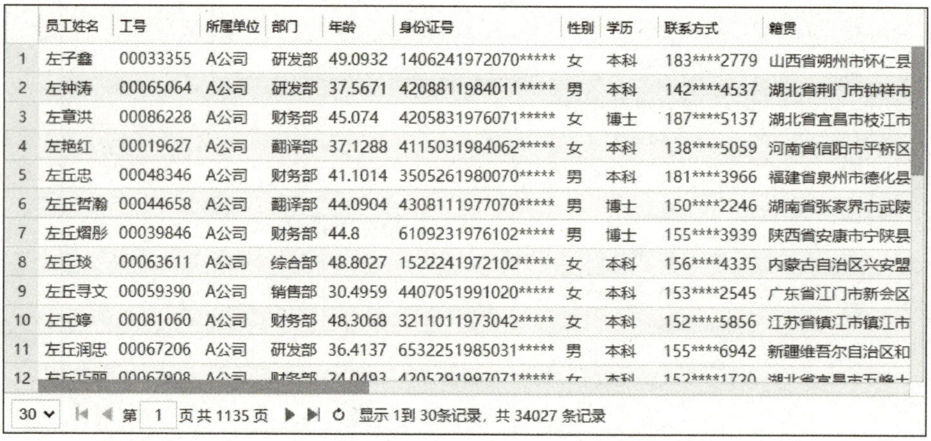

图3-14 查看抽取结果

2. 数据处理

(1) 创建数据模型

参照表3-7,在浪潮数据管理平台"数据加工厂"→"设计区"→"工厂分层"→"DW数据仓库"路径下创建主题,通过"创建自定义模型(全部字段需要手动定义)"方式创建指定名称的模型。

表3-7 数据模型基础数据

路径	标题/简称	代号	数据源连接	数据库表
主题域	编号+姓名	编号+姓名缩写	浪潮数据管理平台输出数据	—
主题	编号+员工信息数据处理	编号+YGXXSJCL	浪潮数据管理平台输出数据	—
模型管理	编号+员工信息表	编号+YGXXB	—	编号+Ygxxb_DW

员工信息表见表3-8。

表3-8　员工信息表

字　段　名	别　　名	数据类型	长　度	精　度	是否为空	是否主键
ygxm	员工姓名	字符型	30	—	否	否
gh	工号	字符型	30	—	否	否
ssdw	所属单位	字符型	30	—	否	否
bm	部门	字符型	30	—	否	否
byyx	毕业院校	字符型	30	—	否	否
zy	专业	字符型	30	—	否	否
yxlx	院校类型	字符型	30	—	否	否
xl	学历	字符型	30	—	否	否
bysj	毕业时间	日期型	—	—	否	否
gznx	工作年限	浮点型	20	2	否	否
nzjxpjwcqk	年终绩效评价完成情况	浮点型	30	2	否	否
nlkpdf	能力考评得分	整型	—	—	否	否
nzkhdf	年终考核得分	浮点型	30	2	否	否
zcjb	职称级别	字符型	30	—	否	否
pyjb	评优级别	字符型	30	—	否	否
hdcs	获得次数	字符型	30	—	否	否
zhm	账户名	字符型	30	—	否	否
yhlx	银行类型	字符型	30	—	否	否
zh	账号	字符型	30	—	否	否
khyh	开户银行	字符型	50	—	否	否

【操作步骤】

第一步，执行"数据加工厂"→"设计区"→"工厂分层"→"DW数据仓库"命令，选中"DW数据仓库"并右击，选择"新建主题域"命令，如图3-15所示。

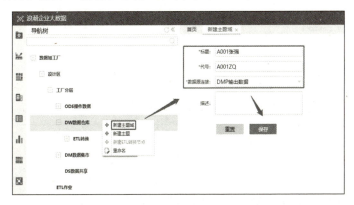

图3-15　新建主题域

第二步,选中新建的主题域并右击,选择"新建主题"命令,填写信息后保存,如图3-16所示。

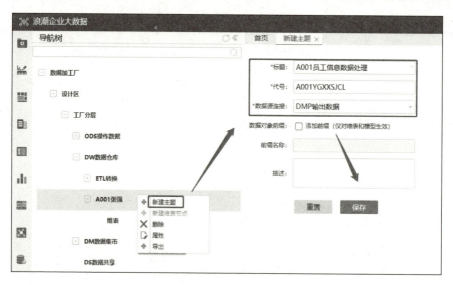

图3-16 新建主题

第三步,单击"模型管理"模块,单击"添加模型"按钮,打开"请选择一种创建方式"窗口,选择"创建自定义模型(全部字段需要手动定义)",如图3-17所示。

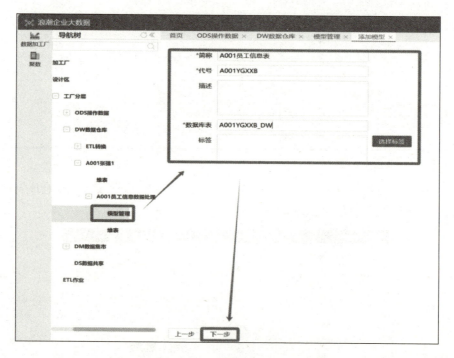

图3-17 创建模型

第四步,单击"添加"按钮,根据表3-8录入字段名、别名、长度、精度,选择"数据类型""是否为空""是否主键"内容,增加完成后单击"完成"按钮,如图3-18所示。

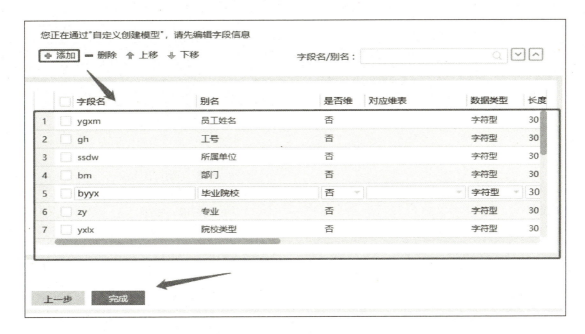

图3-18 员工信息表

(2)数据抽取

参照表3-9,在浪潮数据管理平台"数据加工厂"→"设计区"→"工厂分层"→"DW数据仓库"→"ETL转换"路径下创建指定名称的分组和ETL转换。

表3-9 ETL转换分组信息表

路径	转换标题	转换代号	描述
新建分组	编号+姓名	编号+姓名缩写	—
新建分组	编号+员工信息数据处理	编号+YGXXSJCL	—

ETL转换命名和ETL转换要求见表3-10和表3-11。

表3-10 ETL转换命名

路径	转换标题	转换代号	转换类型
ETL转换	编号+员工信息表ETL	编号+YGXXBETL	普通转换

表3-11 ETL转换要求

组件名称	数据源连接	选择表	设置内容		
表输入1	浪潮数据管理平台输出数据	编号+Ygjbxxb_ODS	—		
排序组件1	—	—	字段名	排序规则	大小写是否敏感
			员工姓名	升序	否
			工号	升序	否

续上表

组件名称	数据源连接	选 择 表	设置内容		
表输入2	浪潮数据管理平台输出数据	编号+Ygjxxxb_ODS	—		
排序组件2	—	—	字段名	排序规则	大小写是否敏感
			员工姓名	升序	否
			工号	升序	否
连接组件1	—	—	步骤一：排序组件1 步骤二：排序组件2 连接类型：左连接 步骤一连接字段：员工姓名、工号 步骤二连接字段：员工姓名、工号		
排序组件3	—	—	字段名	排序规则	大小写是否敏感
			员工姓名	升序	否
			工号	升序	否
表输入3	浪潮数据管理平台输出数据	编号+Ygpyxxb_ODS	—		
排序组件4	—	—	字段名	排序规则	大小写是否敏感
			员工姓名	升序	否
			工号	升序	否
连接组件2	—	—	步骤一：排序组件3 步骤二：排序组件4 连接类型：左连接 步骤一连接字段：员工姓名、工号 步骤二连接字段：员工姓名、工号		
排序组件5	—	—	字段名	排序规则	大小写是否敏感
			员工姓名	升序	否
			工号	升序	否
表输入4	浪潮数据管理平台输出数据	编号+Ygbxxxb_ODS	—		
排序组件6	—	—	字段名	排序规则	大小写是否敏感
			员工姓名	升序	否
			工号	升序	否
连接组件3	—	—	步骤一：排序组件5 步骤二：排序组件6 连接类型：左连接 步骤一连接字段：员工姓名、工号 步骤二连接字段：员工姓名、工号		
表输出1	浪潮数据管理平台输出数据	编号+Ygxxb_DW	—		

【操作步骤】

第一步，执行"数据加工厂"→"设计区"→"工厂分层"→"DW数据仓库"命令，选中"DW数据仓库"并右击，选择"新建ETL转换节点"命令。右击"ETL转换"，选择"新建分组"命令，如图3-19和图3-20所示。

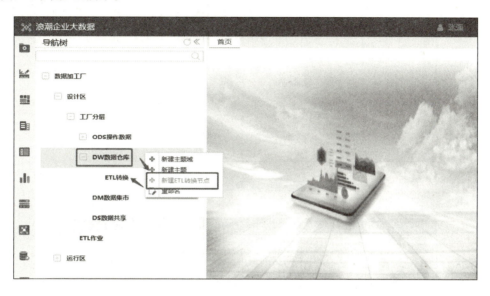

图3-19　新建ETL转换点

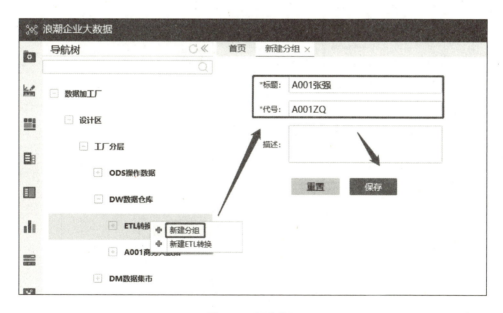

图3-20　新建分组

第二步，选中新建的分组并右击，选择"新建分组"命令，填写信息并保存，如图3-21所示。

第三步，选中新建的分组并右击，选择"新建ETL转换"命令，填写信息并保存，如图3-22所示。

第四步，在打开的ETL转换界面，根据表3-11的信息选择组件并进行连接，单击"保存"→"运行"按钮，ETL转换日志如图3-23所示，数据处理结果如图3-24所示。

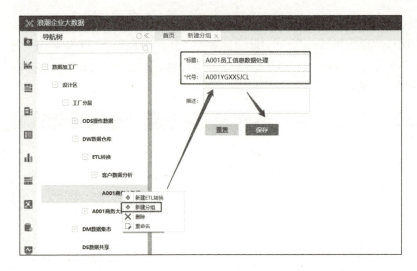

图3-21　新建分组成功

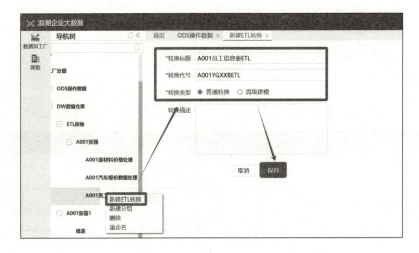

图3-22　新建ETL转换

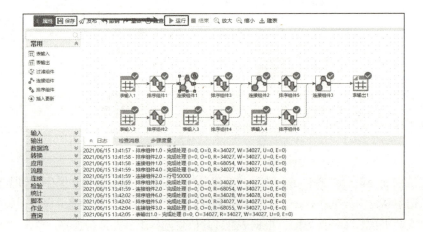

图3-23　ETL转换日志

	员工姓名	工号	所属单位	部门	账户名	年终绩效评价完成情况	职称级别	能力考评得分	评优级别	银行类型	获得
1	左子鑫	00033355	A公司	研发部	左子鑫	0.87	中级	60	公司级	招商银行	1
2	左钟涛	00065064	A公司	研发部	左钟涛	0.89	中级	90	部门级	招商银行	1
3	左章洪	00086228	A公司	财务部	左章洪	0.89	中级	90	部门级	招商银行	1
4	左艳红	00019627	A公司	翻译部	左艳红	0.9	高级	100	部门级	招商银行	1
5	左丘忠	00048346	A公司	财务部	左丘忠	0.84	初级	90	部门级	招商银行	1
6	左丘哲瀚	00044658	A公司	翻译部	左丘哲瀚	0.88	中级	80	部门级	招商银行	1
7	左丘熠彤	00039846	A公司	财务部	左丘熠彤	0.85	初级	60	部门级	招商银行	1
8	左丘琰	00063611	A公司	综合部	左丘琰	0.86	初级	70	公司级	招商银行	1
9	左丘寻文	00059390	A公司	销售部	左丘寻文	0.89	初级	90	无	招商银行	0
10	左丘婷	00081060	A公司	财务部	左丘婷	0.87	中级	80	部门级	招商银行	2
11	左丘润忠	00067206	A公司	研发部	左丘润忠	0.86	中级	100	公司级	招商银行	1
12	左丘巧丽	00067908	A公司	财务部	左丘巧丽	0.89	无	90	无	招商银行	0

30 第 1 页共 1135 页 显示 1到 30条记录，共 34027 条记录

图3-24　数据处理结果

小　　结

数据采集与预处理是大数据处理基本流程的关键一环，直接决定了后续分析挖掘结果的质量高低。近年来，随着新一代信息技术的蓬勃发展，人类社会产生的数据量也在指数级增长，大约每两年翻一番。世界上每时每刻都在产生大量的数据，包括社交网络数据、管理信息系统数据、物联网信息系统数据、科学研究数据等。如何有效收集这些数据并进行清洗、转换，已经成为巨大的挑战。因此需要用相关的技术来收集数据并对数据进行清洗、转换和脱敏。

本章主要介绍数据采集及数据预处理，包括数据采集来源、原则和方法，以及数据清洗、数据集成、数据转换、数据脱敏等操作。

习　　题

1. 大数据采集的来源有哪几大类？分别对应的采集方法是什么？
2. 简单阐述数据采集的原则。
3. 网络爬虫的工作原理和工作流程分别是什么？
4. 数据预处理的基本流程是什么？
5. 数据预处理的方法有哪些？分别适合于哪些情况？
6. 数据清洗的原则是什么？数据清洗的方法有哪些？分别适合于哪些数据？

第4章 数据存储与管理

数据存储与管理是大数据分析应用的关键一环。通过数据采集获取的数据,必须进行有效的存储和管理,进行高效的处理和分析。特别是在大数据时代,一方面,数据类型越来越多;另一方面,数据量越来越庞大,已经超出了传统的数据存储与管理技术的范畴,数据存储与管理面临着巨大的挑战。因此,催生了新一代的数据存储与管理技术,包括文件系统和分布式数据库等。

本章首先介绍了传统的数据存储和管理技术,然后介绍了大数据时代的数据存储和管理技术,同时给出了对应的代表性技术和产品的介绍。

4.1 数据存储与管理技术的发展

对于通过多源异构采集到的大量数据,只有科学存储、高效管理才能够最大程度地发挥它们的价值。最初设计的初衷是通过收集到的数据进行复杂的科学计算,但是随着技术的发展和数据的大量增长,应用也越来越广泛,对存储和管理的要求也就越来越高。总体来说,数据存储和管理技术的发展经历了以下几个阶段:人工管理阶段、文件系统阶段、数据库系统阶段、大数据管理阶段。存储管理技术的发展如图4-1所示。

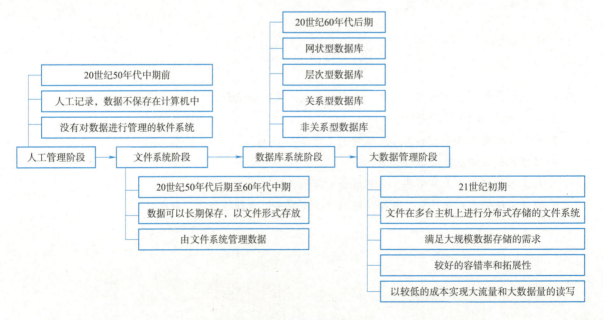

图4-1 存储管理技术的发展

1. 人工管理阶段

人工管理阶段是指20世纪50年代中期以前。当时计算机的软硬件技术都不完善，在硬件方面，存储设备主要有磁带、卡片和纸带，没有大容量的存储器；在软件方面，没有操作系统和管理数据的软件。这一阶段的数据处理方式是批处理，而且基本上依赖于人工。人工管理阶段具有如下特点：

①数据不能长期保存，用完就删除。

②数据的管理由应用程序完成。应用程序不仅要规定数据的逻辑结构，还要设计数据的存储结构、存储方法等。

③数据面向应用，不能共享。一组数据只能对应一个应用程序。当多个应用程序涉及某些相同数据时，必须各自定义，无法共享，由此产生了大量的冗余数据。

④数据不独立。当数据的物理结构或逻辑结构发生变化时，只能依靠对应的应用程序来修改。

2. 文件系统阶段

文件系统阶段是指在20世纪50年代后期到60年代中期。硬件方面，可以使用磁盘、磁鼓等可以直接存取的存储设备；软件方面，有了专门管理数据的软件，也就是文件系统。不仅能够对数据进行批处理，而且能够联机实时处理。文件系统阶段具有如下特点：

①数据实现了长期保存。

②由文件系统管理数据。文件系统把数据组织成相互独立的文件，采用"按文件名访问，按记录存取"的技术对文件进行各种操作，很大程度上减少了维护应用程序的工作量。

③数据共享率低，冗余度高。在文件系统中，文件仍然是面向应用程序的，不能共享相同的数据。这部分相同数据重复存储和独立管理极易导致数据的不一致，给数据的修改和维护带来很大的困难。

④数据独立性差。文件系统中的文件是为某一特定的应用程序服务的，数据和应用程序是相互依赖的，要想改变数据的逻辑结构也要相应地修改应用程序和文件结构的定义；对应用程序的修改，也会引起文件结构的改变。

3. 数据库系统阶段

数据库系统阶段是指20世纪60年代后期。这一时期，计算机硬件技术迅猛发展，大容量磁盘、磁盘阵列等基本的数据存储技术日趋成熟，同时价格也在不断下降；软件方面，编制和维护系统软件及应用程、所需的成本也在不断增加；处理方式上，联机实时处理要求更多。为了满足这些要求，以及共享性高、冗余度低、程序与数据之间具有一定的独立性，数据库这样的数据管理技术应运而生，对数据进行统一控制。数据库系统阶段具有如下特点：

①数据结构化。在描述数据时不仅要描述数据本身，还要描述数据之间的联系。

②数据共享性高、冗余少且易扩充。数据不再是针对某一个应用，而是面向整个系统，能更好地保证数据的安全性和完整性。

③数据独立性高。应用程序与数据库中的数据相互独立，简化了应用程序的编制，大大减少了应用程序维护带来的开销。

4. 大数据管理阶段

大数据管理阶段是2008年8月提出来的。在这一时期，由于信息技术的高度发展，信息系统积累的数据越来越多，数据类型也越来越丰富，而且产生的速度非常快。传统的数据库技术"存不下"、无法建模、无法及时入库等问题凸显出来，难以满足应用的需要。在这样的背景下，一套面向大容量、多类型、快变化，支持结构化、半结构化、非结构化等多类型数据的组织、存储和管理，具备高可用和分布式可扩展的系统架构特征和不同级别的事务特征，提供类SQL的数据查询语言定义、操纵、控制、可视化数据，支持快速的应用开发和系统运维的数据存储管理系统应运而生。大数据管理阶段具有如下特点：

①大数据管理系统的数据特征可以用4V来刻画，就是大容量、多类型、快变化和低质量。这既是对大数据特征的刻画，也是对大数据管理系统提出的新要求。

②大数据管理系统的系统特征归纳起来有五个，也就是开放的、多模型并存的、高可用性和分布式可扩展性的、量质融合的、核心中心式知识管理。

③大数据管理系统的应用特征有三个方面值得关注，以对象为中心进行数据组织实现数据汇聚、以第四范式为解决问题的新模式、以机器学习为主要应用类型。

4.2 传统的数据存储和管理技术

传统的数据存储和管理技术包括文件系统、关系数据库、数据仓库和并行数据库。

4.2.1 文件系统

文件系统是操作系统用于明确存储设备（常见的是磁盘，也有基于NAND Flash的固态硬盘）或分区上的文件的方法和数据结构；即在存储设备上组织文件的方法。操作系统中负责管理和存储文件信息的软件机构称为文件管理系统，简称文件系统。文件系统由三部分组成：文件系统的接口，对对象操纵和管理的软件集合，对象及属性。从系统角度来看，文件系统是对文件存储设备的空间进行组织和分配，负责文件存储并对存入的文件进行保护和检索的系统。具体地说，它负责为用户建立文件，存入、读出、修改、转储文件，控制文件的存取，当用户不再使用时撤销文件等。

我们常见的Word文件、PPT文件、TXT文件、音频文件、视频文件等，都是由操作系统中的文件系统进行统一管理的。

4.2.2 关系数据库

除了文件系统以外，数据库是另外一种常用的数据存储和管理技术。简单来说，数据库就是存放有组织、可共享的相关数据的仓库，而对数据库进行统一管理和控制的软件称为数据库管理系统。目前比较常用的是关系数据库，它采用了关系模型来组织数据的数据库，以二维表格的方式，通过行和列的形式存储数据。目前市场上比较常见的关系数据库产品包括MySQL、SQL Server、Oracle、DB2等，这类数据库的数据通常具有规范的结构，通常用来存储结构化数据。表4-1的学生信息表为关系型。

表4-1 学生信息表

学　号	姓　名	性　别	年　龄	班　级
J171001	张三丰	男	21	171
J171002	刘芳芳	女	20	171

续上表

学　号	姓　名	性　别	年　龄	班　级
J172001	赵明明	男	19	172
J172002	钱喜喜	女	20	172
J173001	王小明	男	21	173

4.2.3 数据仓库

数据仓库是面向主题的、集成的、相对稳定的、反映历史变化的数据集合，用于支撑决策管理。

①面向主题。数据仓库中的数据是按照一定的主题进行组织。主题是指用户使用数据仓库进行决策时所关心的重点方面，与多个信息系统关联。

②集成。数据仓库的数据来自多源异构，将所需数据从原来的数据中抽取出来，进行清洗集成后才能进入数据仓库。

③相对稳定。数据仓库是不可更新的，主要是为决策分析提供数据的。

④反映历史变化。构建数据仓库时，是定期从数据源抽取数据并加载到数据仓库的。

4.2.4 并行数据库

并行数据库是指从无共享的体系结构中进行数据操作的数据库管理系统。系统中采用了两个关键技术：关系表的水平划分和SQL查询的分区执行。并行数据库系统通过多个节点并行执行数据库任务，从而提高性能和可用性。

但是并行数据库也存在明显的缺点：一是没有较好的弹性，在设计初期，集群的节点数量是固定的，若需进行扩展和收缩，则必须制订周全的迁移计划，代价比较大，还会导致某段时间内系统不可用；二是容错性较差，如果在查询过程中节点发生故障，那么整个查询都要从头开始执行，在拥有数千个节点的集群上处理时间较长。因此，并行数据库只适合资源需求相对固定的应用程序。

4.3　大数据时代的数据存储和管理技术

传统的数据存储和管理技术虽然具有可靠性高、稳定性好、功能丰富等优势，但是横向扩展性差、价格昂贵、运维成本高、数据连通困难、容易形成数据孤岛等。而大数据时代的分布式存储和管理系统将数据分散地存储在多台独立的设备上，采用高可扩展的系统结构，可充分利用额外服务器缓解存储负荷，有效解决了系统可靠性、可用性和存储效率差的问题。

本节主要介绍包括分布式文件系统、非结构化数据库、云数据库等新型数据库产品。

4.3.1 分布式文件系统

分布式文件系统（见图4-2）是一种通过网络实现文件在多台主机上进行分布式存储的文件系统。分布式文件系统（hadoop distributed file system，HDFS）是目前应用比较广泛的一种系统。它实现了分布式文件系统的基本思想，通过支持流数据读取和处理超大规模文件，并能够运行在普通服务器组成的集群上。HDFS在设计时就采取了多种机制保证在硬件出错的环境中实现数据的完整性。

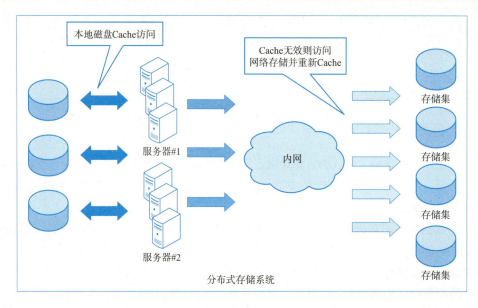

图4-2 分布式存储系统

1. 体系结构

HDFS采用了主从（master/slave）结构模型，一个HDFS集群包括一个名称节点和若干个数据节点。名称节点作为中心服务器，负责管理文件系统的命名空间及客户端对文件的访问。名称节点又称"主节点"或元数据节点，是系统唯一的管理者，负责元数据的管理、配置副本策略、处理客户端请求。在一个Hadoop集群环境中，一般只有一个集群节点，是整个HDFS系统的关键故障点，对系统的可靠运行影响比较大。

集群中的数据节点一般是一个节点运行一个数据节点进程，负责处理文件系统客户端的读/写请求，在名称节点的统一调度下进行数据库的创建、删除和复制等操作。每个数据节点会周期性地向名称节点发送"心跳"信息，报告自己的状态，没有按时发送心跳信息的数据节点会被标记为"宕机"，不会再给它分配任何I/O请求。HDFS体系结构如图4-3所示。

用户通过客户端操作HDFS是最常用的方式，HDFS在部署时都提供了客户端，它是一个库，提供系统文件接口。客户端可以支持打开、读取、写入等操作，通过一个可配置的端口向名称节点主动发起TCP连接，并使用客户端协议与名称节点进行交互。客户端通过远程过程调用（remote procedure call，RPC）与数据节点实现交互。在设计上，名称节点不会主动发起RPC，而是响应来自客户端和数据节点的RPC请求。名称节点和数据节点之间则使用数据节点协议进行交互。

2. 设计目标

HDFS要实现以下目标：

①兼容廉价的硬件设备。HDFS设计了快速检查硬件故障和进行自动恢复的机制，可以实现持续监视、错误检查、容错处理和自动恢复，从而在硬件出错的情况下也能实现数据的完整性。

②流数据读写。为了提高数据吞吐率，HDFS在设计时为了满足批量数据处理的要求，放松了一些POSIX（可移植性操作系统接口）的要求，从而能够以流式方式来访问文件系统数据。

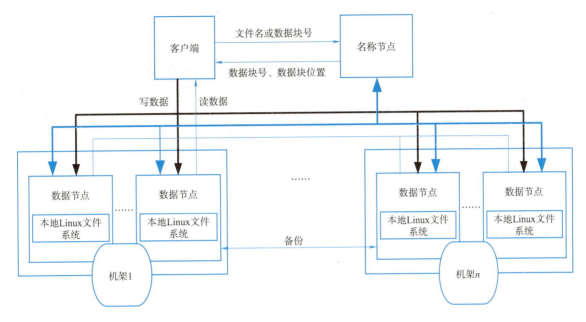

图4-3　HDFS体系结构图

③大数据集。HDFS中的文件通常可以达到GB甚至TB级别，一个数百台服务器组成的集群可以支持千万级别的文件。

④简单文件模型。HDFS采用了"一次写入，多次读取"的简单文件模型，文件一旦完成写入，关闭后就无法再次写入，只能被读取。

⑤强大的跨平台兼容性。HDFS是采用Java实现的，具有很好的跨平台兼容性，支持Java虚拟机的机器都可以运行HDFS。

HDFS在实现上述优良特性的同时，也存在一些应用局限性，主要包括以下几个方面。

①不适合访问低延迟数据。HDFS具有较高的延迟，因此，需要低延迟（如数十毫秒）时，就无法满足了诉求，此时，HBase是一个更好的选择。

②无法高效存储海量小文件。小文件是指文件大小小于一个块的文件。首先，HDFS采用名称节点来管理文件系统的元数据，这些元数据被保存在内存中，从而使客户端可以快速获取文件时间存储位置。但是如果文件数量扩展至数十亿，需要花费较多的时间找到一个文件的时间存储位置。其次，用MapReduce处理大量小文件时，会产生过多的映射任务，速度会远远低于处理同等规模的大文件的速度。再次，访问海量小文件的速度远远低于访问几个大文件的速度，访问小文件时，需要不断从一个数据节点跳到另一个数据节点，严重影响性能。

③不支持多用户写入及任意修改文件。HDFS只允许一个文件有一个写入者，不允许多个用户对同一个文件执行写操作，而且只允许文件执行追加操作，不能执行随机写操作。

3. 存储策略

为了保证系统的容错性和可用性，HDFS采用了多副本方式对数据进行冗余存储，通常一个数据块的多个副本被分配到不同的数据节点。

大型HDFS实例通常运行在跨越多个机架的计算机组成的集群上，不同机架的两台机器的直接通信需要经过交换机，这样会增加数据传输成本。大多数情况下，同一个机架内的两台机器间的带宽会比不同机架的两台机器间的带宽大。HDFS一旦启动，一方面通过一个机架感知的过程，名称节点可以确定每个数据节点所属的机架ID。目前采用的策略就是将副本存放在不同的机架上，这样可以有效防止一个机架整体失效时数据的丢失，并且允许读数据的时候充分利用多个机架的带宽。这种策略可以将副本均匀地分布在集群中，有利于在组件失效情况下的负载均衡。但是，这种策略会增加写操作的成本和在读取时只能优先读取本地数据中心的副本。HDFS存储策略如图4-4所示。

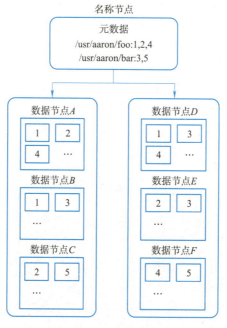

图4-4　HDFS存储策略

通常来说，副本系数是3，HDFS的存放策略是将一个副本存放在上传文件的数据节点上，如果是集群外提交，则随机挑选一台磁盘不太满、CPU不太忙的节点。另一个副本放在同一机架的另一个节点，第三个副本放在不同机架的节点上。从图4-4可以看到，数据块1被分别存放到数据节点A、B和D上，数据块2被存放在数据节点A、C和E上。这种多副本方式具有以下优点：

①加快数据传输速度；
②容易产生数据错误；
③保证数据可靠性。

4.3.2　非结构化数据库

在大数据时代，数据形式多样，如办公文档、文本、图片、XML文档、HTML文档、各类报表、图像音频和视频等，这些数据的数据结构不规则或不完整，没有预定义的数据模型，不适用传统的关系型数据库来存储，因此对这些数据进行存储、检索、发布及应用需要专用的技术，如海量存储、智能检索、知识挖掘、内容保护、信息的增值开发利用等。

因此，在这种背景下，非结构化数据库（Not only SQL，NoSQL）应运而生。NoSQL数据是非关系型的一类数据库系统的统称。它是针对各个类型数据的存储和访问特点而专门设计的数据库管理系统。

NoSQL数据库通过采取一些新的设计原则,利用大规模集群实现对大数据的有效管理,主要体现在三个方面。

①采用横向扩展的方法,通过对大量节点的并行处理,获得极高的数据处理性能和吞吐能力。

②放弃严格的ACID一致性约束,允许数据暂时出现不一致的情况,并接受最终一致性。

③对数据进行容错处理。对数据库进行备份,应对异常情况,保证数据稳定高可靠地运行。

归结起来,典型的NoSQL数据库通常包括键值数据库、列族数据库、文档数据库、图数据库和时序数据库五大类。五类数据库对比关系见表4-2。

表4-2 五类数据库对比关系

分 类	相关产品	典型应用场景	数据模型	优 点	缺 点
键值数据库	Tokyo、Redis、Dyamo、Oracle BDB	内容缓存,主要用于处理大量数据的高访问负载	Key指向Value的键值对,通常用散列表来实现	查找速度快	数据无结构化
列族数据库	Cassandra、HBase、Riak	分布式的文件系统	以列族式存储,将同一列数据存在一起	查找速度快,可扩展性强,更容易进行分布式扩展	功能相对局限
文档数据库	CouchDB、MongoDB	Web应用(与键值类似,Value是结构化的)	Key-Value对应的键值对,Value为结构化数据	数据结构要求不严格,表结构可变	查询性能不高,缺乏统一的查询语法
图数据库	Neo4J、InfoGrid、Infinite Graph	社交网络、推荐系统等,专注于构建关系图谱	图结构	利用图结构相关算法	需对整个图做计算,不容易做分布式集群方案
时序数据库	IoTDB、InfluxDB、Open TSDB	物联网、实时监控系统	时序Id指向一系列数据点,这些数据点按时间维度排序	写入速度快,精于时间维度查询和聚合查询	功能相对局限,用户接口尚未形成统一标准

1. 键值数据库

键值数据库是最常见和最简单的NoSQL数据库,它的数据是以键值对集合的形式存储在服务器节点上,其中键作为唯一标识符。键值数据库是高度可分区的,并且允许以其他类型数据库无法实现的规模进行水平扩展。通常情况下,键值数据库会使用哈希表,这个表中有一个特定的Key和一个指针指向特定的Value。Key可以用来定位Value,即存储和检索具体的Value。Value对数据库是透明不可见的,不能对Value进行索引和查询,只能通过Key进行查询。

Redis是键值数据库代表性的一款产品,可以对关系数据库起到很好的补充作用,目前正在被越来越多的互联网公司采用。Redis提供了Java、C/C++、C#、PHP、Perl、Python等,使用非常方便。Redis支持存储的值类型包括String(字符串)、list(链表)、set(集合)和zset(有序集合)。这些数据类型都支持push/pop、add/remove以及取交集、并集和差集等丰富的操作,这些操作都具有原子性。Redis中的数据都是缓存在内存中的,周期性地把更新的数据写入磁盘或者把修改操作写入追加的记录文件,这些数据可以是各种不同方式的排序。

2. 列族数据库

列存储是按列队数据进行存储的，数据存储在列族中。存储在一个列族中的数据通常是被一起查询的相关数据，从而大大提升了查询效率。列族数据库一般采用列族数据模型，数据库由多个行组成，每行数据包含多个列族，不同的行可以具有不同数据的列族，属于同一列族的数据会被存放在一起。每行数据通过行键进行定位，与这个行键对应的是一个列族。从这个角度来看，列族数据库可以被视为一个键值数据库。列族可以配置成职称不同类型的访问模式，一个列族也可以放入内存，以消耗内存为代价换取更好的响应性能。

HBase是列族数据库代表性的一款产品。它具有高扩展性，可以支持超大规模的数据存储，它可以通过横向扩展的方法，可以廉价的计算机集群处理由超过10亿行数据和数百万列元素组成的数据表。

3. 文档数据库

文档数据库是一种专门用来存储管理文档的数据库模型。文档是数据库的最小单位。大多数文档以某种标准化格式封装并对数据进行加密，同时采用多种格式进行解码，包括XML、YAML、JSON和BSON等，或者也可以使用二进制格式进行解码（如Pdf、Office文档等）。文档数据库通过键来定位一个文档，基于文档内容来构建索引。

MongoDB是文档数据库的一款代表产品。它是基于分布式文件存储的文档数据库，介于关系数据库和非关系数据库之间。MongoDB支持的数据结构非常松散，因此可以存储比较复杂的数据类型。MongoDB最大的特点是支持的查询语言非常强大，语法类似于面向对象的查询语言，几乎可以实现类似关系数据库单表查询的绝大部分功能，而且支持对数据建立索引。

4. 图数据库

图数据库用于专门存储具有节点和边的图结构数据的一类数据库，并以节点和边作为基本数据模型。节点可以代表数据模型中的重要的实体或信息条目，节点之间的关系以边的形式表示。图数据库专门用于处理具有高度相互关联关系的数据，可以高效地处理实体之间的关系，比较适合于社交网络、模式识别、推荐系统以及路径寻找等问题。图数据库在处理图和关系领域具有很好的性能，在其他领域性能远远不足。

5. 时序数据库

时序数据库全称为时间序列数据库，主要用于处理带时间标签的数据。通俗地讲，时序数据库是时间序列数据的集合，有若干条时间序列组成，其中每条时间序列由一个序列ID和一系列（时间戳、值）数据对组成。在每条时间序列内，这些数据对可以按时间戳进行排序。时序数据库目前主要有三种架构方式：基于关系数据库的，如TimescaleDB；基于键值数据库的，如OpenTSDB、KairosDB；原生的时序数据库，如InfluxDB。

4.3.3 几款新型数据库产品介绍

1. 云数据库

（1）概念

云数据库是在云计算的大背景下发展起来的一种新兴的共享基础架构的数据库，部署在云计算环境中的虚拟化数据库。它极大地增强了数据库的存储能力，同时虚拟化了许多后端功能。云数库具有高可扩展性、高可用性、采用多组形式和支持资源有效分发等特点。

在云数据库中，所有数据库功能都是在"云端"提供的，客户端可以通过网络远程使用数据库提供的服务，如图4-5所示。客户端不需要了解云数据库的底层细节，所有的底层硬件都已经虚拟化，对客户端而言是透明的，客户端就像在使用一个运行在单一服务器上的数据库一样，非常方便，同时可以获得理论上近乎无限的存储和处理能力。

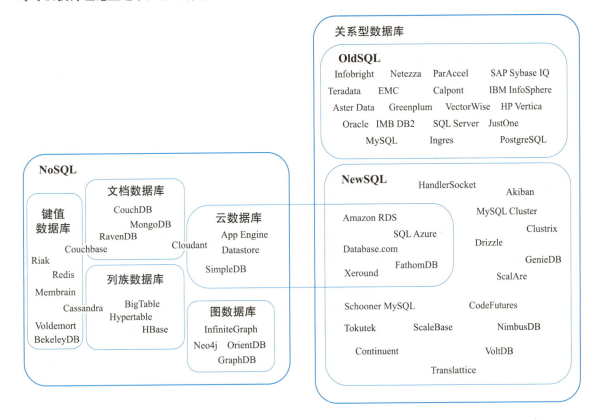

图4-5　云数据库示意图

需要指出的是，有人把云数据库列入PaaS的范畴，也有人认为数据库本身是一种应用软件，因此把云数据库划入SaaS。本书把云数据库划入SaaS。实际上，云计算IaaS、PaaS和Saas这三个层次之间的界限有些时候也不是非常清晰，对于云数据库而言，最重要的是它允许用户以服务的方式通过网络获得云端的数据。

（2）特性

云数据库具有以下特性。

①动态可扩展。理论上，云数据库具有无限可扩展性，可以满足不断增加的数据存储需求。在面对不断变化的条件时，云数据可以表现出很好的弹性。

②高可用性。云数据库不存在单点失效问题。如果一个节点失效了，剩余的节点就会接管未完成的事务。而且，在云数据库中，数据通常是冗余存储的，在地理上也是分散的。比如，华为云等大型云计算供应室，具有分布在世界范围内的数据中心，通过在不同地理区间内进行数据辅助，提供高水平的容错能力。

③较低的使用代价。云数据库厂商通常采用多租户的形式，同时为多个用户提供服务，这种共享资源的形式对于用户而言可以节省开销，而且用户采用"按需付费"的方式使用云计算环境中的各种资源，不会产生不必要的资源浪费。

④易用性。用户只需要一个有效的链接字符串（URL）就可以开始使用云数据库，而且就像使用本地数据库一样。

⑤高性能。云数据库采用大型分布式存储服务集群，支撑海量数据访问，多机房自动冗余备份，自动读写分离。

⑥免维护。用户不需要关注后端机器及数据库的稳定性、网络问题、机房灾难、单库压力等各种风险，云数据库服务商提供"7×24 h"的专业服务，扩容和迁移对用户不透明且不影响服务，并且可以提供全方位、全天候立体式的监控。

⑦安全。云数据库提供数据隔离，不同应用的数据会存在于不同的数据库中而不会相互影响；提供安全性检查，可以及时发现并拒绝恶意攻击性方位。

（3）代表产品

云数据库供应商主要分为三类：

①传统的数据库厂商，如Oracle、DB2、SQL Server等。

②涉足数据库市场的云数据库厂商，如阿里云RDS、百度云数据库、腾讯云数据库。

③新兴厂商，如Vertica、LongJump、EnterpriseDB。

2. HBase数据库

（1）概念

HBase是一个高可靠、高性能、面向列、可伸缩的分布式数据库，主要用来存储非结构化和半结构化的数据。HBase的目标是处理非常庞大的表，HBase时间上就是一个稀疏、多为、持久化存储的映射表，它采用行键（row key）、列族（column family）、列限定符（column qualifier）和时间戳（timestamp）进行索引，每个值都是未经解释的字节数组。

下面通过一个实例来阐述HBase的数据模型。图4-6是一张用来存储学生信息的HBase表，学号作为行键唯一标识每个学生，列族Info来保存学生相关信息，列族Info中包含3个列：name、major和email，分别用来保存学生的姓名、专业和邮箱。在HBase数据中，数据是逐个单元格写入的，比如，对于行键"2015003"而言，先写入第一个单元格的值"Xie You"，再写入第二个单元格的值"Math"，依次写入。我们可以看到，在email单元格存在两个版本的邮箱，时间戳不同，那么时间戳较大的版本的数据是最新的数据。

图4-6　一张用来存储学生信息的HBase表

（2）HBase系统架构

如图4-7所示为HBase的系统架构图，包括客户端、ZooKeeper服务器、Master主服务器、Region

服务器。特别说明的是，HBase一般采用HDFS作为底层数据存储系统，因此在系统架构图中增加了HDFS和Hadoop。

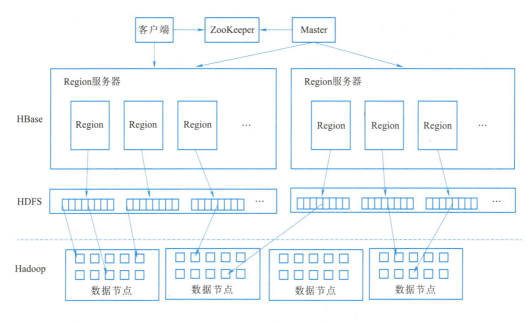

图4-7　HBase的系统架构

在一个HBase中，存储了许多表。对于每个HBase表而言，表中的行根据行键的值的字典序进行维护，数据量可能非常庞大，无法存储在一台机器上，这就需要对表中的数据根据行键的值进行分区，每个行区间构成一个分区，称为Region，是负载均衡和数据分发的基本单位，这些Region会被分发到不同的Region服务器上。

客户端包含HBase的接口，同时在缓存中记录已经访问过的Region位置信息，用来加快后续数据访问过程。客户端使用RPC机制，对于管理类操作与Master建立通信，对于数据读写类操作与Region服务器进行通信。

在HBase服务器集群中，包含一个Master和多个Region服务器。Master就是集群的"总管"，它必须知道Region服务器的状态，也就是说，Master主要负责表和Region的管理工作，Region服务器负责维护分配给自己的Region，并响应用户的读写请求。每个Region服务器都需要到ZooKeeper中进行注册，ZooKeeper会实时监控每个Region服务器的状态并通知Master，Master就可以通过ZooKeeper随时获取到各个Region服务器的工作状态。

3. Google Spanner

（1）概念

Spanner是一个可扩展的、全球分布式的数据库，由Google设计、开发和部署。通俗地讲，它就是一个数据库，把数据分片存储在许多Paxos状态机上，这些机器位于遍布全球的数据中心内。复制技术可以用来服务于全球可用性和地理局部性。客户端会自动在副本之间进行失败恢复。随着数据的变化和服务器的变化，Spanner会自动把数据进行重新分片，从而有效应对负载变化和处理失败。Spanner被设计成可以扩展到几百万个机器节点，跨越成百上千个数据中心，具备几万亿数据库行的规模。应用可以借助于Spanner来实现高可用性，通过在一个地区的内部和跨越不同的地区之间复制数据，保证即使面对大范围的自然灾害时数据依然可用。

（2）特性

Spanner提供了很好的特性。

第一，在数据的副本配置方面，应用可以在一个很细的粒度上进行动态控制。应用可以详细规定，哪些数据中心包含哪些数据，数据距离用户有多远（控制用户读取数据的延迟），不同数据副本之间距离有多远（控制写操作的延迟），以及需要维护多少个副本（控制可用性和读操作性能）。数据也可以被动态和透明地在数据中心之间进行移动，从而平衡不同数据中心内资源的使用。

第二，Spanner提供了读和写操作的外部一致性，以及在一个时间戳下面的跨越数据库的全球一致性的读操作。这些特性使得Spanner可以支持一致的备份、一致的MapReduce执行和原子模式变更，所有都是在全球范围内实现，即使存在正在处理中的事务也可以。

（3）Spanner服务器的组织形式

图4-8显示了在一个Spanner Universe（Spaner部署体系）中的服务器。一个Zone（区域）包括一个Zonemaster（区域管理），和一百至几千个Spanserver（Span服务）。Zonemaster把数据分配给Spanserver，Spanserver把数据提供给客户端。客户端使用每个Zone上面的Locationproxy（本地体系主控平台）来定位可以为自己提供数据的Spanserver。Universemaster是一个控制台，它显示了关于Zone的各种状态信息，可以用于相互之间的调试。Placementdriver（全局中心总控节点）会周期性地与Spanserver进行交互，来发现那些需要被转移的数据，或者是为了满足新的副本约束条件，或者是为了进行负载均衡。

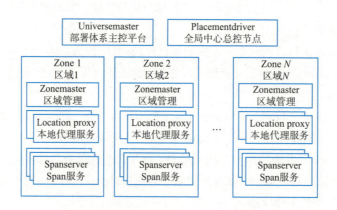

图4-8 Spanner服务器的组织方式

4.4 拓展实训

数据存储与管理——企业指标综合评价

案例介绍： F公司是一家生产制造业企业，成立于1991年，是从事专业柴油机的研发、生产和制造的大型集团企业。2010年以来，随着F公司产业规模的升级，企业的经营状况有明显的改善，因F公司之前采用传统的财务数据分析，这种数据分析不能完整展现公司经营状况。针对目前财务数据分析的现状，公司领导决定由财务部牵头构建财务数据分析的数据仓库。

1. 数据采集

参照表4-3，在浪潮数据管理平台"数据加工厂"→"设计区"→"工厂分层"→"ODS操作数据"路径下新建主题域和主题，通过"创建自定义模型（全部字段需要手动定义）"的方式创建指定名称的表。

表4-3 模板数据

路　径	标题/简称	代　号	数据源连接	数据库表
主题	编号+企业综合指标评价数仓建设	编号+QYZHZBPJSCJS	浪潮数据管理平台输出数据	—
维表	编号+各项财务指标行业数据	编号+GXCWZBHYSJ	—	编号+Gxcwzbhysj_ODS

各项财务指标行业数据信息见表4-4，其中ID字段为HYYXZ，文字字段为XM。

表4-4 各项财务指标行业数据

字　段　名	别　　名	数据类型	长　度	精　度	描　述
xm	项目	字符型	30	—	
hyyxz	行业优秀值	浮点型	38	4	
hylhz	行业良好值	浮点型	38	4	
hypjz	行业平均值	浮点型	38	4	
hyjdz	行业较低值	浮点型	38	4	
hyjcz	行业较差值	浮点型	38	4	

ETL转换命名和ETL转换要求见表4-5和表4-6。

表4-5 ETL转换命名

路　径	转换标题	转换代号	转换类型
ETL转换	编号+各项财务指标行业数据ETL	编号+GXCWZBHYSJETL	普通转换

表4-6 ETL转换要求

组件名称	数据源连接	选　择　表
表输入组件	外部数据	Cwzbhyz
表输出组件	浪潮数据管理平台输出数据	编号+Gxcwzbhysj_ODS

【操作步骤】

参照第3章企业员工信息整合案例实验步骤，根据表4-4~表4-6，数据抽取结果如图4-9所示。

项目	行业优秀值	行业良好值	行业平均值	行业较低值	行业较差值
1 总资产周转率	1.1	0.7	0.5	0.3	0.1
2 总资产报酬率	0.078	0.055	0.037	0.013	-0.04
3 资产增长率	0.268	0.189	0.11	-0.041	-0.223
4 资产负债率	0.395	0.485	0.643	0.828	0.964
5 应收账款周转率	14.8	9.4	6.2	2.8	1.2
6 销售利润率	0.266	0.2	0.151	0.085	-0.008
7 现金流动负债比率	0.204	0.153	0.097	0.033	-0.061
8 速动比率	1.224	1.017	0.739	0.474	0.27
9 流动资产周转率	2.6	1.9	1.4	0.8	0.3
10 流动比率	2.6	1.8	1.2	0.4	0.1
11 净资产收益率	0.112	0.075	0.04	0.012	-0.048
12 存货周转次数	9.9	6.6	4.3	2.3	1.1
13 成本费用利润率	0.135	0.096	0.07	0.01	-0.108
14 长期资产适合率	1.003	0.982	0.78	0.231	0.097

图4-9 数据抽取结果

2．数据处理

（1）创建数据模型

参照表4-7，在浪潮数据管理平台"数据加工厂"→"设计区"→"工厂分层"→"DW数据仓库"路径下创建主题，通过"创建自定义模型（全部字段需要手动定义）"方式创建指定名称的模型。

表4-7 模板数据

路　径	标题/简称	代　号	数据源连接	数据库表
主题域	编号+姓名	编号+姓名缩写	浪潮数据管理平台输出数据	—
主题	编号+企业综合指标评价数据处理	编号+QYZHZBPJSJCL	浪潮数据管理平台输出数据	—
模型管理	编号+各项科目数据	编号+GXKMSJ	—	编号+Gxkmsj_DW

各项科目数据见表4-8。

表4-8 各项科目数据

字段名	别　名	数据类型	长　度	精　度	是否为空	是否主键
gsdh	公司代号	字符型	30	—	否	否
gsjc	公司简称	字符型	30	—	否	否
rq	日期	字符型	8	—	否	否
yszk	应收账款	浮点型	38	4	是	否
ch	存货	浮点型	38	4	是	否
ldzchj	流动资产合计	浮点型	38	4	是	否
gdzchj	固定资产合计	浮点型	38	4	是	否
zchj	资产合计	浮点型	38	4	是	否

续上表

字段名	别　　名	数据类型	长　度	精　度	是否为空	是否主键
ldfzhj	流动负债合计	浮点型	38	4	是	否
cqjk	长期借款	浮点型	38	4	是	否
fzhj	负债合计	浮点型	38	4	是	否
ssgdqy	少数股东权益	浮点型	38	4	是	否
syzqyhj	所有者权益合计	浮点型	38	4	是	否
xssr	销售收入	浮点型	38	4	是	否
xscb	销售成本	浮点型	38	4	是	否
xsfy	销售费用	浮点型	38	4	是	否
glfy	管理费用	浮点型	38	4	是	否
cwfy	财务费用	浮点型	38	4	是	否
lrze	利润总额	浮点型	38	4	是	否
sdsfy	所得税费用	浮点型	38	4	是	否
jlr	净利润	浮点型	38	4	是	否
jyxjjlr	经营现金净流入	浮点型	38	4	是	否
kckgyshdnmsyzqy	扣除客观因素后的年末所有者权益	浮点型	38	4	是	否
nmblzc	年末不良资产	浮点型	38	4	是	否
dclzcsy	待处理资产损益	浮点型	38	4	是	否
cqtz	长期投资	浮点型	38	4	是	否
jyksgz	经营亏损挂账	浮点型	38	4	是	否
pjzc	平均资产	浮点型	38	4	是	否
pjch	平均存货	浮点型	38	4	是	否
pjyszk	平均应收账款	浮点型	38	4	是	否
pjldzc	平均流动资产	浮点型	38	4	是	否
zczze	资产增长额	浮点型	38	4	是	否

【操作步骤】

第一步，执行"数据加工厂"→"设计区"→"工厂分层"→"DW数据仓库"命令，选中"DW数据仓库"并右击，选择"新建主题域"命令。

第二步，选中第一步新建的主题域并右击，选择"新建主题"命令。

第三步，在第二步新建的主题下，单击"模型管理"模块，单击"添加模型"按钮，根据表4-8信息增加字段名、别名、长度、精度，选择"数据类型""是否为空""是否主键"内容，增加完成后单击"完成"按钮。

（2）数据抽取

参照表4-9，在浪潮数据管理平台"数据加工厂"→"设计区"→"工厂分层"→"DW数据仓库"→"ETL转换"路径下创建指定名称的分组和ETL转换。

表4-9 新建ETL转换分组

路　　径	分组标题	分组代号
新建分组	编号+姓名	编号+姓名缩写
新建分组	编号+企业综合指标评价数据处理	编号+QYZHZBPJSJCL

ETL转换命名和ETL转换要求见表4-10和表4-11。

表4-10 ETL转换命名

路　　径	转换标题	转换代号	转换类型
ETL转换	编号+各项科目数据ETL	编号+GXKMSJETL	普通转换

表4-11 ETL转换要求

组件名称	数据源连接	选择表	备　　注				
表输入1	浪潮数据管理平台输出数据	编号+Gxkmyssj_ODS					
排序组件1	—	—	排序字段：公司代号、公司简称、日期 排序规则：升序 大小写是否敏感：否				
表输入2	浪潮数据管理平台输出数据	编号+Gxkmqcsj_ODS					
排序组件2	—	—	排序字段：公司代号、公司简称、日期 排序规则：升序 大小写是否敏感：否				
连接组件1	—	—	步骤一：排序组件1 步骤二：排序组件2 连接类型：左连接 步骤一连接字段：公司代号、公司简称、日期 步骤二连接字段：公司代号、公司简称、日期				
公式1	—	—	字段名称	别名	值类型	长度	精度
			PJZC	平均资产	Number	38	4
			PJCH	平均存货	Number	38	4
			PJYSZK	平均应收账款	Number	38	4
			PJLDZC	平均流动资产	Number	38	4
			ZCZZE	资产增长额	Number	38	4
			平均资产=（资产合计+年初资产总计）/2 平均存货=（存货+年初存货）/2 平均应收账款=（应收账款+年初应收账款）/2 平均流动资产=（流动资产合计+年初流动资产）/2 资产增长额=资产合计-年初资产总计				
表输出1	浪潮数据管理平台输出数据	编号+Gxkmsj_DW	—				

【操作步骤】

第一步，执行"数据加工厂"→"设计区"→"工厂分层"→"DW数据仓库"→"ETL转换"命令，右击"ETL转换"命令，选择"新建分组"命令。

第二步，在第一步新建的分组下，根据表4-9信息，右击并选择"新建分组"命令。

第三步，在第二步新建分组下，右击并选择"新建ETL转换"命令。

第四步，在打开的ETL转换界面，根据表4-11信息选择自己所需的组件并连接，设置好所有组件后保存并运行，如图4-10所示。

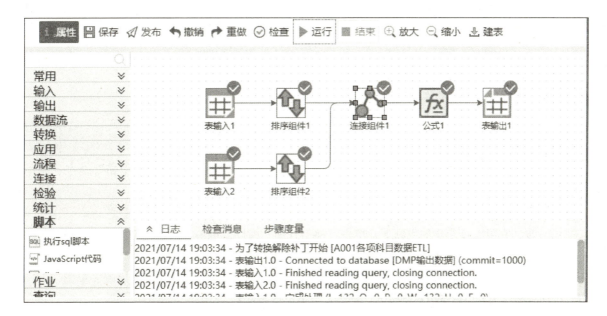

图4-10　数据转换成功

3. 数据应用

（1）创建模型

参照表4-12，在浪潮数据管理平台"数据加工厂"→"设计区"→"工厂分层"→"DM数据集市"路径下新建主题域和主题，通过"创建自定义模型（全部字段需要手动定义）"方式创建指定名称的表。

表4-12　模板数据

路　　径	标题/简称	代　　号	数据源连接	数据库表
主题域	编号+姓名	编号+姓名缩写	浪潮数据管理平台输出数据	—
主题	编号+企业综合指标评价数据整合	编号+QYZHZBPJSJZH	浪潮数据管理平台输出数据	—
模型管理	编号+各项财务指标对比数据	编号+GXCWZBDBSJ	—	编号+Gxcwzbdbsj_dm

各项财务指标对比数据见表4-13。

表4-13 各项财务指标对比数据

字段名	别 名	数据类型	长 度	精 度	是否为空	是否主键	描 述
xm	项目	字符型	30	—	否	否	
sjz	实际值	浮点型	38	4	否	否	
hyyxz	行业优秀值	浮点型	38	4	是	否	
hylhz	行业良好值	浮点型	38	4	是	否	
hypjz	行业平均值	浮点型	38	4	是	否	
hyjdz	行业较低值	浮点型	38	4	是	否	
hyjcz	行业较差值	浮点型	38	4	是	否	

【操作步骤】

第一步,执行"数据加工厂"→"设计区"→"工厂分层"→"DM数据集市"命令,选中"DM数据集市"并右击,选择"新建主题域"命令。

第二步,在第一步新建的主题域下右击,选择"新建主题"命令。

第三步,在第二步新建的主题下,单击"模型管理"模块,单击"添加模型"按钮,在弹出的"请选择一种创建方式"窗口中选择"创建自定义维表(全部字段需要手动定义)"按钮,单击"下一步"按钮,如图4-11所示。根据表4-12信息填写创建模型的简称、代号和数据库表,单击"下一步"按钮。根据表4-13信息填写字段名、别名、数据类型等信息。

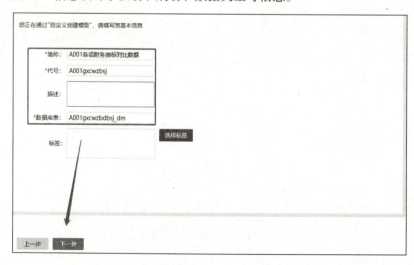

图4-11 创建模型

(2)数据抽取

参照表4-14,在浪潮数据管理平台"数据加工厂"→"设计区"→"工厂分层"→"DM数据集市"→"ETL转换"路径下创建指定名称的ETL转换。

表4-14 新建ETL分组

路径	分组标题	分组代号
新建分组	编号+姓名	编号+姓名缩写
新建分组	编号+企业综合指标评价数据整合	编号+QYZHZBPJSJZH

ETL转换命名和ETL转换要求见表4-15和表4-16。

表4-15 ETL转换命名

路径	转换标题	转换代号	转换类型
ETL转换	编号+各项财务指标对比数据ETL	编号+GXCWZBDBSJETL	普通转换

表4-16 ETL转换要求

组件名称	数据源连接	选择表	备注			
表输入1	浪潮数据管理平台输出数据	编号+Gxcwzbsj_DW	过滤条件			
			字段	比较符	值	操作符
			公司简称	—	A公司	并且
			日期	—	2020	
列转行-横表变纵表1	—	—	字段设置			
			新字段名		取值字段名	
			xm		sjz	
			字段名		转换值列表	
			净资产收益率		净资产收益率	
			总资产报酬率		总资产报酬率	
			销售利润率		销售利润率	
			成本费用利润率		成本费用利润率	
			存货周转次数		存货周转次数	
			应收账款周转率		应收账款周转率	
			流动资产周转率		流动资产周转率	
			总资产周转率		总资产周转率	
			资产负债率		资产负债率	
			流动比率		流动比率	
			速动比率		速动比率	
			现金流动负债比率		现金流动负债比率	
			长期资产适合率		长期资产适合率	
			资产增长率		资产增长率	
排序组件1	—	—	排序字段：xm 排序规则：升序 大小写是否敏感：否			

续上表

组件名称	数据源连接	选　择　表	备　　注
表输入2	浪潮数据管理平台输出数据	编号+Gxcwzbhysj_ODS	—
排序组件2	—	—	排序字段：项目 排序规则：升序 大小写是否敏感：否
连接组件1	—	—	步骤一：排序组件1 步骤二：排序组件2 连接类型：左连接 步骤一连接字段：xm 步骤二连接字段：项目
表输出1	浪潮数据管理平台数据仓库	编号+Gxcwzbdbsj_DM	—

【操作步骤】

第一步，执行"数据加工厂"→"设计区"→"工厂分层"→"DM数据集市"命令，选中"DM数据集市"下的"ETL转换"命令，右击并选择"新建分组"命令。

第二步，在第二步新建的ETL分组下，右击并选择"新建分组"命令。

第三步，在第二步新建的分组下，右击并选择"新建ETL转换"命令。

第四步，在打开的ETL转换界面，根据表4-16的信息选择自己所需的组件并连接，如图4-12所示，设置好组件后保存并运行，数据转换日志如图4-13所示。

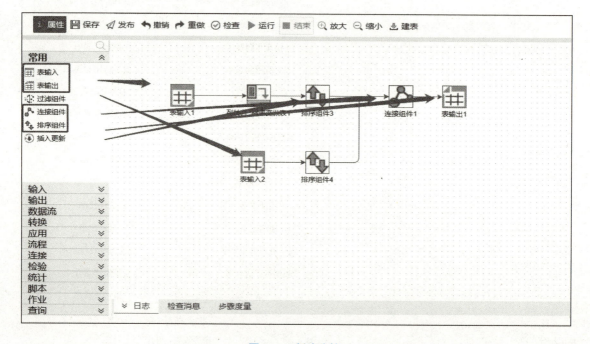

图4-12　新建连接

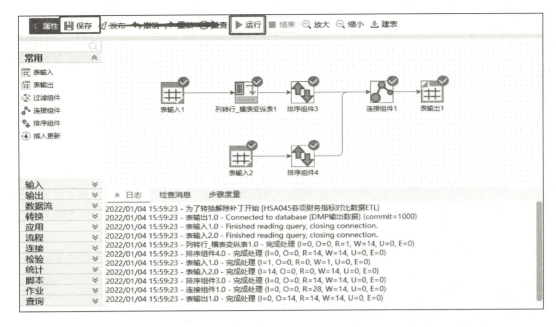

图4-13　数据转换日志

小　　结

数据存储与管理经历了人工管理、文件系统、数据库系统以及大数据管理几个发展阶段。伴随着数据存储与管理技术的不断发展，使人类能够管理的数据越来越多，效率越来越高，对后续的大数据处理分析环节起到了很大的支撑作用。

本章首先介绍了文件系统、关系数据库、数据仓库、并行数据库等传统的数据存储与管理技术，然后介绍了分布式文件系统和分布式数据库等大数据时代的数据存储管理技术，并对几款新型数据库产品做了简单介绍。需要说明的一点，虽然大数据时代的新技术"大行其道"，但是传统的数据存储与管理介绍仍然发挥着"余热"，不会立即退出舞台。

习　　题

1. 传统的数据存储与管理技术有哪些？
2. 数据仓库有哪些特性？
3. HDFS的设计要实现哪些目标？
4. 键值数据库、列族数据库、文档数据库、图数据库和时序数据适合的场景以及优缺点分别是什么？
5. 云数据库的特性有哪些？
6. 简述云数据库与其他数据库之间的关系。
7. 简述HBase中行键、列键和时间戳的概念。

第 5 章　数据分析与挖掘

基于数字经济的大数据时代，数据扮演着越来越重要的角色，但是数据通常不能直接使用、创造价值。如何从大量看似无章的数据中发现内在规律、发掘出有用的知识，指导人们进行科学的推断与决策，并对这些数据进行分析。数据分析将是数据转化为价值的最关键的一步。

在数据处理与分析环节，可以利用统计学和数据挖掘方法，结合数据处理与分析技术，对数据进行处理与分析，得到有价值的结果。统计学、机器学习和数据挖掘方法并非大数据时代的新生事物，但是在大数据时代得到了新的发展，充分利用计算机集群的并行处理能力。

本章首先介绍了数据分析的基础知识，然后介绍了机器学习和数据挖掘算法，接下来介绍了大数据分析技术，最后介绍大数据处理与分析的代表性产品。

5.1　概　　述

本节介绍数据分析的基础知识和关联技术。

5.1.1　数据分析的基础知识

随着数据类型越来越多样化，对数据分析技术的要求也越来越高。当下，数据分析技术主要包括数据采集与传输、数据存储与管理、计算、查询与分析以及可视化展现。如图5-1所示，数据分析可分为分析技术、数据存储和基础架构三大类，融合了诸多技术的优点。

图5-1　数据分析

①大数据时代，可以分析更多的数据。从数据存储来说，需要较高性能的存储系统与计算架构，比如HDFS等可扩展的分布式文件系统。

②数据分析的基础是针对海量数据提供的数据操作，但是传统的关系数据库难以满足，因此衍生了许多NoSQL数据库体系。

③在进行数据分析时，需要根据数据量的规模、数据种类、数据维度等特性，应用数据清洗、归一化、降维处理等技术。在计算处理、实时计算以及数据查询和分析领域都产生了多种新型的技术和产品。

目前，数据分析技术发生了以下巨大的变化：

①更快。根据相关研究追踪表明，Spark已成为大数据生态的计算框架，内存计算带来计算性能的大幅提高，此外，还提供了底层计算引擎来支持批量、SQL分析、机器学习、实时图像处理等多种能力。

②决策与分析。数据分析的价值取决于公司所做独特决策,反之,决策的类型、频率、速度和复杂性也推动了数据分析的部署方式,同时也必须采用先进的分析方法,如自然语言处理、模拟建模、神经网络等。

③深度学习的支持。深度学习是在人工智能的演化下,利用神经网络进行机器学习的一种有效方法(见图5-2)。目前被广泛应用于图像识别、语音处理、文本情感分析等领域。以Python为基础的平台开始积极探索如何支持深度学习。

图5-2 人工智能、机器学习和深度学习关系

5.1.2 数据分析关联技术

1. 数据挖掘

我们可以从如下四个层面了解数据挖掘:

①定义层面。数据挖掘是指从大量的数据中,通过统计学、机器学习、人工智能等方法,挖掘出未知的、且有价值的信息和知识的过程。

②作用层面。数据挖掘主要解决四类问题:分类、聚类、关联和预测。重点在于寻找未知的模式与规律;比如经典的超市购物案例——啤酒与尿布,就是事先未知,但又非常有价值的信息。

③方法层面。数据挖掘主要采用决策树、神经网络、关联规则、聚类分析等统计学,人工智能、机器学习等方法进行挖掘。

④结果层面。数据挖掘主要是输出模型或规则,并且可相应地得到模型得分或标签。模型得分如流失概率值、总和得分、预测值等,标签如信用优良中、流失与非流失等。

2. 数据处理

数据分析过程一般都会伴随着数据处理的发生,数据分析和数据处理是一对关系紧密的概念,通常,二者是融合在一起的。换个角度来说,当用户进行数据分析的时候,计算机系统会根据分析任务的要求,使用恰当的程序进行大量的数据处理。例如,当用户需要进行决策树分析时,需要先根据决策树算法编写分析程序,当分析开始以后,决策树分析程序对读取到的数据进行大量计算,最终给出结果。

3. 大数据处理与分析

数据分析包含两个要素,理论和技术。在理论层面上,需要统计学、数据挖掘等知识。在技术层面上,包括单机分析工具以及大数据处理与分析技术等。

在大数据时代,数据量爆炸式地增长,面对的都是规模巨大的海量数据,传统的单机分析工具已经"无能为力"了,分布式的分析程序就顺势而生,这些分布式分析程序,借助于集群的多台机器进行并行数据分析,这个过程称之为"大数据处理与分析"。

5.2 机器学习和数据挖掘算法

当原始的数据集经过数据探索得到了特征直接的相互关系后,为进一步描述数据集的真实特性,预测未来发展的趋势,为进一步决策提供依据,就需要为数据集建立模型。目前建立模型的主要途径是应用机器学习的算法和数据挖掘的算法,是目前计算机学科中最活跃的研究分支之一。

本节主要介绍常用的机器学习算法和数据挖掘算法。

机器学习是一门多领域交叉学科,涉及概率论、统计学、算法复杂度理论等多门学科,专门研究计算机怎么模拟或者实现人类的学习行为,以获取新的知识或技能,重新组织已有的知识结构不断提高自身的性能。它是人工智能的核心,是具有智能化的根本途径,其应用遍及人工智能发展的各个领域。按照机器学习的方法,可将其分为监督学习、无监督学习和强化学习三大类。

数据挖掘是指从大量的数据中通过算法搜索隐藏于其中的信息的过程。数据挖掘主要是利用机器学习提供的算法来分析海量数据,利用数据库存储管理海量数据,从某种程度上来说,是机器学习和数据库的交叉。从知识来源角度看,数据挖掘领域的知识很多来源于统计学,统计学中的技术在机器学习的过程中进行验证和实践,变成有效的机器学习算法后,再对海量数据进行挖掘,得到有价值的信息。

目前常用的机器学习和数据挖掘算法包括分类、聚类、回归分析和关联规则等。

①分类。分类是监督学习中一个核心问题,在模型中输入样本的属性,即可输出对应的分类类别。也就是说分类是指找出数据库中的一组数据对象的共同特点,并按照分类模式将其划分为不同的类,目的是通过分类模型,将数据库中的数据映射到某个给定的类别。比如,在网上商城中,可以将客户在一段时间内的订单划分为不同的类,向客户推荐关联类的商品,从而增加了商铺的销量。

②聚类。聚类是无监督学习中研究最多并且应用最广的。聚类是根据数据的差异性和相似性将一组数据分为几个类别。属于同一类别的数据间的相似性比较大,不同类别的数据间的相似性就小,跨类的数据关联性就低。

③回归分析。回归分析是通过建立模型来研究变量之间相互关系的密切程度、结构状态以及进行预测和相关关系的研究,比如对本季度销售进行回归分析,从而对下一季度的销售进行预测判断并做出针对性的营销策略。

④关联规则。关联规则是挖掘出数据之间隐藏的关联或相互关系,也就是说可以根据一个数据项的出现推导出其他数据项的出现。目前在网上商城体现得淋漓尽致。比如,客户频繁浏览了商品信息页面、折扣信息页面,同时也访问了购物车和结账页面,那么通过这些信息可以推导出,特殊的折扣可能会增加产品的销量。

5.2.1 分类

分类是一种重要的数据分析形式,用于找出一组数据的共同特点并按照一定的模式划分为不同的类。分类的目的是分析输入数据,通过训练集中的数据表现出来的特性构造一个分类函数或者分类模型,这个模型通常叫作分类器,能把未知类别的数据映射到给定的类别中。

分类分析的过程一般是:首先,需要一个训练集,训练集由训练数据记录及关联的类标签组成,用于建立分类模型。其次,将该模型运用于测试集,测试集由独立训练数据的测试数据记录和它们相关联的类标签组成,用于评估分类器性能。最后,应用最终模型对新的或未知类标签的数据进行分类。

分类分析的过程可以分为两个阶段:

第一阶段,学习/训练阶段(构建分类模型),训练集→特征选取→训练→分类器。也就是说,先建立描述预先定义的数据或概念集的分类器，通过分析或从训练集"学习"的分类算法来构造分类器，同时通过对训练数据中各数据行的内容进行分析，确定每一行数据属于一个特定的类别，类别值是由一个类标签进行标记。

第二阶段，分类阶段（使用模型预测给定数据的类标签），新样本→特征选取→分类→判决。也就是说，首先评估分类器的预测准确率，选取独立于训练集数据的测试集，通过第一阶段构造出的分类器对给定测试集的数据进行分类。然后将分类出的媒体测试记录的类标签与学习模型进行类预测比较，如果分类器的性能达到预定要求，则用该模型对类标签未知的数据进行分类。

典型的分类分析方法包括决策树、贝叶斯、支持向量机和人工神经网络等。

决策树是一种逼近离散函数值的方法，是一种树状分类结构模型，通过对变量值拆分建立分类规则，又利用树形图分割成概念路径的数据分析技术。决策树是以实例为基础的归纳学习算法，着眼于从一组无次序、无规则的数据中推理出以树形结构表示的分类规则，找出属性和类别之间的关系，是直观运用概率分析的一种图解方法。它的主要优点是分类精度高，操作简单，并且对噪声数据有很好的稳健性。

贝叶斯分类算法是一种基于统计学的分类方法，以贝叶斯定理为基础，利用概率推理的方式对样本数据进行分类。它的主要优点是模型具有可解释、精度高等特点，并且能够有效地避免过拟合。

人工神经网络是一种应用类似于大脑神经突触连接的结构，进行分布式并行信息处理的算法数据模型。它是由大量处理单元组成的非线性、自适应信息处理系统。它由众多的连接权值可调的神经元连接构成的，能够像人脑一样从外部环境"获得知识"，然后通过自己的学习过程将这些"知识"不断"消化"，从而找到一定的规律，以实现对"知识"的学习。神经网络模型是由神经元特性、拓扑结构和学习规则来确定。它的主要优点是具有大规模并行处理、分布式信息存储及良好的自适应和学习能力，并且在优化、信号处理与模式识别、智能控制、故障诊断等领域都有着广泛的应用。

最后给出一个分类算法的应用实例。比如有一个爱好鸢尾花的植物学爱好者，她收集了大量的鸢尾花的一些测量数据：花瓣的长度、宽度以及花萼的长度和宽度，同时还有鸢尾花的分类数据，包括setoa、versicolor、virginica三个品种。基于这分类数据，她可以确定每朵鸢尾花所属的品种。这样就可以构建一个分类算法，让算法从这些已知品种的鸢尾花测量数据中进行学习，得到一个分类模型，再使用分类模型预测新发现的鸢尾花的品种。

5.2.2 聚类

聚类是无监督学习中研究最多且应用最广的一种算法。它是将数据集划分为若干不同的子集，每一个子集称为"簇"。其目的是使同一个组内的对象具有很强的相似性，而不同组间的对象存在很大差异性。通过聚类生成的簇是一组数据对象的集合，需满足以下两个条件：

①每个簇至少包含一个数据对象；

②每个数据对象仅属于一个簇。

常见的聚类算法有K均值（K-means）、划分法（partitioning method）、层次法（hierarchical method）、基于密度的方法（density-based method）、基于网格的方法（grid-based method）、基于模型的方法（model-based method）等。这些方法没有统一的评价指标，因为不同的聚类算法的目标函数相差很大。聚类算法应该嵌入问题中进行评价。

下面详细介绍下K均值算法。

K均值算法是最经典也是最常用的一种基于划分的方法。它是典型的基于距离的聚类算法，通常采用欧式距离衡量数据对象与聚类中心之间的相似度。根据应用场合的不同，可以选择其他的相似性度量方法，比如对于文本，采用余弦相似度或者Jaccard系数的效果更好。

K均值算法的处理过程如下：首先指定需要划分的簇的个数k，然后在数据集中任意选择k个数据点作为初始的聚类中心，依次计算其余各个数据对象到这些聚类中心的距离，并将数据对象划归到最近的那个中心所处的簇中，接着重新计算调整后的每个簇的中心，循环往复执行，直到前后两次计算出来的聚类中心不再发生变化位置。图5-3显示的K均值算法的工作流程。

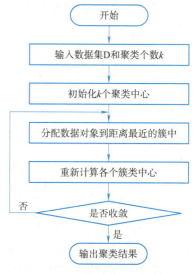

图5-3　K均值算法的工作流程

目前聚类分析法常见的应用场景有以下几个：

①不同产品的价值组合。企业可以按照不同的商业目的，依照特定的指标对众多产品种类进行聚类分析，把企业的产品体系进一步细分成具有不同价值、不同目标的多维度的产品组合，在此基础上分别制定相应的运营计划、生产计划以及服务规划等。

②目标用户的群体分类。通过对特定的运营目标和商业目标所挑选的指标变量进行聚类分析，把目标群体划分成几个具有明显特征区别的细分群体，从而在运营活动中采取精细化、个性化的运营和服务，最终提升运营效率和提高商业效果，满足利润最大化。

③探测发现离群点和异常值。离群点是指相对于整体数据对象而言的少数数据对象，这些对象的行为特征与整体的数据行为特征差别很大。

5.2.3 回归分析

回归分析是通过建立模型来研究变量之间的相互关系的密切程度、结构状态以及预测的一种有效方法。回归分析是基于数据统计的原理，对经过预处理后的大数据进行数学建模，确定一个或者多个独立自变量与因变量之间的相互依赖的定量关系，建立相关性较好的回归方程，通过数据模型进行描述和解释，并用作预测未来响应变量变化的统计分析方法。其中自变量是数值预测中感兴趣的数值属性，取值是已知的，而因变量就是在建立好的回归方程中可以得到的预测数据。回归分析一般适用于预测连续性数据。

在大数据分析中，回归分析是一种预测性的建模技术。这种技术通常用于预测分析、时间序列模型以及发现变量之间的因果关系，比如，司机的鲁莽驾驶与道路交通事故数量之间的关系，最好的研究方法就是回归。

回归分析的主要内容如下：

①从一组数据出发，确定某些变量之间的定量关系式，即建立数学模型并估计其中的未知参数。估计参数的常用方法是最小二乘法。

②对这些关系式的可信程度进行检验。

③在许多自变量共同影响着一个因变量的关系中，判断哪个（或哪些）自变量的影响是最显著

的，哪个（或哪些）自变量的影响是不影响、不显著的，将影响显著的自变量加入模型中，剔除影响不显著的变量，通常用逐步回归、向前回归和向后回归等方法。

④利用所求的关系是对某一生产过程进行预测或控制。

应用回归分析的前提是变量之间存在一定的相关关系，否则就会从建立的模型中得出错误的结论；另外，需要评估回归分析模型的预测精度，确认其有效性，然后才能应用于实际预测中，基本步骤如图5-4所示。

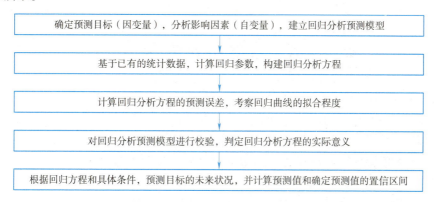

图5-4　回归分析基本步骤

5.2.4　关联规则

关联规则算法最典型的应用就是购物车分析，关联规则最初也是针对这一应用提出的。商家通过分析购物车了解顾客的购物习惯，哪些商品会被频繁地同时购买，一旦发现频繁项集，就可以提取出管理规则，即两个项集共同发生或有条件发生的可能性。从而也能够分析出不同商品之间的关联、顾客的购物习惯，最终能够帮助商家制定更好的营销策略，创造更大的利润。

关联规则的定义：假设$I=\{I_1, I_2, I_3, \cdots, I_m\}$是项目的集合，给定的数据库是$D$，其中每个事务$t$是$I$的非空子集，即每一个交易都与一个唯一的标识符TID对应。关联规则在D中的支持度是D中事务同时包含X、Y的百分比，也就是概率；置信度是在D中事务已经包含X的情况下，包含Y的百分比，也就是条件概率。如果满足最小支持度阈值和最小值置信度阈值，则任务关联规则是可信度。这些阈值是根据挖掘的需要人为自行设置的。

这里通过一个简单的例子来说明关联规则挖掘的一般过程，见表5-1。

表5-1　顾客购买记录

TID	羽毛球拍	羽毛球	运动鞋	乒乓球拍
1	1	1	1	0
2	1	1	0	0
3	1	0	0	0
4	1	0	1	0
5	0	1	1	1
6	1	1	0	0

表5-1是数据库D中某一顾客的购买记录,包含了6个事务。项目集$I=${羽毛球拍,羽毛球,运动鞋,乒乓球拍}。考虑关联规则(频繁二项集):羽毛球拍与羽毛球,事务1、2、3、4、6包含羽毛球拍,事务1、2、6同时包含羽毛球拍和羽毛球,假设X表示购买了羽毛球,Y表示购买了羽毛球拍,$X \wedge Y=3$,$D=6$,支持度$(X \wedge Y)/D=0.5$;$X=5$,置信度$(X \wedge Y)/X=0.6$。若给定的最小支持度$\alpha=0.5$,最小置信度$\beta=0.6$,则认为购买羽毛球拍和羽毛球之间存在关联。

常见的关联规则挖掘算法包括Apriori算法和FP-Growth算法等,在这里我们不再进行详细描述。

5.3 大数据分析技术

大数据时代,数据纷繁复杂,如何从大量看似杂乱无章的数据中揭示其中隐含的内在规律,发掘有用的知识来指导进行科学的推断与决策,那么如何能够高效地进行数据分析将是数据转化为知识最关键的步骤之一。选择合适的数据分析技术将是至关重要的。

简单的统计分析方法可以帮助人员了解数据,但是如果希望进行更深层次的探索,总结出规律和模型,就需要更加智能的基于机器学习的数据分析方法。比如,柯洁与AlphaGo的对战引起了围棋和人工智能两类群体的密切关注,针对人工智能,乐观派认为会使得人类生活更加美好,悲观派则认为技术失控则高度危险。这种情况下,一些聚类分析的方法就可以高效准确地进行精准分类。

微博的关注网络就是典型的社会网络。许多高效算法可以很好地处理上亿用户的大规模网络,此时基于图的数据分析方法就满足了这一诉求,尽管图是数据分析领域最为棘手的结构之一。

微博上每个用户的言论、转发内容等都蕴藏着用户个人的兴趣、话题等信息,对文字内容本身的智能分析理解也是数据分析领域一直追求的高级目标。在微博中出现的"神经网络""强化学习"等词语可以帮助人员迅速认定这条微博大概率属于"人工智能"话题,这种分析方法称之为基于自然语言的数据分析。

此外,图像、音频、视频等种类可以实时采集、实时计算和实时查询等,可以采用流计算的数据分析方法。

5.3.1 技术分类

根据数据源的多样性和数据价值应用的情况,目前大数据分析技术主要包括统计数据分析、基于机器学习的分析、图的数据分析、基于自然语言的分析、流计算等。

表5-2列示了大数据分析技术的应用领域。

表5-2 大数据分析技术与解决问题

大数据分析类型	解决问题
统计数据分析	形象直观地粗略了解数据分布、峰度、偏度等特征指标
基于机器学习的分析	对大数据进行逐个的、更深层次的探索,总结出规律和模型
图的数据分析	很高效地处理上亿用户的大规模网络
自然语言分析	对文字内容的智能分析,理解挖掘出蕴含的价值信息
流计算	针对流数据的实时计算

1. 统计数据分析

统计数据分析，最简单直接的方式是对数据进行宏观层面的数据描述性分析，例如均值、方差等。而对于在含有多个变量的数据分析过程中，对变量之间的作用关系可以用回归分析来判断。常用的统计数据分析包括数据描述性分析和回归分析。

在大数据分析中，获取到数据后，第一时间想到的往往是从一个相对宏观的角度来观察这些数据，也就是分析它们的特征。比如对于微博上的某个用户，可以通过关注近三个月来发布的消息数量来描述他们的活跃度，或者通过平均每条微博被转发的数量来评价他的受欢迎程度。这些能够概括数据位置特性、分散性、关联性等数字特征，以及能够反映出数据整体分布特征的分析方法，称之为数据描述性分析。

在大数据分析过程中，往往会涉及多个变量，有时候会对这些变量之间的作用关系感兴趣。比如房价问题，在一个时间区间内，一个房子的价格会受到其空间大小、卧室数量、卫生间数量、所处层数等数值变量的影响，还有朝向、地理位置等其他变量的影响。通常，人们直观上会认为，越大的房间会越贵，拥有越多卧室的房间越贵。那么这些因素是如何综合影响房价的呢？可以通过简单地建立特定的模型来分析，这种方式称为线性回归模型，这种分析方法称为回归分析。

2. 基于机器学习的数据分析

一般来说，统计特征只能反映数据的极少量信息，当数据量极大的时候，就会产生巨大的偏差。这时候，就需要借助更精确的方法来区分这些情况。所谓的"机器学习"，是基于数据本身的，自动构建解决问题的规则与方法。常用的机器学习的算法包含非监督学习方法和监督学习方法。

非监督学习方法是建立在所有数据标签，即数据所属的类别都是未知的情况下使用的分类方法。也就是说，有很多数据，但是不知道这些数据应该分为哪几类，也不知道这些类别本来应该有怎样的特征，只知道每个数据的特征向量，然后根据把这些数据按照他们的相关程度分成很多类别。非监督学习方法的具体算法，在这里不做详细描述。

监督学习方法不同于非监督学习方法，它是在知道了一些数据上的真实分类情况，现在要对新的未知数据进行分类。这样利用已知的分类信息，则可以得到一些更将其的分类方法，这就是监督学习方法。监督学习方法的具体算法，在这里不做详细描述。

3. 图的数据分析

图数据不同于简单的连续性或离散型数据类型，其节点之间的关系由于图的拓扑结构而变得复杂。图数据的来源主要是基于Web的社交网络产生的，这些数据包括数十亿用户的所言所行，用户之间种类繁多的社会关系，用户产生的海量网络信息的传播轨迹。这些社会活动的真实记录为研究社交网络的形成及其上的信息传播规律提供了可能。图的数据分析算法主要是针对社交网络上的算法，常用的有行为分析算法和社区发现算法。

行为分析算法最典型的应用是用户行为的传播，比如在一个社交网络中，一个用户转发了一个消息，之后他的朋友看到这条信息就有可能转发或者评论这条信息，那么这条消息传播的过程中是否转发的行为就体现了用户行为的激活与否。常用的影响力传播模型包括线性阈值模型和独立级联模型，来模拟影响在社会网络中的传播过程。

社区发现算法是指给定一个表征网络的图数据，社区代表不同集合的节点，其中同一社区的节点之间的连通性往往高于不同社区间的节点。常用的算法包括Girvan-Newman算法、标签传播算法以及Louvain算法，来模拟真实社区的表征影响。

4. 自然语言分析

自然语言分析处理体现了人工智能的最高任务与境界。目前，自然语言处理的发展与真正的语义理解仍然相差甚远。但是如果采取有效的分析方法，仍然可以从中获得知识来帮助人们。在前面章节提到的，微博上每个用户的言论、转发内容都隐藏着用户个人的兴趣、话题等信息，比如微博中出现的"强化学习""神经网络"等词语可以帮助人员快速判断这条微博大概率属于"人工智能"话题。常用的自然语言分析的基本方法是从词、句、话题三个层次体现出来。

词的表示学习是指为每个单词（文本中的单词是自然语言的基本结构）找到一个向量表示，理想状况下向量之间的距离和线性关系可以反映单词之间的语义联系。通过词向量，可以使用可视化分析词的关联，也有利于进一步分析。最常见的三种词表示方法包括词袋模型、语言模型和话题模型。词袋模型是最简单的词向量表示方法。该模型忽略文本的语法和语序等要素，将其仅仅看作是若干个词汇的集合，文档中每个词的出现都是独立的。词袋模型使用一组无序的单词来表达一段文字或者一个文档。

5. 流计算

流计算是对来自不同平台实时获取的海量数据进行实时分析处理，获得有价值的信息。对于流计算来说秉承一个基本理念，即数据的价值随着时间的流逝而降低，也就是当事件出现时就应该立即进行处理，而不是缓存起来进行批量处理。

图5-5展示了流计算的处理流程。

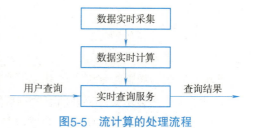

图5-5　流计算的处理流程

5.3.2　大数据分析的代表性作品

本节简单介绍数据分析领域具有代表性的几款产品，包括机器学习框架TensorFlowOnSpark、大数据编程框架Beam和查询分析系统Dremel等。关于这些产品的详细介绍，可以参考更多的书籍和资料。本节只做简要阐述。

1. 机器学习框架TensorFlowOnSpark

TensorFlow是一个开源的、基于Python的机器学习框架，它是由谷歌公司开发的，并在图形分类、音频处理、推荐系统和自然语言处理等场景下有着丰富的应用，是目前热门的机器学习框架。TensorFlow是一个采用数据流图（Data Flow Graph）、用于数值计算的开源软件库。数据流图中的节点（nodes）表示数学操作，图中的线则表示节点间相互联系的多维数据组，即张量（tensor）。在计算过程中，张量从图的一端流动到另一端，这也是这个工具取名为TensorFlow的原因。一旦输入端的所有张量准备好，节点将被分配到各种计算设备完成异步并行的执行运算。利用TensorFlow，我们可以在多种平台上展开数据分析与计算，如CPU（或GPU）、台式机、服务器，甚至移动设备等。

TensorFlowOnSpark在设计时充分考虑了Spark本身的特性和TensorFlow的运行机制，大大保证了两者的兼容性，使得可以通过较少的修改来运行已经存在的TensorFlow程序。在独立的TensorFlowOnSpark程序中能够与SparkSQL、MLlib和其他Spark库一起工作处理数据，如图5-6所示。

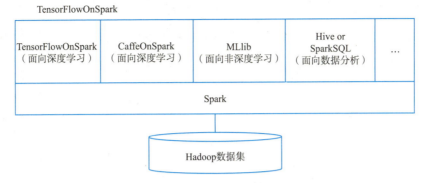

图5-6　TensorFlowOnSpark与Spark的集成

TensorFlowOnSpark的Spark应用程序包括四个基本过程：

①预留：组建TensorFlow集群，并在每个Executor进程上预留监听端口，启动"数据/控制"消息的监听程序。

②启动：在每个Executor进程上启动TensorFlow应用程序。

③训练/推理：在TensorFlow集群上完成模型的训练或推理。

④关闭：关闭Executor进程上的TensorFlow应用程序，释放相应的系统资源（消息队列）。

2. 大数据编程框架Beam

在大数据处理领域，开发者经常要用到很多不同的技术、框架、API、开发语言和SDK。大量的开源大数据产品（比如MapReduce、Spark、Flink、Storm、Apex等），为大数据开发者提供了丰富的工具的同时，也增加了开发者选择合适工具的难度，尤其对于新入行的开发者来说更是如此。因此需要学习一个新的大数据处理框架，并重写所有的业务逻辑。解决这个问题的思路包括两个部分：首先，需要一个编程范式，能够统一、规范分布式数据处理的需求；其次，生成的分布式数据处理任务，应该能够在各个分布式执行引擎（如Spark、Flink等）上执行，用户可以自由切换分布式数据处理任务的执行引擎与执行环境。

Beam是由谷歌贡献的Apache顶级项目，它是一个开源的统一的编程模型，开发者可以使用Beam SDK来创建数据处理管道。同时它是一个易于使用，却又很强大的数据并行处理模型，能够支持流处理和批处理，并兼容多个运行平台。

如图5-7所示，终端用户用Beam来实现自己所需的流计算功能，使用的终端语言可能是Python、Java等，Beam为每种语言提供了一个对应的SDK，用户可以使用相应的SDK创建数据处理管道，用户写出的程序可以被运行在各个运行器上，每个运行器都实现了从Beam管道到平台功能的映射。通过这种方式，Beam使用一套高层抽象的API屏蔽了多种计算引擎的区别，开发者只需要编写一套代码就可以运行在不同的计算引擎之上（比如Apex、Spark、Flink、Cloud Dataflow等）。

3. 查询分析系统Dremel

Dremel是一种可扩展的、交互式的实时查询系统，用于只读嵌套数据的分析。通过结合多级树状执行过程和列式数据结构，它能做到几秒内完成对万亿张表的聚合查询。系统可以扩展到成千上万的CPU上，满足谷歌公司上万用户操作PB级的数据，可以在2~3 s内完成PB级别数据的查询。

Dremel具有以下几个主要的特点：

①Dremel是一个大规模、稳定的系统。

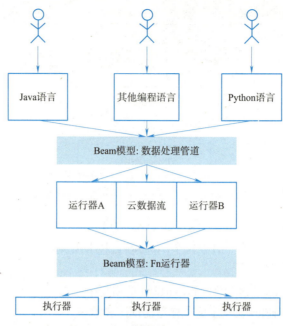

图5-7 大数据编程框架Beam

②Dremel是MapReduce交互式查询能力不足的补充。
③Dremel的数据模型是嵌套的。
④Dremel中的数据是用列式存储的。
⑤Dremel结合了Web搜索和并行DBMS（database management system）的技术。

5.4 拓展实训

数据分析　基于决策树算法的供应商选择

案例介绍： H公司是一家建筑类企业，成立于1967年。企业为了减少因供应商的问题引起的项目质量、安全以及进度问题，H公司对合作多年的供应商，根据现有评估指标与实际合作情况，对供应商进行能力分级，据此选择合适的供应商。

1. 样本数据收集

（1）创建数据模型

参照表5-3，在浪潮数据管理平台"数据加工厂"→"设计区"→"工厂分层"→"ODS操作数据"路径下新建主题域和主题，通过"创建自定义模型（全部字段需要手动定义）"的方式创建指定名称的表。根据表5-4的信息录入字段名、别名、数据类型等信息。

表5-3　模板数据

路　径	标题/简称	代　号	数据源连接	数　据　库　表
ODS层	编号+姓名	编号+姓名缩写	—	—
主题域	编号+决策树算法	编号+JCSSF	浪潮数据管理平台输出数据	—

续上表

路径	标题/简称	代号	数据源连接	数据库表
主题	编号+基于决策树算法的供应商选择	编号+JYJCSSFDGYSXZ	浪潮数据管理平台输出数据	—
模型管理	编号+供应商资产信息表	编号+GYSZCXXB	—	编号+Gyszcxxb_ODS

表5-4　供应商资产信息表

字段名	别名	数据类型	长度	精度	是否为空	是否主键
gsbh	公司编号	字符型	20	—	否	否
gsmc	公司名称	字符型	20	—	否	否
gdzc	固定资产	浮点型	30	4	否	否
yfzk	应付账款	浮点型	30	4	否	否
yszk	应收账款	浮点型	30	4	否	否
cqjk	长期借款	浮点型	30	4	否	否
dqjk	短期借款	浮点型	30	4	否	否
zzc	总资产	浮点型	30	4	否	否

【操作步骤】

第一步，执行"数据加工厂"→"设计区"→"工厂分层"→"ODS操作数据"命令，右击并选择"新建主题域"命令。

第二步，选中第一步新建的主题域，右击并选择"新建主题"命令。

第三步：在第二步新建的主题下，单击"模型管理"模块，单击"添加模型"按钮，在弹出的"请选择一种创建方式"窗口中，选择"创建自定义模型（全部字段需要手动定义）"按钮，如图5-8所示。

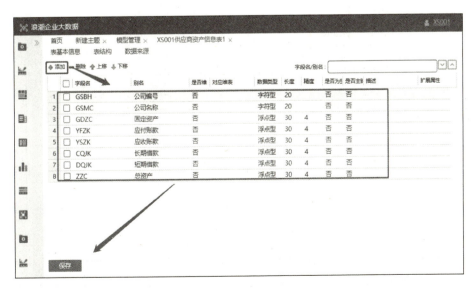

图5-8　建立模板数据

（2）数据抽取

参照表5-5，在浪潮数据管理平台"数据加工厂"→"设计区"→"工厂分层"→"ODS操作数据"→"ETL转换"路径下创建指定名称的ETL转换。

表5-5　ETL转换分组命名

路　　径	转换标题	转换代号	转换类型
分组	编号+姓名	编号+姓名缩写	—
分组	编号+决策树算法	编号+JCSSF	—
ETL转换	编号+供应商资产信息表ETL	编号+GYSZCXXBETL	普通转换

【操作步骤】

第一步，按照顺序依次进行如下操作，"新建ETL转换节点"→"新建分组"→新建"决策树算法"ETL分组→"新建ETL转换"→"根据表5-6中信息选择的需组件并连接"→"查看模型转换结果"，如图5-9所示。

表5-6　ETL转换要求

组件名称	数据源连接	选　择　表
表输入组件	报表系统	GYSZCXXB
表输出组件	浪潮数据管理平台输出数据	编号+Gyszcxxb_ODS

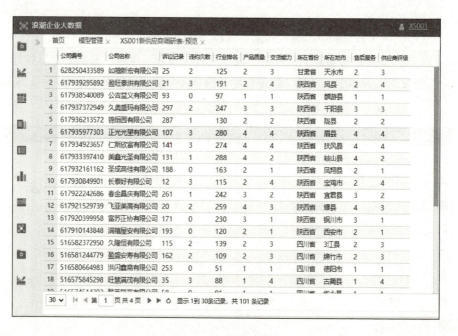

图5-9　模型转换结果

第二步，查看转换结果。依次展开"数据加工厂"→"设计区"→"工厂分层"→"ODS操作数据"→"ETL转换"→"决策树算法"主题域→"基于决策树算法的供应商选择"主题，单击"模型"命令，单击"新供应商调研表"的数据库表名，即可查看转换结果，如图5-10所示。

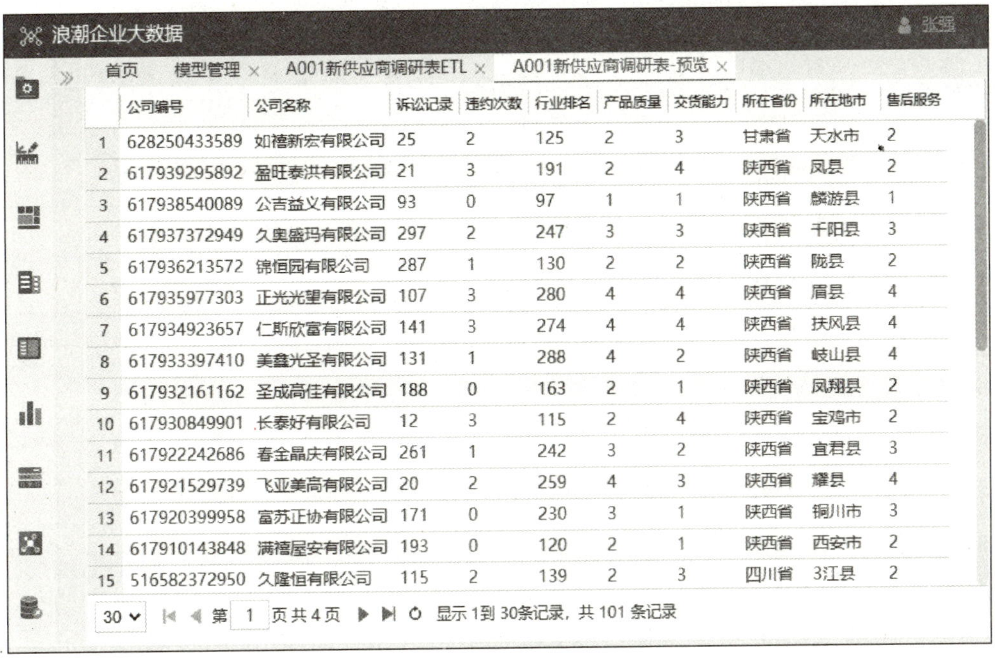

	公司编号	公司名称	诉讼记录	违约次数	行业排名	产品质量	交货能力	所在省份	所在地市	售后服务
1	628250433589	如禧新宏有限公司	25	2	125	2	3	甘肃省	天水市	2
2	617939295892	盈旺泰洪有限公司	21	3	191	2	4	陕西省	凤县	2
3	617938540089	公吉益义有限公司	93	0	97	1	1	陕西省	麟游县	1
4	617937372949	久奥盛玛有限公司	297	2	247	3	3	陕西省	千阳县	3
5	617936213572	锦恒园有限公司	287	1	130	2	2	陕西省	陇县	2
6	617935977303	正光光望有限公司	107	3	280	4	4	陕西省	眉县	4
7	617934923657	仁斯欣富有限公司	141	3	274	4	4	陕西省	扶风县	4
8	617933397410	美鑫光圣有限公司	131	1	288	4	2	陕西省	岐山县	4
9	617932161162	圣成高佳有限公司	188	0	163	2	1	陕西省	凤翔县	2
10	617930849901	长泰好有限公司	12	3	115	2	4	陕西省	宝鸡市	2
11	617922242686	春金晶庆有限公司	261	1	242	3	2	陕西省	宜君县	3
12	617921529739	飞亚美高有限公司	20	2	259	4	3	陕西省	耀县	4
13	617920399958	富苏正协有限公司	171	0	230	3	1	陕西省	铜川市	3
14	617910143848	满禧屋安有限公司	193	0	120	2	1	陕西省	西安市	2
15	516582372950	久隆恒有限公司	115	2	139	2	3	四川省	3江县	2

图5-10　模型转换结果

2. 样本数据处理

参照表5-7，在浪潮数据管理平台“数据加工厂”→“设计区”→“工厂分层”→“DW数据仓库”路径下主题，通过“创建自定义模型（全部字段需要手动定义）”方式创建指定名称的模型。

表5-7　模板数据

路　径	标题/简称	代　号	数据源连接	数据库表
主题域	编号+姓名	编号+姓名缩写	浪潮数据管理平台输出数据	—
主题	编号+基于决策树算法的供应商选择	编号+JYJCSSFDGYSXZ	浪潮数据管理平台输出数据	—
模型管理	编号+供应商分类样本数据表	编号+GYSFLYBSJB	—	编号+Gysflybsjb_DW

表5-8为供应商分类样本数据表。

表5-8　供应商分类样本数据表

字 段 名	别　名	数据类型	长　度	精　度	是否为空	是否主键
gsbh	公司编号	字符型	20	—	否	否
gsmc	公司名称	字符型	20	—	否	否
gdzc	固定资产	浮点型	30	4	否	否
yfzk	应付账款	浮点型	30	4	否	否
yszk	应收账款	浮点型	30	4	否	否
cqjk	长期借款	浮点型	30	4	否	否

续上表

字　段　名	别　　名	数据类型	长　　度	精　　度	是否为空	是否主键
dqjk	短期借款	浮点型	30	4	否	否
zzc	总资产	浮点型	30	4	否	否
ssjl	诉讼记录	整型	—	—	否	否
wycs	违约次数	整型	—	—	否	否
hypm	行业排名	整型	—	—	否	否
zczb	注册资本	浮点型	30	4	否	否
clmc	材料名称	字符型	20		否	否
ncz	年产值	浮点型	30	4	否	否
hpjg	货品价格	浮点型	30	4	否	否
cpzl	产品质量	字符型	20	—	否	否
jhnl	交货能力	字符型	20	—	否	否
szsf	所在省份	字符型	20	—	否	否
szds	所在地市	字符型	20	—	否	否
shfw	售后服务	字符型	20	—	否	否
gyspj	供应商评级	字符型	20	—	否	否

【操作步骤】

参照同第3章企业员工信息整合案例实验步骤，此处不再介绍。查看转换结果，如图5-11所示。

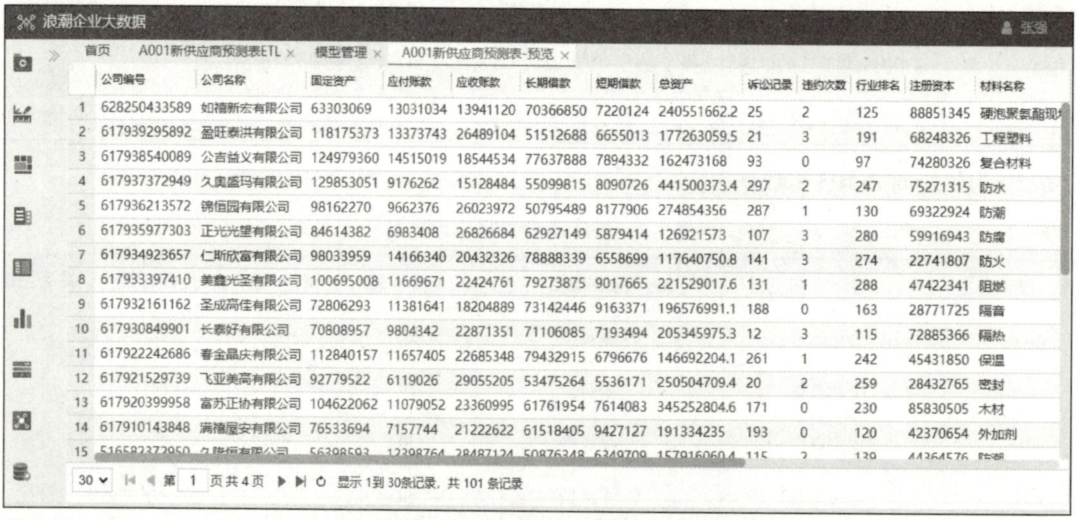

	公司编号	公司名称	固定资产	应付账款	应收账款	长期借款	短期借款	总资产	诉讼记录	违约次数	行业排名	注册资本	材料名称
1	628250433589	如禧新宏有限公司	63303069	13031034	13941120	70366850	7220124	240551662.2	25	2	125	88851345	硬泡聚氨酯现
2	617939295892	盈旺泰洪有限公司	118175373	13373743	26489104	51512688	6655013	177263059.5	21	3	191	68248326	工程塑料
3	617938540089	公吉益义有限公司	124979360	14515019	18544534	77637888	7894332	162473168	93	0	97	74280326	复合材料
4	617937372949	久奥盛玛有限公司	129853051	9176262	15128484	55099815	8090726	441500373.4	297	2	247	75271315	防水
5	617936213572	锦恒园有限公司	98162270	9662376	26023972	50795489	8177906	274854356	287	1	130	69322924	防潮
6	617935977303	正光光望有限公司	84614382	6983408	26826684	62927149	5879414	126921573	107	3	280	59916943	防腐
7	617934923657	仁斯欣富有限公司	98033959	14166340	20432326	78888339	6558699	117640750.8	141	3	274	22741807	防火
8	617933397410	美鑫光圣有限公司	100695008	11669671	22424761	79273875	9017665	221529017.6	131	1	288	47422341	阻燃
9	617932161162	圣成高佳有限公司	72806293	11381641	18204889	73142446	9163371	196576991.1	188	0	163	28771725	隔音
10	617930849901	长泰好有限公司	70808957	9804342	22871351	71106085	7193494	205345975.3	12	3	115	72885366	隔热
11	617922242686	春金晶庆有限公司	112840157	11657405	22685348	79432915	6796676	146692204.1	261	1	242	45431850	保温
12	617921529739	飞亚美高有限公司	92779522	6119026	29055205	53475264	5536171	250504709.4	20	2	259	28432765	密封
13	617920399958	富苏正协有限公司	104622062	11079052	23360995	61761954	7614083	345252804.6	171	0	230	85830505	木材
14	617910143848	满禧屋安有限公司	76533694	7157744	21222622	61518405	9427127	191334235	193	0	120	42370654	外加剂

图5-11　供应商分类样本数转换结果

3. 构建预测模型

参照表5-9，在浪潮数据管理平台"聚数"→"ETL转换"路径下新建分组和ETL转换，通过新建ETL转换实现完成分类算法模型的创建。

表5-9 模板数据

路径	转换标题	代号	转换类型
分组	编号+姓名	编号+姓名缩写	—
分组	编号+供应商分类算法	编号+GYSFLSF	—
ETL转换	编号+供应商分类算法模型创建ETL	编号+GYSFLSFMXCJETL	高级建模

表5-10为算法模型数据。

表5-10 算法模型数据

配置项目	配置内容		
表输入	数据源连接	浪潮数据管理平台输出数据	
	选择表	编号+Gysflybsjb_DW	
数据分组	第一组数据大小	比例	85
	抽样方式	随机抽样	
决策树分类训练	角色设置	字段	字段类型	角色
		公司编号	varchar	无效列
		公司名称	varchar	无效列
		固定资产	numeric	特征列
		应付账款	numeric	特征列
		应收账款	numeric	特征列
		长期借款	numeric	特征列
		短期借款	numeric	特征列
		总资产	numeric	特征列
		诉讼记录	int	特征列
		违约次数	int	特征列
		行业排名	int	特征列
		注册资本	numeric	特征列
		材料名称	varchar	无效列
		年产值	numeric	特征列
		货品价格	numeric	特征列
		产品质量	varchar	特征列
		交货能力	varchar	特征列
		所在省份	varchar	无效例
		所在地市	varchar	无效例

续上表

配置项目	配置内容		
决策树分类训练	角色设置	字段	字段类型	角色
		售后服务	varchar	特征列
		供应商评级	varchar	标签列
	信息度量方式	基尼指数		
	最大深度	50		
	最大叶节点数量	-1		
	预剪枝程度	0		
	叶节点最小样本数	2		
	其他选项	是否计算变量重要性	勾选	
		是否查看数据	不勾选	
决策树分类预测	名称	编号+GYSFLSFMXCJ		
	标题	编号+供应商分类算法模型创建		
	类型	决策树分类预测1		
分类得分器	标签列	供应商评级		
	预测列	predictionResult		
	空数据	跳过		

【操作步骤】

第一步，执行"聚数"→"ETL转换"命令，右击并选择"新建分组"命令。

第二步，新建分组并新建ETL转换。

第三步，选组件并进行连接。

第四步，设置完成单击"保存"→"运行"按钮，如图5-12所示。

第五步，打开分类得分器，查看决策树分类结果，如图5-13所示。

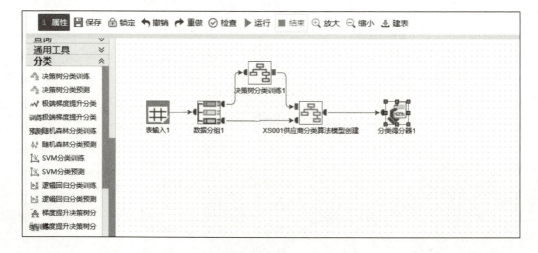

图5-12 转换连接建立成功

图5-13　数据分析结果

创建模型。决策树信息见表5-11。

表5-11　决策树信息

配置项目	配置内容	
决策树分类训练	模型查看	模型概述：编号+供应商分类预测模型

注意：供应商分类模型预测发布是对已经创建完成的算法模型进行发布，无须创建新的ETL转换。

【操作步骤】

双击打开决策树分类算法训练，单击"模型查看"选项，根据表5-11填写模型描述，单击"模型发布"按钮。发布成功之后单击"确定"按钮，如图5-14所示。

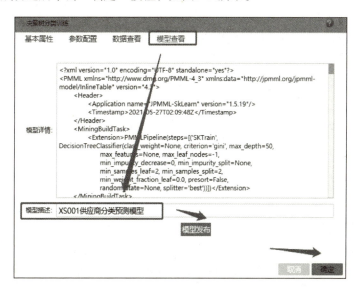

图5-14　创建模型

4. 模型应用

参照表5-12,在浪潮数据管理平台"聚数"→"ETL转换"路径下新建分组和ETL转换,通过新建ETL转换实现完成分类算法预测。

表5-12 供应商分类算法预测ETL转换

路径	转换标题	转换代号	转换类型
ETL转换	编号+供应商分类算法预测ETL	编号+GYSFLSFYCETL	高级建模

数据库表名和数据库表信息见表5-13和表5-14。表5-15为算法预测内容。

表5-13 数据库表名

路径	数据源连接	表名称
数据库建表	浪潮数据管理平台输出数据	编号+GYSFLSFYCB

表5-14 数据库表信息

字段名	数据类型	长度	精度	是否为空	是否主键
gsbh	字符型	20	—	否	否
gsmc	字符型	20	—	否	否
gdzc	浮点型	30	4	否	否
yfzk	浮点型	30	4	否	否
yszk	浮点型	30	4	否	否
cqjk	浮点型	30	4	否	否
dqjk	浮点型	30	4	否	否
zzc	浮点型	30	4	否	否
ssjl	整型	—	—	否	否
wycs	整型	—	—	否	否
hypm	整型	—	—	否	否
zczb	浮点型	30	4	否	否
clmc	字符型	20	—	否	否
ncz	浮点型	30	4	否	否
hpjg	浮点型	30	4	否	否
cpzl	字符型	20	—	否	否
jhnl	字符型	20	—	否	否
szsf	字符型	20	—	否	否
szds	字符型	20	—	否	否
shfw	字符型	20	—	否	否
predictionResult	字符型	20	—	否	否

表5-15　算法预测内容

配置项目	配置内容	
表输入	数据源连接	浪潮数据管理平台输出数据
	选择表	编号+Xgysycb_DW
算法模型输入	模型选择	编号+供应商预测模型
通用预测	名称	UniversalPredict1
	标题	通用预测1
	类型	通用预测
表输出	数据源连接	浪潮数据管理平台输出数据
	选择表	编号+GYSFLSFYCB
Excel输出	服务器文件	C:/CEHSI（例如这种文件名称）

【操作步骤】

第一步，新建ETL转换。

第二步，在打开的ETL转换界面，单击"建表"按钮，如图5-15所示。

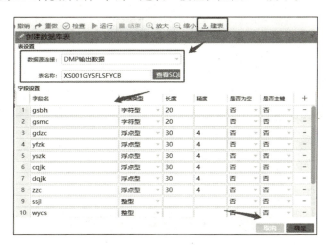

图5-15　创建表信息

第三步，在打开的ETL转换界面选择所需组件并进行连接，如图5-16所示。

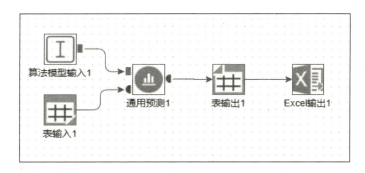

图5-16　创建连接

第四步，打开算法模型组件，选择模型，单击"确定"按钮。

第五步，单击"保存"→"运行"按钮，运行完成后查看运行结果，如图5-17所示。

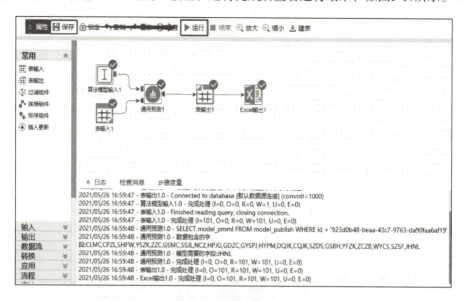

图5-17　数据转换结果

第六步，运行成功之后，在当前的ETL转换界面，拖动左侧"Excel输出"组件到右侧画布，将"表输出"和"Excel输出"组件连接，设置完成后单击"保存"→"运行"按钮，如图5-18所示。

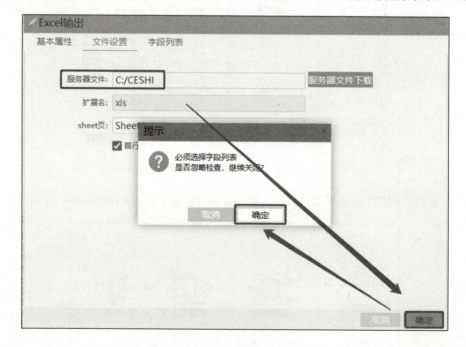

图5-18　建立输出连接

第七步，运行完成后，双击打开"Excel输出"组件，单击"服务器文件下载"按钮，将运行的结果下载到本地文件夹，查看运行结果如图5-19所示。

HYPM	ZCZB	CLMC	NCZ	HPJG	CPZL	JHNL	SZSF	SZDS	SHFW	predictionResult
253.00	66,321,496.00	电线	4,497,460.16	832.86	4	2	天津市	天津市	4	2
28.00	88,638,542.00	电缆	6,867,137.55	1,271.69	1	2	辽宁省	沈阳市	1	1
159.00	24,045,738.00	开关箱	9,547,691.65	1,768.09	2	4	辽宁省	大连市	1	1
198.00	82,375,435.00	高分子防水卷材	11,986,105.87	2,219.65	2	1	辽宁省	营口店市	2	2
255.00	32,480,741.00	涂料	9,111,195.56	1,687.26	1	1	辽宁省	庄河县	1	1
350.00	85,608,719.00	玻璃	4,873,145.25	902.43	4	2	辽宁省	瓦房店市	4	2
122.00	84,251,120.00	铝合金门窗	9,751,408.41	1,805.82	2	4	辽宁省	长海县	2	2
274.00	50,283,377.00	塑钢门窗	7,260,613.91	1,344.56	4	4	辽宁省	鞍山市	4	3
212.00	83,579,545.00	网格布	6,678,044.90	1,236.67	3	3	辽宁省	台安县	3	3
251.00	35,552,121.00	混凝土瓦	6,994,847.66	1,295.34	4	3	辽宁省	海城市	4	3
83.00	70,946,758.00	胶黏剂	8,575,229.19	1,588.01	1	2	辽宁省	抚顺市	1	1
299.00	57,808,293.00	抹面胶浆	4,492,456.34	831.94	4	3	辽宁省	抚顺县	4	2
123.00	77,372,369.00	防水	9,226,241.77	1,708.56	2	4	黑龙江省	哈尔滨市	2	2
173.00	46,848,623.00	复合材料	6,622,033.37	1,226.30	2	3	黑龙江省	齐齐哈尔市	2	2
123.00	89,576,705.00	工程塑料	9,365,310.58	1,734.32	2	1	黑龙江省	龙江县	2	2
90.00	80,499,167.00	玻璃	7,231,004.43	1,339.07	1	1	黑龙江省	讷河市	1	4
147.00	57,565,257.00	陶瓷	8,038,315.41	1,488.58	2	2	黑龙江省	依安县	2	2
217.00	76,515,252.00	砖瓦	6,592,417.37	1,220.82	3	4	黑龙江省	泰来县	3	3
126.00	33,895,752.00	金属	6,231,232.62	1,153.93	2	2	黑龙江省	甘南县	2	2
155.00	48,668,575.00	混凝土	8,220,871.67	1,522.38	2	2	黑龙江省	杜蒙县	2	2
235.00	21,584,267.00	水泥	10,564,839.40	1,956.45	3	3	黑龙江省	富裕县	3	3
16.00	34,223,308.00	石材	4,929,630.04	912.89	1	1	黑龙江省	林甸县	1	1
207.00	77,470,003.00	竹材	8,957,896.43	1,658.87	3	3	黑龙江省	克山县	3	3
14.00	37,717,757.00	大芯板	4,615,257.75	854.68	1	1	黑龙江省	大庆市	1	1
193.00	32,547,313.00	密度板	2,038,246.35	377.45	2	2	黑龙江省	克东县	2	2
95.00	73,299,266.00	石膏板	9,026,496.83	1,671.57	1	3	黑龙江省	拜泉县	1	3
95.00	83,338,626.00	多孔板	6,748,350.40	1,249.69	1	1	黑龙江省	鸡西市	1	1

图5-19 查看运行结果

小　　结

　　数据分析与挖掘是大数据的高级应用，在大数据处理基本处理流程中占据重要一环。大数据的分析与挖掘是在传统数据分析与挖掘基础上的进一步发展，在实现层面上有了质的变革，是一项比较复杂，具有很高门槛的处理工作。

　　本章对数据分析与挖掘的基础知识及关联技术进行了介绍，接下来对机器学习和数据挖掘算法进行了讲解，最后阐述了大数据分析技术及其代表性作品。

习　　题

1. 传统数据分析与大数据分析有什么区别？
2. 数据分析的关联技术有哪些？并进行简单阐述。
3. 常见的机器学习和数据挖掘算法有哪些？并进行简单阐述。
4. 大数据分析技术有哪几类？并进行简单阐述。
5. 回归分析的基本步骤及内容是什么？
6. 简述K均值算法的工作流程及应用场景。

第6章　数据可视化

在大数据时代，种类繁多、数据复杂、类型多样的信息源产生大量的数据，庞大的数量已经大大超出了人类的处理能力，人类大脑已经无法从堆积如山的数据中快速发现核心问题，那么如何将大数据的信息更加直观地呈现出来，以帮助人们理解数据，同时找出包含在海量数据中的规律或信息就显得尤为重要了。要解决这个问题，就需要数据可视化，根据数据的特性，通过丰富的视觉效果，以直观、生动、易理解的方式呈现出来，给予人们深刻与意想不到的洞察力，可以有效提升数据分析的效率和效果。

数据可视化是大数据分析的最后环节，也是非常关键的一环。本章首先介绍可视化的概念，然后分类介绍可视化工具，最后给出几个典型的可视化案例。

6.1 概　　述

海量烦琐复杂的数据对人们来说是枯燥无趣的，相对而言，人们对图形、大小、颜色等有更加直观的感知。利用数据可视化平台，将这些枯燥乏味的数据转变成丰富生动的视觉效果，不仅有助于简化人们的分析过程，还在很大程度上提高了分析数据的效率，发现数据中隐含的价值，从而实现简洁高效地传达信息。

6.1.1 数据可视化的概念

数据可视化是关于数据视觉表现形式的研究，是将大型数据集中的数据以图形、图像形式表示，利用计算机图形学和图像处理技术以及数据分析和开发工具进行交互处理的理论、方法和技术。数据可视化的基本思想是使人们不再局限于通过关系数据表来观察和分析数据信息，而是将数据库中每一个数据项以单个图元素来表示，用大量的数据集构成数据图像，同时将数据的各个属性值以多维数据的形式表示，能够更加明了地从不同的维度发现数据之间潜在的联系，从而对数据进行更深入的观察和分析。

虽然数据可视化在数据分析领域并非是最具技术挑战性的部分，但是整个数据分析流程过程中最重要的一个环节。

6.1.2 数据可视化的原则

数据可视化是让数据的信息变得更有意义，更好地展示数据的价值，它可以优美地将大数据中的繁杂信息简化成既生动有趣又富有意义的可视化图形，让人们可以轻松地了解数据背景，得到所需信息。因此，在数据可视化设计时，通常遵循以下原则：

1. 理解数据源及数据

数据源即为数据的来源，是复杂多样的。数据可视化的第一步是确保了解需要进行可视化的数据，它可以是各种数据类型，但是数据源必须可靠、实用、完整、真实且具备更新能力。在数据可视化工作之前，首先做好一些前期准备基础工作，比如对数据有全局的宏观理解，了解被采集的数据可以展现出什么样的价值，只有这样才能针对性地进行下一步工作，创造出既有价值又人性化的数据可视化展示。

2. 明确数据可视化的目的

好的数据可视化不仅要在形式上美观，还要能够帮助人们去解读之前无法触及的内容，并使这些内容富有意义和指导性。因此在进行数据可视化操作之前，除了了解数据源及数据之外，还必须要明确数据可视化的目的：要呈现的是什么样的展示结果，是针对一个活动的分析还是针对一个发展阶段的分析，是研究用户还是研究销量等。

3. 注重数据的比较

从海量数据中想要了解数据所反映的问题，就必须要进行比较。数据比较是相对的，不仅在于量的呈现，更能够直观地看到问题所在，一般同比或者环比使用得较多。

4. 建立数据指标

在数据可视化的过程中，建立正确的数据指标才会有对比性，才知道对比的标准在哪里，也才能更好地知道问题所在。数据指标的设置要结合具体的业务背景，科学地进行处理，不是凭空设置。用户可根据现有的数据指标进行深层次的自我思考，而不是仅仅给用户呈现一个数据形式及结果。

5. 简单法则

数据可视化是将数据信息以一种生动有趣的、简单直观的方式呈现给用户，而不是用户接受冗余的信息。其关键就在于采用用户第一的理念，专注简单的设计方法，将复杂或者零散的信息变得切实可行、易于理解。

6. 数据可视化的艺术性

数据可视化的艺术性是指呈现出来的图形、图像应当具有艺术性，符合审美规则以吸引读者的注意力。数据展示的形式从总体到局部，要有一个逻辑清晰的思路，才能有针对性的解决办法。在保证基础数据被展示的同时，还要增加图形的可读性和生动性。只有让数据表格或者数据图形呈现的方式更加多样化，才能更好地激发人们的兴趣，提升体验感，发挥更大的价值。

6.1.3 可视化的发展历程

20世纪50年代，随着计算机的出现以及计算机图形学的发展，人们可以利用计算机技术绘制出各种图形图像图表，可视化技术也开启了全新的发展阶段。最初，可视化技术被大量应用于统计学领域，用来绘制统计图表，如圆环图、柱状图、饼图、直方图、时间序列图、等高线图、散点图等。随着人们需求的不断扩张和提高，传统的这些可视化技术已经很难满足，因此出现了高分、高清大屏幕拼接可视化技术，逐步应用于地理信息系统、数据挖掘分析、商务智能工具等，让使用者更加方便地进行数据的理解和空间知识的呈现，有效地促进了人类对不同类型数据的分析与理解。因而，可视化成为大数据分析最后的一环和对用户而言最重要的一环。

6.1.4 可视化的重要作用

随着大数据时代的到来，数据的容量和复杂性不断增加，从而限制了普通用户从大数据中直接获取知识，不能直接从中获取价值。即使是重要的结论，如果用户无法理解或无法获取有用价值，都是没有任何意义的。数据可视化技术就是这样一种帮助用户分析、理解和共享信息的媒介。因此，数据可视化的需求越来越大，依靠可视化手段进行数据分析必将成为大数据分析流程的主要环节之一。让海量数据以可视化的方式呈现，让枯燥乏味的数据以简单友好的图表形式展现出来，可以使数据变得更加通俗易懂，有助于用户更加方便快捷地理解数据的深层次含义，有效参与复杂的数据分析过程，提升数据分析效率，改善数据分析效果。

在大数据时代，可视化技术可以实现多种不同的目标。

1. 观测、跟踪数据

从人类大脑处理信息的方式来看，人类的视觉系统更容易接受来自外界的信息，因而人类理解大量复杂数据时图表要比传统的电子表格或报表更容易。因此对于不断变化的多个参数值，利用变化的数据生成实时变化的可视化图表，可以让人们一眼看出各种参数的动态变化过程，有效跟踪各种参数值，参与到复杂的数据分析过程，提升数据分析效率，从而使人们从中获得大量有价值的信息。比如，百度地图提供实时路况服务，可以查询到全国各大城市的实时交通路况信息。

2. 分析数据

利用可视化技术，可以使人们通过视觉形象比较直观地从海量数据中获取不同数据之间不同模式或过程的联系与区别。数据可视化有助于引导用户参与分析过程，根据用户反馈信息执行后续分析操作，完成用户与分析算法的全程交互，实现数据分析算法与用户领域知识的完美结合。典型的可视化分析过程一般如下，数据首先被转化为图像呈现给用户，用户通过视觉系统进行观察分析，同时结合自己的经验和领域背景知识，对可视化图像进行学习，从而理解和分析数据的内涵与特征。接下来，用户根据分析的结果，通过改变可视化程序系统的设置，来交互式地改变输出的图像，从而根据自己的需求从不同角度对数据进行理解。

3. 辅助理解数据

可视化技术可以使人们有效地利用数据，使用更多的数据资源，从中获取更多有用的信息，提出更好的解决方案。利用可视化分析的结果，能够使人们更快、更准确地理解数据背后的含义，比如使用不同的颜色区分不同的对象、用动画显示变化过程、用图结构展现对象间的复杂关系等。这样就能最大限度地提高生产力，让信息的价值最大化。

4. 增强数据吸引力

枯燥的数据被制作成具有强大视觉冲击力和说服力的图像，可以大大增强数据对人们的吸引力，增强读者的阅读兴趣，极大地提高了人们理解数据知识的效率。比如，在面对海量的新闻信息时，人们的时间和精力都是有限的。传统单调保守的讲述方式已经不能引起人们的兴趣，需要更加直观、高效的信息呈现方式。因此，现在的新闻播报也越来越多地采用数据图表，动态、立体化地呈现报道内容，让读者对内容一目了然，能够在短时间内迅速消化和吸收。

6.2 数据可视化主要技术

数据可视化的方式和数据内容是密切相关的，不同的数据类型，决定了数据内部之间的依赖关系，也决定了不同的可视化映射方法。

数据集是数据的集合，它的基本组成单元依据不同的结构或者数学含义，包括多个不同的属性，比如对象、空格和空间位置等。对象是离散的个体，空格和空间位置则是连续的对象。因此根据不同的数据类型，数据集被划分成结构化数据和非结构化数据。

结构化数据主要包括四个基本类型：表格数据、网络数据、场数据和几何数据。表格数据包括关系型表格数据和多维数据，区别在于关系型表格数据只需要一个属性作为每个对象的标识符，而多维数据需要多个属性。网络数据又称图数据，包含对象和对象的关系，被称为节点和边，节点和边可以有各自的属性。场数据来自对连续空间的采样，每个采样点称为格点。采样点之间的数据通常需要使用插值的方法计算。此外还有其他一些数据集类型，将数据按照不同的方式组织起来。如聚类将相似的数据聚集在一起，集合将不重复的若干数据无序地聚集在一起，数组则允许聚集的数据重复和有序。

非结构化数据，包括自然语言文本、图片、视频等，常需要转化为结构化的数据才便于可视化。

根据目前通常的数据类型，接下来重点讲述高维、层次结构、时空、网络、文本和高扩展等主要数据类型。

6.2.1 高维数据可视化

高维数据是一种十分常见的数据类型，这种数据类型的数据拥有多个属性，比如学生档案、图书馆图书的信息等。以学生档案为例，见表6-1，每一列（包括"姓名""性别""学号"等）称为数据的一个维度或变量，而每一行称为数据的一个样本或数据对象。在笛卡儿坐标系下，各维度数轴相互正交形成高维数据空间，每个样本都是其中的一个数据点。

表6-1　高维数据：学生档案

姓　名	性　别	年　龄	学　号	专　业
张三	男	18	202200101	人工智能
李四	女	19	202200201	电子商务
王五	男	20	202200301	经济管理
赵六	女	21	202200401	英语

如何高效地展现与分析高维数据，对使用者来说是个挑战：一方面，大多数人们并不具备三维空间的想象力，无法直观地想象出数据分布的情况；另一方面，人们也不擅于同时处理多种属性信息的能力，特别是数据的维度多达成百上千个时。因此，为了直观形象地展现出分析结果，产生了大量的可视化技术，比如降维投影图、平行坐标法、散点图矩阵、子空间分析等。

1. 降维投影图

在高维数据中，如何尽可能地减少维度数目，一直以来都是一个重要的研究课题。降维投影是机器学习方法中最经典而常用的方法,它通过构造低维空间中的数据分布,来高仿展示出高维空间中的数据关系。投影算法在近些年来被广泛应用于展现高维数据分布的各类应用场景中,其显著特点是直观易懂、概括性强。

按照投影空间与元数据空间的关系,投影算法可分为两类:即线性投影和非线性投影。在线性投影中,原高维数据经过线性变换能得到投影后的低维数据。而非线性投影中,投影前后的数据不存在线性变换关系。

线性投影的优点在于算法结果稳定、直观易理解,且保留了原有的数据维度、方便用户进行维度语义的解读。此种方法主要适用于线下结构较好的数据(如高维空间中的低维平面),缺乏刻画复杂结构的能力。

非线性投影能够更好地捕捉非线性的数据结构,包括数据聚类、数据异常、流行拓扑等。此外它对于维度增长所带来的维数灾难不敏感,具有更好的可扩展性。

2. 平行坐标法

平行坐标法是一种经典的高维数据可视化的方法。它将多个维度的坐标轴并列排放,并利用一条折线来表现每个数据,折线在轴上的位置表示数据在各维度上的取值。通常被广泛应用在时间的数据分析中,其显示形式紧凑、表达高效。

平行坐标的折线需要利用更多像素来表达每个数据,因此当数据量持续增大时,显示空间更容易产生视觉混淆,只有通过适当设置折线的不透明度才可以有效减轻视觉混淆的问题,平行坐标示意图如图6-1所示。

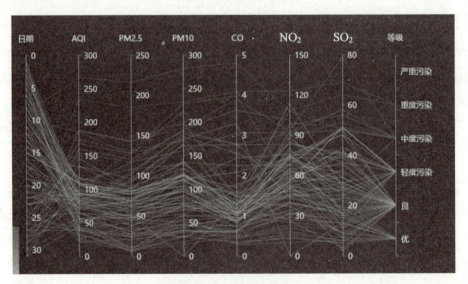

图6-1 平行坐标示意图

此外,平行坐标只能显示相邻两轴之间的数据关系,不相邻的维度很难直接进行比较。可见维度的顺序对平行坐标至关重要,不合理的排序很容易掩盖重要的数据特征。

3. 散点图矩阵

散点图矩阵是双变量散点图在多变量情况下的拓展,展现各维度两两之间的数据关系。它使展示形式直观易懂,且有利于进行双变量数据分析,但是可扩展性较差,随着维度数目的增加,散点图的数量呈平方量级增长,每个散点图的可视面积就迅速缩减。用户难以分析大量散点图,也难以看清每个视图的数据分布,多个变量的散点图矩阵如图6-2所示。

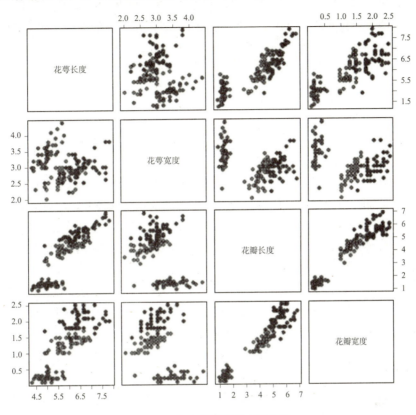

图6-2 多个变量的散点图矩阵

4. 高纬度数据可视化的方法比较

除去前面所介绍的降维投影、散点图矩阵、平行坐标以外,高维可视化还有许多其他的方法,比如星型坐标、RadViz等。它们有各自的优缺点,在应用中需要根据数据与目标进行相应的选择,具体参见表6-2。

表6-2 不同可视化方法的比较

名称	优点	缺点	维度数目
降维投影	直观易懂,对高维数据关系有较强的刻画与概括能力	缺少各维度的细节信息	<10, 10~100, >100
平行坐标	可扩展性强	形式不够直观,容易产生视觉混淆,并受限于特定的维度顺序	<10, 10~100
散点图矩阵	能够帮助分析二元数据关系并展现各维度信息	扩展性较差	<10
星型坐标与RadViz	增加了维度信息	各维度间抗干扰性差	<10

事实上,不同的可视化方法之间并不是一定互相排斥的,在具体的应用中可以相辅相成、互为补充。

6.2.2 网络数据可视化

网络,也称作图,是由节点和边组成。节点通常表示现实世界中的实体,边代表的是实体之间的关联。微信、微博等社交网站中的好友关系构成社交网络;城市之间的往来航班形成了航空网络。诸如此类的网络数据,其可视化关注分析网络的拓扑结构以及网络的演变过程。传统的可视化方法只能分析少量的节点网络,近年来涌现出的大量优秀可视化技术以应对大规模网络数据分析带来的挑战。

1. 大规模网络可视化

大规模网络可视化图片,通常图中包含的节点数量在万级以上,直接布局会产生视觉混淆。针对大规模网络可视化分析,主要介绍布局算法。

针对图的布局算法主要有力导向布局和基于距离的多维尺度分析两种。力导向布局是借用弹簧模型模拟布局过程,相邻节点之间存在弹簧弹力,过近的节点会被弹开,而过远的节点会被拉近,不相邻的节点之间存在排斥力,通过迭代,整个系统达到动态平衡,趋于稳定。其特点是易于理解、容易实现,有较好的对称性和局部聚合性,比较美观。算法的交互性较好,用户能够观察到整个布局逐渐趋于动态平衡的过程,对于结果更容易接受。

对于大规模图数据,采用直接绘制的方式往往会产生大量的边交叉和节点遮挡,带来视觉混淆,既增加了绘制的难度,又影响用户对真实数据的认知。因此,已有的研究工作可以分为两种基本思路:一种是对拓扑进行简化;另一种是从原始的图结构中提取框架。

在对图的拓扑进行简化时,应从节点和边两个方面考虑:一方面可以采用聚类等方法将节点聚合,聚合的节点用单个节点表示,同时也减少了边的数量,这样极大减少了网络的规模;另一方面可以采用过滤的方式,过滤掉网络中不重要的节点或者边。但是,这种图的拓扑简化虽然减少了图的复杂承担,减轻了图绘制的压力,同时不可避免地造成了信息的丢失,无法从简化的图中得到原有的所有拓扑信息。

2. 动态网络可视化

动态图数据指会随时间变化的网络数据,包括网络中节点和边的拓扑变化,以及节点和边的属性变化。经典的动态图可视化方法,根据时间映射方式的不同,可以分为两大类:

①时间-时间映射方法:通过动画的方式,直接展现点边图的变化过程,但这种方法会给用户带来认知负担,因为用户需要同时关注诸多节点和边的变化。

②时间-空间映射方法:将每个时间步的图以某种策略放置在可视化空间维度,可以创建一个静态的包含完整图序列的视图。但是可视化空间有限,动态图序列往往较长,使得这种展示方法需要考虑如何在有限空间上,展现尽可能多的细节信息,这样一来,需要用户同时关注多个图布局,并将这些布局联系起来,比较、分析图的变化。

通过将复杂的图数据直接降维到二维空间,用单子节点表示每个时间步的图的方式,可以处理长序列动态图,清晰地呈现动态图的演变状态,比如稳定状态、异常状态、循环状态等。通过进一步交互,可以分析网络变化的原因。

6.2.3 层次结构数据可视化

层次结构数据是现实应用中常见的一类数据,其特点是数据中的个体之间存在层次关系。层次结构数据可以理解成树形结构，相比于图结构，树形结构中除去根节点外，每一个节点都存在一个指向该节点的父节点，各节点之间不存在环。在树形结构中，最上层的节点为根节点；最下层的节点为叶节点；同一个层级且具有相同父节点的节点为兄弟节点。

对于层次结构数据最典型的应用就是目录，能够清晰地展示层级及包含关系。层级结构数据的可视化方法多种多样，目前在用的树形可视化形式有三百多种，按照父子关系的视觉映射方式的不同，可将层次结构数据可视化分为显式映射和隐式映射两种方式。

1. 显式映射

显式映射指将层次结构数据中的元素映射到节点上，节点之间的复杂关系映射到节点之间的连线上，即节点-链接的可视化方法，这种方法是目前最为普遍的可视化方法，该方法能够直观地表达出层次数据的拓扑结构，所展示出来的可视化图形符合大多数人对于层次结构数据的认知，但是该方法会导致空间利用率比较低。

节点-链接方法的核心在于对层次结构数据中的节点进行布局。这种算法是采用自底向上的递归算法；在确保子树绘制的前提下绘制上层的父节点；使用二维码的包围盒技术尽可能地包裹子树的部分，并且使相邻的两个树之间尽量靠拢；将父节点放置在各个子树的中心位置处；使用Reingold-Tilford计算得到树可视化形式，注重布局的对称性及紧凑性，是目前最为常见的树布局方式。然而对于大规模的层次结构，在保证下层节点不重复显示的前提下，会导致上层空间的严重浪费。

2. 隐式映射

隐式映射将层次结构数据的父子关系映射到节点的相对位置关系上。最常见的方法是将节点之间的父子关系使用矩形之间嵌套的方法进行表达，即树图的方法。这种方法能够充分地利用所有的屏幕空间，并且有效地映射节点上的属性值信息，其中节点的面积表示节点的属性值。树图的可视化方法将每个矩形按照相应节点的子节点递归地进行分割，直至分割到叶节点为止。

树图的层次结构数据可视化研究主要针对两个方面：一方面是针对大规模的层次结构数据，使得树图中的叶节点如何保证更好的长宽比，从而使得用户更容易地对树图中的节点进行选择、浏览等交互操作；另一个方面是当层次结构数据发生增加、移动等改变时，树图的节点变化如何尽量保持稳定，从而使得用户能在动态的层次结构数据中更加容易对节点进行追踪。

对于父子关系的隐式映射，除包含关系的映射方式外，还可以采用节点之间的相邻关系的信息映射。例如，旭日图、冰柱图采用的就是相邻关系映射节点之间的父子关系，同时节点的深度信息被映射到节点的纵轴位置以及不同的径向位置处。这种方法，不仅具有较高的空间利用率同时能够清楚地反映层次结构。

6.2.4 时空数据可视化

随着移动采集技术的发展，可以对物体的移动行为进行采样，而时间是自然地存在于记录数据中，因此就会产生大量的时空数据。交通、气象、生物等领域利用收集物体的空间位置信息来分析其潜在的运动规律。例如，在交通领域，通过采集车辆的移动轨迹来研究道路拥堵问题；而在社交媒体数据中往往蕴含着人们的社会活动、社会事件与空间位置之间的关联。

对于时空数据，按照可视化在分析流程中位置的不同，可以分为三种方法：①直接可视化，直接把时空信息展现出来，例如绘制出单个轨迹；②聚集可视化，针对大规模的时空数据，先对数据进行抽象和聚集；③特征可视化，先计算出时空分布模式或聚集的方法绘制这些特征。

对于直接可视化，相关方法可以分为位置动画、路径可视化、时空立方体、时间轴可视化等。比如对于时空立方体技术，该技术使用 x 和 y 轴表示物体的二维位置。z 轴表示时间，这样方向的斜率就大致表示了移动速度。

面对大规模的时空数据，直接可视化因为可能产生大量的遮挡等问题而不再适用；这就需要对数据进行抽象聚集处理，聚集操作可以针对时空属性或空间位置关系进行聚集。聚集方法是建立在事先对空间、时间或者属性进行划分的基础上。例如，路径聚集是直接研究空间位置信息的分布，它先通过不同路径的空间位置轨迹，再将每类轨迹的路径显示出来。

特征可视化需要事先通过分析时空数据提取出特征，再将这些特征绘制出来。这些特征包括事件和某些属性的时空变化模式。当分析任务明确的时候，就可以给出最相关的结果。特征可视化的方法大致可分为事件可视化和模式可视化。事件可视化关注的是满足特定条件的部分轨迹及其相关事件，例如交通拥堵事件；模式可视化关注的是所有轨迹数据体现出来的某种模式，例如道路通行状况随时间和路段的变化。

6.2.5 文本数据可视化

在现下的多源的信息世界里，文本是最普遍的交流沟通的手段。书籍、文档、网页、社交网络上包含有丰富的文本信息，越来越海量化。同时也导致文本信息的来源越来越丰富，呈现出多样化和即时化等特征。文本可视化分析是可视化分析领域的一个重要方向，辅以聚类、主题模型等文本挖掘手段，结合交互技术可以帮助人们根据自己的需求进行快速、深入的研究，是提高文本分析效率的一个重要途径。

文本可视化分析是大数据分析的重要方法，将大量的文本数据通过图形的方式展示，并通过交互的手段，让研究者以及普通用户都可以迅速且直观地认识数据，并借助人类敏锐的视觉能力在短时间发现数据中有趣的特征和模式。

1. 整体可视化分析

标签云是一种最典型的文本可视化技术。这个方法把对象文本数据中的关键字根据出现的频率等规则进行统计，然后进行布局排列，利用颜色、大小等视觉属性编码器频率信息，该技术可以帮助用户对大规模文本数据有一个概览，目前此技术已被广泛应用于众多的网站和博客中，来引导用户快速地了解其中的内容。

聚类分析也是文本可视化技术常见的一种方法。它是将抽象的对象按照其相似性进行分组分析的技术。通常情况下，文本聚类技术是在划分类别未知的情况下，将文本数据按照其内容或其他维度特征分成不同的簇的过程。它可以很好地将大量的文本数据划分为若干类，每一类中的文档都有一些相似的特征，这可以在很大程度上帮助人们进行海量数据的分析。

2. 特定维度可视化分析

文本数据中还包含有时间、地点等其他维度的信息，这些维度信息与文本的形成和变化密切相关。在文本通过可视化表达本身语义的同时，还可以结合文本的空间、时间等属性信息。

时间属性使得人们可以分析信息的演化过程。比如，在新闻报道中，所涉及的事件从发生到结束总是在时间维度上展开；而随着微博等新兴社交媒体的发展，信息的实时性也得到了极大的提高，很多时候可以利用社交媒体中的时间信息进行态势的感知。因此,时间维度是文本可视化中一个重要的元素,充分利用文本数据中的时间属性,可以帮助分析事件随着时间的发展状态。

地理信息分布模型将比通过传统信息收集方法建立起来的模型提供更多的信息,支持更深入地分析,可以快速地感知到突发事件,并对事件的发展态势进行追踪。将文本信息映射到地理空间中,一种常见而有效的方法是使用基于地理位置的标签云。

另外,文本数据中可能存在大量的人名、地名、组织等实体。随着文本数量的逐渐增加,文档中的实体集也变得越来越大,使得研究人员的分析和评估更加困难。因此,探究实体之间的关系,进而分析不同文本数据之间的关系并进行可视化就非常有意义。ListView是一种十分直观地通过连接关系的方式来探究实体关系,并通过多种交互方式来进行可视化分析的控件。

目前,对社交媒体数据进行的大数据分析是一个重要的研究领域。社交媒体情感分析是文本大数据分析的典型应用之一,通过对大量的社交媒体文本数据进行情感分析来预测和推荐的工作也越来越多。

文本可视化分析是一种直观、有效的对于大规模文本数据进行处理分析的手段。充分利用数据中附带的时间信息、地理空间信息、实体关系信息等信息,结合文本词语和语义内容,可以更全面地分析大规模的文本数据,也能够更容易地从中提取知识。

6.2.6 高扩展可视化

分析数据时,不仅需要组合不同的可视化方法,还要考虑可扩展的问题。数据可视化中的扩展性可以理解为可视化算法随着数据处理规模和复杂性的增长,仍然保持良好的效率。随着现代信息技术的飞速发展,数据的数量在规模上也出现了爆炸性增长,其结构和包含变量的复杂性也与日俱增,如何对这些大数据进行高效可扩展的处理计算和可视化成为一个极具挑战性的问题。

数据可视化的高扩展性涉及多个方面。在科学可视化领域,需要处理的数据量非常大,这些数据需要采取良好的管理策略,以便满足并行可视化处理算法对数据的快速访问要求。高扩展性还可以针对数据结构和访问方法进行改进,从而提高数据的访问和交互需求的效率。在最终的可视化上,设计的交互手段也需要进一步扩展。一般来讲,初始的可视化只能展示数据的全局信息,对数据进一步细节信息的可视化需要利用合理的交互方式来实现,帮助用户进行多层次的切换也是需要考虑的。同时,考虑到减小用户在这一过程中探索的负担,不同细节层次的切换也是需要考虑的问题,即如何对概览信息和用户感兴趣的焦点信息同时进行可视化和交互式探索。

1. 科学可视化中的高扩展性

高扩展的可视化技术首先在科学领域涌现。超级计算的飞速发展极大地推动了计算科学的进步,使得科学家们在进行物理仿真等处理时可以得到之前难以获取的细节,因此可视化和绘制主要是基于并行算法设计的技术,即合理利用有限的计算资源,通过高效的并行处理来分析特定数据集的性质。在很多情况下,通常会结合多分辨率等方法,以获得足够的互动性能。在面向大规模数据的并行可视化工作中,主要涉及四种基本技术:数据流线化、任务并行化、管道并行化和数据并行化。

近年来,一种针对模拟计算产生的超大规模数据的可视化模式——原位可视化受到广泛关注,这种原位可视化模式可以极大地降低数据传输和存储的成本。传统的可视化模式将模拟产生的全部原始数据传输到存储设备，经过处理后用于可视化，如图6-3（a）所示，在这一过程中，数据传输是整个可视化系统的主要瓶颈，其带来的I/O操作将占据绝大部分的处理时间。而在原位可视化模式中，数据在模拟计算后直接被原位缩减和前处理，再用于随后的分析与可视化中，如图6-3（b）所示，经过缩减后的数据通常比原始数据的规模小多个数量级，能够极大地降低数据传输和存储的开支。

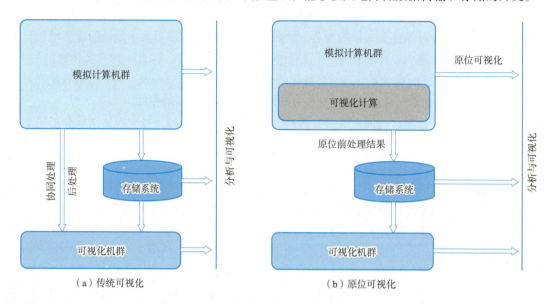

图6-3　传统可视化与原位可视化模式

2. 支持高效的存储和检索的可视化

随着数据量越来越大，人们对时空数据的实时处理和探索需求也越来越高。试想一下，假如有一个微博的数据集，记录了每条微博发布的时间、地点和发布设备。那么，我们如何可以快速地知道微博的地理分布呢？是北京还是山东的用户发的微博更多呢？是工作日里发的微博多还是周末发得多？用户端是iOS还是Android？在2012年的时候是什么情况？在2022年这种情况发生了什么变化？这些问题涉及各个维度上的聚合统计，并且在时间和维度还涉及了不同的颗粒度。那么回答这些问题，最简单的方法或许是扫描一遍数据集，然后获得统计值，但是在日益增长的数据量和实时性的要求下，这种方法显然不适用。

因此，为了支持多维度、多粒度时空数据的实时聚合分析，对高维多粒度的时空数据进行高效地存储和检索，并支持快速的交互。分箱聚合指对若干维度按照维度值进行分箱，对箱内元素统计其数量。对数值型、序数型、时间和地理维度，分箱聚合适合应用于不同的一维和二维表，包括柱状图、线图、热力图等。这些操作支持刷选、平移、缩放等交互。排序是用户探索时空数据的重要方式，允许用户探索给定指标下最重要的数据子集。

3. 支持可扩展可视化的交互手段

电子设备多种多样，但是不论什么设备，其显示空间总是有限的，自然不可能容纳无限多的信息。当数据规模超出显示空间的信息容量时，不管设计得如何精妙，一个静态的可视化视图不可能同时展现所有数据，这就需要具有良好的可交互性。用户通过交互表达自身需求，再由计算机有针对性地给予反馈，既节省了计算机资源，又能够提高效率。在可视化环境下，这就意味着任何交互的视图都无须展现所有数据。用户通过交互提起信息查询的需求,再由视图给予响应,能够大大提高可视化的可扩展性。

(1) 视觉信息搜索准则

视觉信息搜索准则是先浏览全貌,然后平移视线、筛选关注点,最后放大并进行细致地观察,被广泛应用于可视化设计中,以支持可扩展的数据展现与交互。

大规模数据的可视化往往提供了多个细节层次的数据展示。比如在大规模动态图的可视化中,可以用散点图的形式作为概览、展现图数据的演变规律,其中每个点表现一个时间步的图,点之间的连线表示时间顺序,距离则表现图之间的结构差异。用户在散点图中观察到有趣的数据区域,可进入更细致的层次并观察具体的结构。

(2) 焦点+上下文

多层次的细节展示能够有效地容纳大量数据与信息。但是,不同层次之间的切换颇为考验用户的短时记忆,用户也难以直观比较不同局部的信息。为此,可以利用"焦点+上下文"的方式,允许用户在观察局部焦点的同时,仍能看到全局的概览信息(即上下文)。

鱼眼透镜是应用这一策略的典型技术。比如在点边图中,每个节点代表一个城市,不同节点之间的连边代表城市之间的主要运输关系,在如此繁多的结点中,用户很难具体查看其中某个节点而不丢失全局背景信息。鱼眼透镜技术通过放大视图中的特定局部,压缩其他不被关注的节点与连边,来达到兼容背景与上下文的目的。

6.3 数据可视化工具

目前已经有很多数据可视化工具供用户选择,其中大部分都是免费的,可以满足各种可视化需求。如何选择哪一种工具才最为合适,这将取决于数据本身以及用户进行数据可视化的目的。一些工具适合用来快速浏览数据,而另一些工具则适合用户设计图表。通常情况是,将某几个工具有效地结合起来使用才是最合适的。

在大数据时代,可视化工具必须具有以下几个特征:

①实时简单。数据可视化工具必须能高效地收集和分析数据,并对数据信息进行实时更新,并且满足快速开发、易于操作的特性,能适应互联网时代信息多变的特点。

②多种数据源。数据可视化工具应该方便接入各种系统和数据文件,包括文本文件、数据库以及其他外部文件。

③数据处理。用户往往会在数据处理环节耗费大量时间,在大多数情况下,采集到的数据常常包含许多噪声、不完整,甚至数据不一致的,例如,缺少字段或者包含没有意义的值。这就要求可视化工具具有高效、便捷的数据处理能力,可以帮助用户快速完成这一过程,从而提高工作效率。

④分析能力。数据可视化工具必须具有数据分析能力,用户可以通过数据可视化实现对图表的支持及扩展,并在此基础上进行数据的钻取、交互和高级分析等。

⑤协作能力。在越来越重视团队协作的今天,用户不仅需要简单、易用、灵活的可视化工具,更需要一个可以共享数据、协同完成数据分析流程的平台,以便管理者可以基于该平台进行问题沟通并做出相应决策。

6.3.1 入门级工具

Microsoft Excel是微软的办公软件Office的系列软件之一,是目前最受欢迎的办公软件之一。它可以进行各种数据的处理、统计分析和辅助决策操作,已经广泛应用于管理、统计、金融等领域。Excel是日常数据分析工作中最常用的工具,简单易用,用户不需要复杂的学习就可以轻松使用。它是创建电子表格并进行快速分析及处理的理想工具,可以自动计算表格里面的整列数字,也可以根据用户输入的简单表格或者软件内置的更加复杂的公式进行其他计算,也能创建供内部使用的数据图,将数据转换成各种形式的图表。但是,Excel在颜色、线条和样式上可选择的范围较为有限。

6.3.2 信息图表工具

信息图表是信息、数据、知识等的视觉化表达,图形信息能更高效、直观、清晰地传递信息,在计算机科学、数学以及统计学领域有着广泛的应用。

1. ECharts

ECharts是由百度前端数据可视化团队研发的图表库,可以流畅地运行在PC和移动设备上,兼容当前绝大部分浏览器(如IE、Chrome、Furefox、Safari等),底层依赖轻量级的、Canvas类库ZRender,可以提供直观、生动、可交互、可高度个性化定制的数据可视化图表。

Echarts提供了丰富的图表类型,包括常规的折线图、柱状图、散点图、饼图、K线图,用于统计的盒形图,用于地理数据可视化的地图、热力图、线图,用于关系数据可视化的关系图、treemap,用于多维数据可视化的平行坐标,以及用于BI的漏斗图、仪表盘,并且支持图与图之间的混搭,能够满足用户大部分分析数据时的图表制作需求。

2. 浪潮云数据管理平台

数据治理工具(浪潮数据管理平台)是浪潮集团自主研发,纯Web一站式数据功能集成,用户可通过数据源管理、数据加工厂、数据服务、数据门户形成完整的企业数据加工链条,更好地支持企业数据分析和挖掘应用。

浪潮数据管理平台提供数据模型检测,内置数据仓库分层结构,支持结构化、半结构化、非结构化数据的采集,提供200+ETL组件。同时,简洁直观的图形化用户界面,拖拽式操作,便于用户快速上手。面对企业数据科学客户及开发者,平台封装了30+机器学习建模,包括决策树分类训练组件、决策树分类预测组件和得分器组件,能够快速生成AI算法模型。支持模型训练和预测,满足优化、预测、预警等不同AI应用场景。

6.3.3 地图工具

地图工具在数据可视化中较为常见,它在展现数据基于空间或地理分布上有很强的表现力,可以直观地展现各分析指标的分布、区域等特征。当指标数据要表达的主题跟地域有关联时,就可以地图作为大背景,从而帮助用户更加直观地了解整体的数据情况,同时可以根据地理位置快速地定位到某一地区来查看详细数据。

1. Modest Maps

Modest Maps是一个小型、可扩展、交互式的免费卡,提供了一套查看卫星地图的API,只有10 KB大小,是目前最小的可用地图库。它也是一个开源项目,有强大的社区支持,是在网站中整合地图应用的理想选择。

2. Leaflet

Leaflet是一个小型化的地图框架，通过小型化和轻量化来满足移动网页的需求。

6.3.4 时间线工具

时间线是表现数据在时间维度演变的有效方式，它通过互联网技术，依照时间顺序，把一方面或多方面的事件串联起来，形成相对完整的记录体系，再运用图文的形式呈现给用户。时间线可以应用于不同领域，其最大的作用就是把过去的事物系统化、完整化、精确化。

Xtimeline是一个免费的绘制时间线的在线工具网站，操作简便，用户可以通过添加事件日志的形式构建时间表，同时也可以给日志配上相应的图表。不同于Timetoast，Xtimeline是一个社区类型的时间轴网站，其中加入了组群功能和更多的社会化因素，除了可以分享和评论时间轴外，还可以建立组群讨论所制作的时间轴。

6.3.5 高级分析工具

1. Python

Python是一门跨平台、开源、免费、面向对象的解释性高级动态编程语言。它拥有高级数据结构，语法简洁清晰、干净易读，能够用简单而又高效的方式进行编程。同时它也是一种很好的可视化工具，可以开发出各种可视化效果图，Python可视化库可以大致分为：基于Matplotlib的可视化库，基于JavaScript的可视化库，基于上述两者或其他组合功能的库。

2. R语言

R语言是一个用于统计计算、图形绘制的开源编程语言和操作环境，属于GUN系统的一个自由、免费、开源的软件，是一个用于统计计算和统计制图的优秀工具，使用难度较高。R语言包括数据存储和处理系统、数组运算工具、完整连贯的统计分析工具、优秀的统计制图功能、简便而强大的编程语言，可操作数据的输入和输出，实现分支、循环以及用户自定义功能等，通常用于大数据的统计与分析。

6.4 拓展实训

数据可视化——期间费用可视化

案例介绍：D公司成立于1960年，总部坐落在山东省临沂市，是一家主要经营原煤、洗选煤、洗精煤的开采、加工和销售的煤炭企业。D公司管理层要求每年的年底分析该年度期间费用的变动趋势，期间费用是指企业日常活动发生的不能计入特定核算对象的成本，而应计入发生当期损益的费用，是企业为组织和管理整个经营活动所发生的费用，属于与可以确定特定成本核算对象的材料采购、产成品生产等没有直接关系的费用支出，因而期间费用不计入有关核算对象的成本，而是直接计入当期损益。

1. 数据集定义

【操作步骤】

第一步，根据表6-3的信息，新增"编号+财务大数据"系统。

表6-3 样本数据

新增内容	编　　号	名　　称
新增系统	编号+CWDSJ	编号+财务大数据
新增模块	编号+学生姓名首字母	编号+学生姓名
新增分组	编号+QJFYFX	编号+期间费用分析
新增数据集	编号+QJFYTB	编号+期间费用同比
	编号+QJFYLJ	编号+期间费用累计
	编号+MCPQJFYGC	编号+某产品期间费用构成
	编号+MCPQJFYZS	编号+某产品期间费用走势
	编号+ZQJFYGC	编号+总期间费用构成
	编号+ZQJFYZS	编号+总期间费用走势

第二步，新增"编号+学生姓名"模块。

第三步，新增"编号+期间费用分析"分组。

第四步，新增"编号+期间费用同比"数据集。在"BI参数模板"窗口，选择"财务大数据"→"期间费用分析"→"期间费用分析-年度月份"参数模板，单击"确定"按钮。在返回的"数据集定义"页面，单击"配置数据集"按钮，进入"SQL"页面，写sql语句，进行测试，保存预览页面，如图6-4所示。

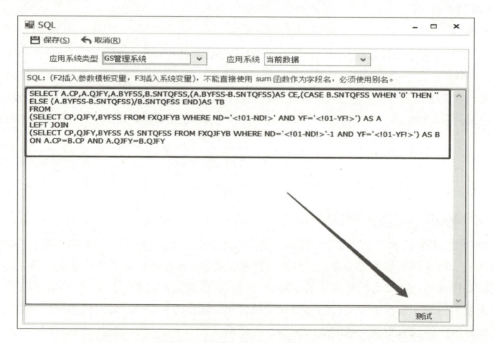

图6-4 创建SQL语句成功

第五步，参照第四步新增"编号+期间费用累计"数据集，将D公司总的期间费用本年累计数据从后台数据库进行归集，以下数据同上。

"数据集预览"字段说明具体修改内容见表6-4。

表6-4 字段说明

字 段 名	字段说明
CP	产品
QJFY	期间费用
BYFSS	本月发生数
SNTQFSS	上年同期发生数
CE	差额
TB	同比
QJFY	期间费用
QJFYLJ	期间费用累计

2. 部件定义

定义D公司期间费用分析最终展现界面中的部件，新增内容见表6-5。

表6-5 新增内容

新增内容	编　　号	名　　称	部件类型
新增系统	编号+CWDSJ	编号+财务大数据	—
新增模块	编号+学生姓名首字母	编号+学生姓名	—
新增分组	编号+QJFYFX	编号+期间费用分析	—
新增部件	编号+QJFYTBBG	编号+期间费用同比表格	表格部件
	编号+QJFYLJZXT	编号+期间费用累计柱型图	图形部件
	编号+MCPQJFYGCBXT	编号+某产品期间费用构成饼形图	图形部件
	编号+MCPQJFYZSZXT	编号+某产品期间费用走势折线图	图形部件
	编号+ZQJFYGCBXT	编号+总期间费用构成饼形图	图形部件
	编号+ZQJFYZSZXT	编号+总期间费用走势折线图	图形部件
	编号+QJFYFXCSBJ	编号+期间费用分析参数部件	参数部件

各部件配置内容见表6-6。

表6-6 各部件配置内容

部　件	配置项目		配置内容
编号+期间费用同比表格	表格标题		期间费用同比分析（单位：万元）
	产品	相同项合并	勾选

续上表

部件	配置项目			配置内容	
编号+期间费用同比表格	差额	格式函数	格式类型	字体颜色	
			字体颜色设置	@COL@CE@>0	红色（255，0，0）
				@COL@CE@==0	红色（255，0，0）
				@COL@CE@<0	绿色（0，255，0）
	同比		数据格式	百分比	
		格式函数	格式类型	字体颜色	
			字体颜色设置	@COL@TB@>0	红色（255，0，0）
				@COL@TB@==0	黄色（255，255，0）
				@COL@TB@<0	绿色（0，255，0）
编号+期间费用累计柱型图		图形类型		柱、线及区域图	
		颜色系列		默认	
		图形分类		期间费用	
		图形系列		期间费用累计	
	标题	主标题		期间费用累计	
	X轴	标题		期间费用	
		位置		右	
	Y轴	标题		本年累计数（万元）	
		位置		上	
	图例	显示图例		取消勾选	
	系列设置	系列值为null时不显示		勾选	
		系列		类型	归属坐标轴
		期间费用累计		柱型	Y1轴
		显示标签		勾选	
		显示提示框		勾选	
编号+某产品期间费用构成饼形图		图形类型		饼形图	
		颜色系列		默认	
		图形分类		期间费用	
		图形系列		本月发生数	
	标题	主标题		<!02-CP!>期间费用构成	
	图例	显示图例		取消勾选	
	系列设置	系列值为null时不显示		勾选	
		系列		类型	
		本月发生数		饼形	

续上表

部　件	配置项目		配置内容	
编号+某产品期间费用构成饼形图	系列设置	显示标签	勾选	
		显示提示框	勾选	
		百分比	勾选	
编号+某产品期间费用走势折线图		图形类型	柱、线及区域图	
		颜色系列	默认	
		图形分类	月份	
		图形系列	销售费用、管理费用、财务费用	
	标题	主标题	<!02-CP!>期间费用走势	
	X轴	标题	月份	
		位置	右	
	Y轴	标题	总金额（万元）	
		位置	上	
	图例	显示图例	勾选	
		横向位置	中	
		纵向位置	下	
		排列方向	横向	
	系列设置	系列值为null时不显示	勾选	
		系列	类型	归属坐标轴
		销售费用	折线型	Y1轴
		管理费用	折线型	Y1轴
		财务费用	折线型	Y1轴
		显示标签	勾选	
		显示提示框	勾选	
编号+总期间费用构成饼形图		图形类型	饼形图	
		颜色系列	默认	
		图形分类	期间费用	
		图形系列	本月发生数	
	标题	主标题	期间费用构成	
	图例	显示图例	取消勾选	
	系列设置	系列值为null时不显示	勾选	
		系列	类型	
		本月发生数	饼形	
		显示标签	勾选	
		显示提示框	勾选	
		百分比	勾选	

续上表

部　件	配置项目		配置内容	
编号+总期间费用走势折线图		图形类型	柱、线及区域图	
		颜色系列	默认	
		图形分类	月份	
		图形系列	销售费用、管理费用、财务费用	
	标题	主标题	期间费用走势	
	X轴	标题	月份	
		位置	右	
	Y轴	标题	总金额（万元）	
		位置	上	
	图例	显示图例	勾选	
		横向位置	中	
		纵向位置	下	
		排列方向	横向	
	系列设置	系列值为null时不显示	勾选	
		系列	类型	归属坐标轴
		销售费用	折线型	Y1轴
		管理费用	折线型	Y1轴
		财务费用	折线型	Y1轴
		显示标签	勾选	
		显示提示框	勾选	
编号+期间费用分析参数部件	设置布局	参数值变化立即刷新	勾选	
		加载完立即刷新	勾选	
		参数默认锚定	勾选	
		显示收起隐藏图标	勾选	

【操作步骤】

第一步，按照表6-5信息，依次新增"编号+财务大数据"系统，新增"编号+学生姓名"模块，新增"编号+期间费用分析"分组，新增"编号+期间费用同比表格"部件，进入"BI参数模板"窗口，进行部件配置，依次如图6-5~图6-10所示。

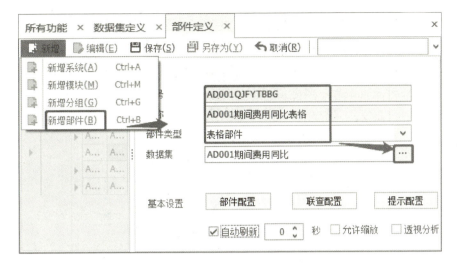

图6-5 部件定义窗口

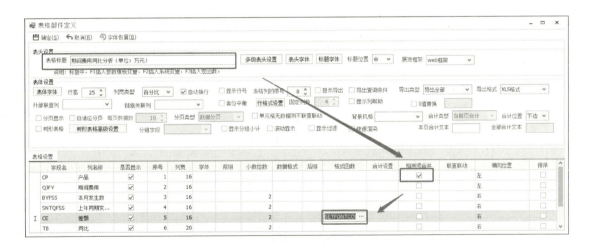

图6-6 表格部件定义窗口

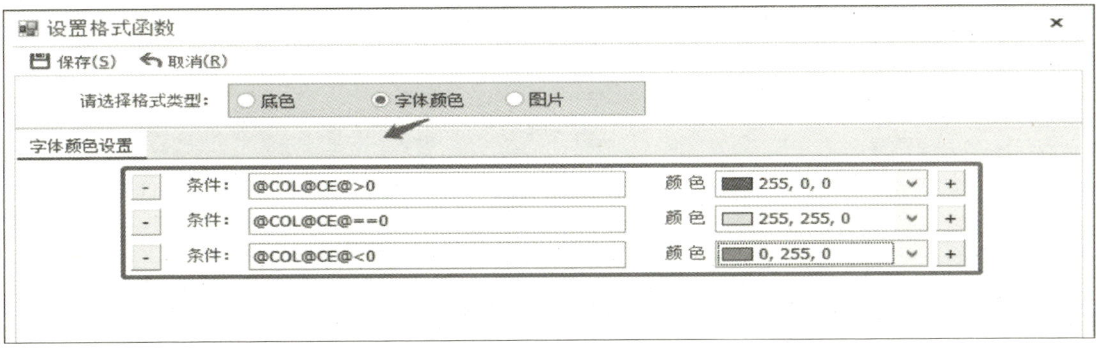

图6-7 设置格式函数

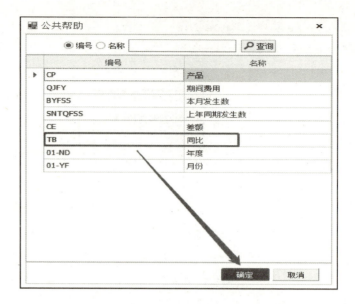

图6-8 设置公共帮助

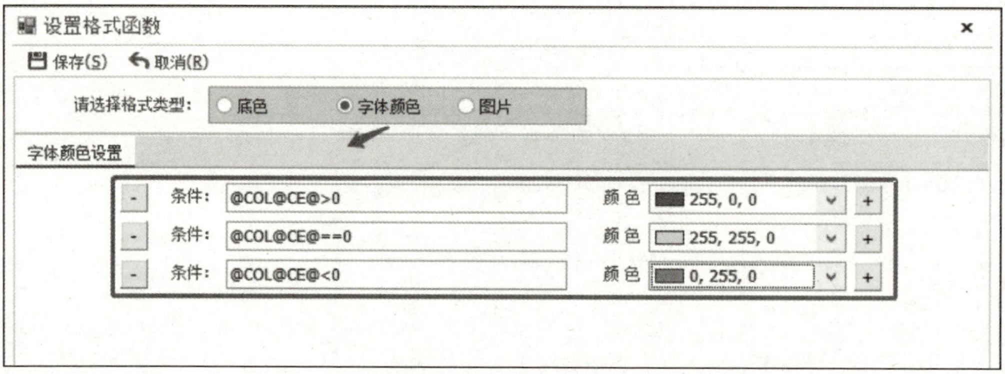

图6-9 设置格式函数

期间费用同比分析（单位：万元）

产品	期间费用	本月发生数	上年同期发生数	差额	同比
原煤	销售费用	550.63	783.86	-233.23	-29.75%
	管理费用	855.63	910.31	-54.68	-6.01%
	财务费用	1230.63	1176.31	54.32	4.62%
洗精煤	销售费用	3878.39	3973.82	-95.43	-2.40%
	管理费用	2487.73	2376.09	111.64	4.70%
	财务费用	6950.57	6973.82	-23.25	-0.33%
洗混煤	销售费用	3813.79	3352.44	461.35	13.76%
	管理费用	983.83	924.88	58.94	6.37%
	财务费用	6372.93	6238.98	133.94	2.15%

图6-10 查看结果

第二步，新增"编号+期间费用累计柱型图"部件，基于"编号+期间费用累计"数据集，将D公司总的期间费用本年累计数制作成柱型图部件用于展现D公司期间费用的累计情况。选中"编号+

期间费用分析"分组，单击"新增"→"新增部件"命令，输入"编号""名称"，"部件类型"选择"图形部件"，单击"数据集"空白框右侧的 … ，弹出"公共帮助"窗口，如图6-11所示。

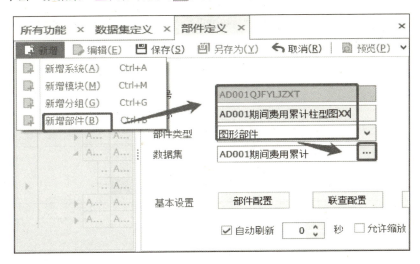

图6-11　部件定义

在返回的"部件定义"页面勾选"自动刷新"复选框，单击"部件配置"按钮，按照表6-5配置相关内容。在弹出的"图形部件配置"窗口中按照表6-6进行设置，设置完成后单击"保存"按钮，依次如图6-12~图6-16所示。

图6-12　图形部件配置-基础信息

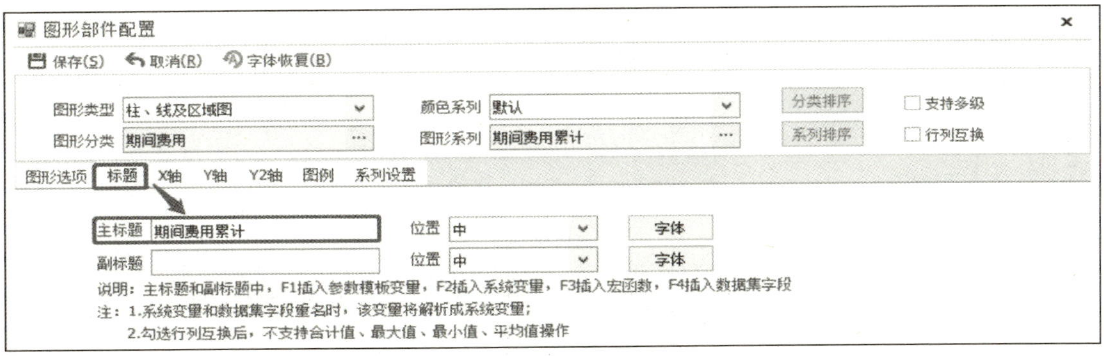

图6-13　图形部件配置-标题

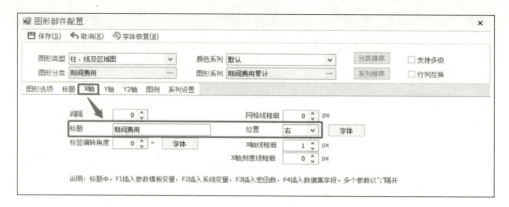

图6-14　图形部件配置-X轴

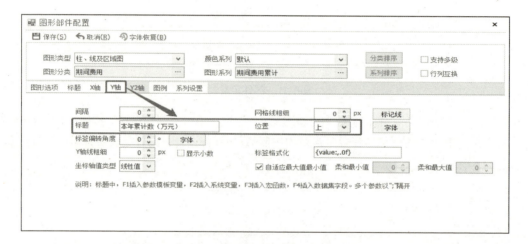

图6-15　图形部件配置-Y轴

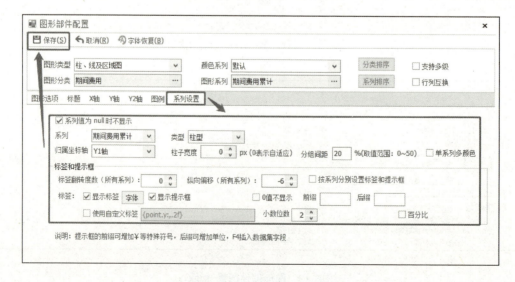

图6-16　图形部件配置-系列设置

在返回的"部件定义"页面依次单击"保存""预览"按钮可预览部件展示效果。

在"部件预览"页面选择"年度""月份",单击"查询"按钮,即可查看部件展示效果,如图6-17所示。单击"关闭"按钮即可关闭"部件预览"页面。

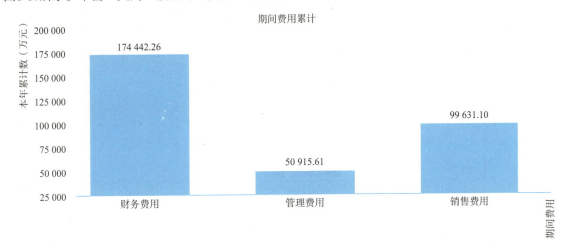

图6-17　效果图展示

第三步,参照上述步骤新增"编号+某产品期间费用构成饼形图"部件,完成饼形图的展示。

3. 页面管理

目录表见表6-7。

表6-7　目录表

目录编号	目录名称
编号+CWDSJ	编号+财务大数据

在"编号+财务大数据"目录下新建页面信息表见表6-8。

表6-8　页面信息表

页面类型	页面编号	页面名称
PC端	编号+QJFYFX	编号+期间费用分析

【操作步骤】

第一步,新建"编号+财务大数据"目录。单击"新建目录"命令,录入后单击"保存"按钮,如图6-18所示。

第二步,新建"编号+期间费用分析"页面。单击"编号+财务大数据"目录,在打开的目录下,单击"新建页面"命令,"页面类型"选择"PC端",录入内容,单击"确定"按钮,如图6-19所示,进入"页面设计器"页面。

第三步,在"页面设计器"页面,单击"配置"功能项,可以根据需要选择"界面风格",此处设置为"科技蓝"风格。

第四步,设置页面布局。将两个"12栅格"、一个"84栅格"、两个"66栅格"依次拖入设计页面。

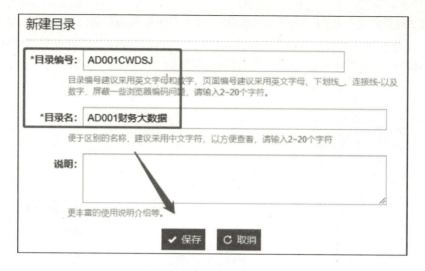

图6-18　新建目录

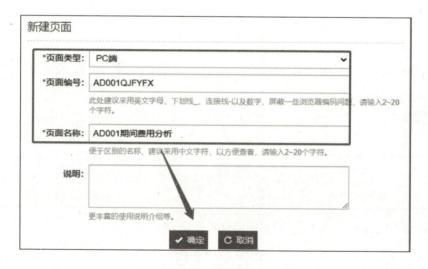

图6-19　新建页面

第五步，设置页面标题。页面标题为"期间费用分析"。单击"组件"功能项，将"标题"拖入右侧第一个"12栅格"中，录入页面标题"期间费用分析"，"Align"选择"Center"，Emphasis选择"Primary"。

第六步，设置部件布局。单击"部件"功能项，将"编号+成本要素分析参数部件"拖入第二个"12栅格"中，"高度"设置为50；将"编号+期间费用同比表格"部件拖入"84栅格"左半部分，将"编号+期间费用累计柱形图"部件拖入"84栅格"右半部分，"高度"均设置为300；将"编号+某产品期间费用构成饼形图"部件拖入第一个"66栅格"左半部分，将"编号+某产品期间费用走势折线图"部件拖入第一个"66栅格"右半部分，"高度"均设置为260；将"编号+总期间费用构成饼形图"部件拖入第二个"66栅格"左半部分，将"编号+总期间费用走势折线图"部件拖入第二个"66栅格"右半部分，"高度"均设置为260，单击"保存"按钮，单击"预览"按钮，即可查看最终展现效果，如图6-20所示。

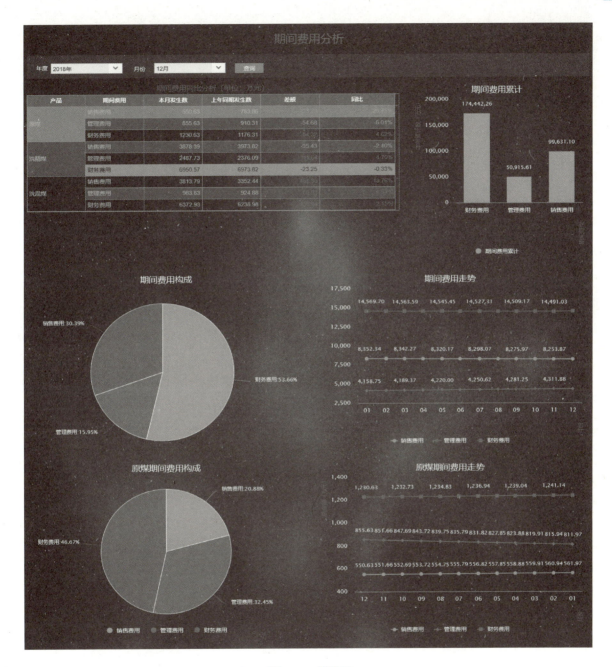

图6-20 效果图

小 结

数据可视化在大数据分析中具有非常重要的作用,尤其是从用户应用角度而言,它是提升用户数据分析效率的有效手段之一。

本章主要阐述可视化的基础知识,包括可视化的概念、原则、发展历程、重要作用;接下来介绍了可视化的主要技术,最后介绍了可视化工具,包括入门级工具、信息图表工具、地图工具、时间线工具、高级分析工具,每种工具都可以帮助我们实现不同类型的数据可视化分析,可以根据具体的应用场景选择匹配的工具。

习 题

1. 简述数据可视化的概念。
2. 数据可视化的原则是什么?
3. 数据化可视化的主要技术有哪些?分别适用于哪些场景?
4. 可视化工具主要包含哪些类型?各种的代表性产品有哪些?

数据管理篇

第7章　大数据安全

第8章　大数据思维

第9章　数据开放与共享

第10章　大数据的法律政策规范

第 7 章　大数据安全

大数据时代，数据的安全问题愈发明显。大数据因其蕴藏的巨大价值和集中化的存储管理模式，更易成为网络攻击的重点目标，针对大数据的勒索攻击和数据泄露问题日益严重，全球范围内大数据安全事件频发。大数据安全问题是人类社会在信息化发展过程中无法回避的问题，它将网络空间与现实社会连接得更紧密了，使传统安全问题与非传统安全熔于一炉，不仅给个人和企业带来了威胁，还危及和影响社会安全、国家安全。

本章首先介绍传统的数据安全问题，并指出大数据安全与传统信息安全的不同；然后讨论大数据保护的基本原则，给出了大数据时代数据安全和隐私保护的支撑技术以及对策；最后通过相关的典型案例阐述数据安全泄露带来的巨大影响，并简要介绍目前各国保护数据安全的实践。

7.1　概　　述

一般来说，数据安全主要包括两个层面：一是数据防护的安全，二是数据内容的安全。

7.1.1　大数据安全与传统信息安全的异同

从表面看，数据安全与传统信息安全在很多方面都是相似的。数据安全与传统信息安全，同样面临着病毒、蠕虫、木马等恶意攻击、黑客攻击以及软件漏洞引起的信息泄露等共性问题。然而在大数据时代，传统信息安全在丰富的应用场景，以及大数据特有的特点（比如数据类型多，来源复杂、分布式存储等）导致了信息安全的原则以及安全需求的内涵得到了展开和引申，数据安全更加关注数据全生命周期的内容安全防护及隐私保护。

传统的信息安全主要关注个人计算机、智能终端、网络服务器等用户或系统的安全防护。而在大数据时代，由于引入了数据服务提供商、云平台、智能互联网数据中心、虚拟化等新的角色及技术，带来了新的安全隐患以及威胁。政府、企业、用户的数据存储或运行在云平台或智能IDC（互联网数据中心）上，数据拥有者无法直接掌控数据的安全性。因此，提供安全管理及防护技术以保证用户数据不被滥用或损坏十分重要。

实体间的数据交互、共享与服务是大数据产业的重要应用，是对传统信息安全的引申。在丰富的应用场景下，为实体间的数据交互提供各种各样的数据安全交互技术及管理措施是数据安全的重要任务，为防止敏感信息泄露及数据非法滥用等带来的安全威胁与风险。

具体来说，大数据安全主要有以下几个方面。

1. 大数据成为网络攻击的显著目标

在网络空间中，数据越多，受到的关注也越高。一方面，大数据对于潜在的攻击者具有较大的吸引力，因为大数据不仅量大，而且包含了大量复杂和敏感的数据。另一方面，当数据在一个地方大量聚集以后，安全屏障一旦被攻破，攻击者就能一次性获得较大的收益。

2. 大数据加大隐私泄露风险

从大数据的技术角度看，Hadoop等大数据平台对数据的聚合增加了数据泄露的风险。Hadoop作为一个分布式系统架构，具有海量数据的存储能力，存储的数据量可以达到PB级别。一旦数据保护机制被突破，将给企业带来不可估量的巨额损失。对于这些大数据平台，企业必须实施严格的安全访问机制和数据保护机制。同样，目前被企业广泛推崇的NoSQL数据库（非关系型数据库），由于发展历史较短，目前还没有形成一整套完备的安全防护机制，相对于传统的关系型数据库而言，NoSQL数据库具有更高级的安全风险。例如，MongoDB作为一款具有代表性的NoSQL数据库产品，就发生过被黑客攻击导致数据库泄密的情况。另外，NoSQL数据库对来自不同系统、不同应用程序及不同活动的数据进行关联，也加大了隐私泄露的风险。

3. 大数据技术被应用到攻击手段中

大数据为企业带来商业价值的同时，也潜藏着被黑客利用的风险，可能导致企业损失。为了实现更加精准的攻击，黑客会广泛收集各类信息，包括社交网络、电子邮件、微博、电子商务平台、电话号码和家庭住址等，这些海量数据为黑客发起攻击提供了更多的机会。因此，企业在享受大数据带来的便利时，也必须加强数据安全防护，以防范潜在的网络威胁。

4. 大数据成为高级可持续攻击的载体

在大数据时代，黑客往往将自己的攻击行为进行较好的隐藏，依靠传统的安全防护机制很难被监测到。因为，传统的安全监测机制一般是基于单个时间点进行的基于威胁特征的实时匹配检测，而更高级可持续攻击是一个实施过程，并不具备能够实时检测出来的明显特征，因而无法被实时检测。

7.1.2 隐私和个人信息安全问题

传统的隐私是隐蔽、不公开的私事，实际上是个人的秘密。大数据时代的隐私与传统的隐私不同，包含的内容更多，分为个人信息、个人事务、个人领域，即隐私是一种与公共利益、群体利益无关，当事人不愿他人知道或者他人不便知道的个人信息，当事人不愿他人干涉或者他人不便干涉的个人私事，以及当事人不愿他人侵入或他们不便侵入的个人领域。隐私是个人客观存在的个人自然权利。在大数据时代，个人身份、健康状况、个人信用和财产状况以及自己和恋人的亲密过程均是隐私；使用设备、位置信息、电子邮件也是隐私；同时上网浏览记录、App、在网上参加的活动、发表及阅读什么帖子、点赞，也都是隐私信息。

大数据的价值并不单纯地来源于它的用途，而更多地源自其二次利用。在大数据时代，无论是个人日常消费等琐碎小事，还是读书、买房、生儿育女等人生大事，都会在各式各样的数据系统中留下"数据脚印"。就单个系统而言，这些细小数据可能无关痛痒，一旦它们通过自动化技术整合后，就会逐渐还原和预测个人生活的轨迹和全貌，使得个人隐私无所遁形。

哈佛大学研究显示，只要知道一个人的年龄、性别和邮编，就可以在公开的数据库中识别出此人87%的身份信息。在模拟和小数据时代，一般只有政府机构才能掌握个人数据，而如今，很多企业、社会组织也拥有海量数据，这些海量数据使敏感数据泄露的可能性加大，对大数据的收集、处理、保存不当更是会加剧数据信息泄露的风险。自从进入大数据时代以来，数据泄露事件时有发生。

7.1.3 国家安全问题

大数据作为一种社会资源，不仅给互联网带来了变革，同时也给全球的政治、经济、军事、文化、生态等带来影响，已经成为衡量综合国力的重要标准。大数据事关国家主权和安全，必须高度重视。

1. 大数据成为国家之间博弈的新战场

大数据意味着海量数量，也意味着更复杂、更敏感的数据，特别是关系国家安全和利益的数据，如国防建设数据、军事数据、外交数据等，极易成为网络攻击的目标。一旦机密情况被窃取或者泄露，就会关系到整个国家的命运。

此外，对于数据的跨国流通，若没有掌握数据主权，势必影响国家主权。因为发达国家的跨国公司或政府机构，凭借其高科技优势，通过各种渠道收集、分析、存储及传输数据的能力会强于发展中国家，若发展中国家向外国政府或企业购买其所需数据，只要买方有所保留（如重要的数据故意不提供），其在数据不完整的情形下则无法做出正确的形势研判，经济上的竞争力势必大打折扣，发展中国家在经济发展的自主权上也会受到侵犯。漫无限制的数据跨国流通，尤其是当一国经济、政治方面的数据均由他国收集、分析进而控制的时候，数据输出国会以其特有的价值观念对所收集的数据加以分析研判，无形中会主导数据输入国的价值观及世界观，对该国文化主权造成威胁。此外，对数据跨国流通不加限制还会导致国内大数据产业仰他人鼻息求生，无法自立自足，从而丧失了本国的数据主权，危及国家安全。

因此，大数据安全已经作为非传统安全因素，受到各国的重视。大数据重新定义了大国博弈的空间，国家强弱不仅以政治、经济、军事实力为着眼点，数据主权同样决定国家的命运。目前，电子政务、社交媒体等已经扎根在人的生活方式、思维方式中，各行各业的有序运转也已经离不开大数据，此时，数据一旦失守，将会给国家安全带来不可估量的损失。

2. 自媒体平台成为影响国家意识形态安全的重要因素

自媒体又称"公民媒体"或"个人媒体"，是指私人化、平民化、普泛化、自主化的传播者，以现代化、电子化的手段，向不特定的大多数或者特定的单个人传递规范性及非规范性信息的新媒体的总称。自媒体平台包括博客、微博、微信、抖音、论坛等。大数据时代的到来重塑媒体表达方式，传统媒体不再是一枝独秀，自媒体迅速崛起，使得每个人都是自由发声的独立媒体，都有在网络平台有发表自己观点的权利。但是，自媒体的发展良莠不齐，一些自媒体平台上垃圾文章、低劣文章层出不穷，甚至一些自媒体为了追求点击率，不惜突破道德底线发布虚假信息，受众群体难以分辨真伪。网络舆情是人民参政议政、舆论监督的重要反映，但是网络的通达性使其容易受到境外敌对势力的利用和渗透，削弱了国家主流意识形态的传播，对国家的主权安全、意识形态安全和政治制度安全都会产生很大的影响。

7.1.4 数据采集及治理的安全问题

一般来说，大数据包括政府及公共大数据、企业大数据以及个人大数据。政府及公共大数据包含的敏感信息一旦被滥用将成为影响社会稳定的安全隐患；企业大数据包含的敏感信息如果被滥用将带来商业利益的冲突及纠纷；个人大数据囊括了个人敏感信息以及各种行为的细节记录，被非法使用将成为侵犯个人隐私和私人财产，甚至危及人身安全的隐患。这些大数据在采集、传输、存储、挖掘、分析、处理、交互、服务各环节都可能出现数据安全问题。

1. 政府及公共大数据

政府及公共大数据是政府所拥有和管理的数据，如公安、交通、医疗、卫生、就业、社保、地理、文化、教育、科技、环境、金融、统计、气象等数据，也包括因管理服务需求而采集的外部大数据，如互联网舆论数据等，一般分为五类：

①拥有政府资源权利才有可能采集到的数据，如税收类、财政类等数据。

②利用政府资源权限才有可能汇总或获取的数据，如建设类、农业类、工业类等数据。

③事业单位产生的数据，如城市建筑管理、交通设施管理、医院信息系统管理、教育资源及管理等数据。

④政府监管职责所拥有的数据，如人口普查、食品药品管理等数据。

⑤政府部门提供服务的数据，如社保、水电、教育信息、医疗信息、交通路况、公安等数据。

这些数据的采集通常是由相关政府下属机构或事业单位负责，它们通过网络与政府信息系统进行传输，或将数据直接存放在各个分支机构中。一方面，这些机构及单位的分散性以及与政府信息中心管理方法的不一致性，有可能出现交互及管理漏洞；另一方面，内部人员或机器直接接触到数据也直接影响数据的机密性，这些政府及公共大数据可能携带与社会及国家机器相关的敏感信息，如果被非法使用或泄露将影响国家信息安全，并成为影响社会稳定的安全隐患。

2. 企业大数据

企业大数据的采集方法也很多，通常有以下几种：

（1）工业远程数据采集

在工业生产设备中，利用计算机固定终端或移动终端实时、高效地进行数据采集及录入，可同时解决设备远程监控、调试运维问题。然而，远程采集及接入也带来了互联网、无线网络和移动网络等网络安全问题以及工业生产自身特殊的安全管控问题。例如，在智能制造环境下的工控系统中，引入工业大数据采集及控制模块。如没有进行有效的网络信息安全及数据安全防护措施，工业网络IP化就为非法入侵提供了攻击途径，增加了工控系统遭受网络非法入侵和恶意攻击的风险。

（2）基于物联网的大数据采集

物联网是实现物物相连的一种新的网络连接形态，是现代电子信息技术和网络技术深度融合发展的产物。通过物联网前端感知设备，采集目标物体的动态信息，实现物理世界与信息世界的无缝衔接，为各行各业提供新的应用模式，是实现智慧城市及智能生产的重要环节。然而IoT网络上的数据采集也面临一些安全挑战，智能传感监测节点和直接控制IoT网络的各种设备以及多源异构数据的实时采集，数据间都有可能存在频繁的交互与协同工作，具有强冗余性和互补性。然而，采集点也可能成为黑客攻击的目标。物联网感知设备虽然为物主提供了便捷的监控能力，但同时也容易被其他非授权的个人或设备所探测和捕获。攻击方可以通过采集点向IoT设备发动分布式拒绝服务攻击或其他恶意攻击,劫持甚至摧毁联网的感知设备,如网络摄影机、监测和报警、智能生产设备等。而且,由于各行各业、社会组织间数据的频繁交互,任何一家企业数据发生泄露,随时可能危及其他组织或整个行业。IoT数据采集的时效、交互及安全特性关系整个信息系统的安全性,重要性不言而喻。

(3)行业大数据采集

行业大数据的采集通常包括企业内部数据的采集以及企业间互操作产生数据的交互采集。企业内部的数据采集一般在企业内网中完成,安全的威胁主要由内网的安全技术及管理的漏洞产生,如权限管理漏洞等。企业间互操作的交互数据采集,如果在专网或公网上通过建立基于Web Service的数据采集系统进行,利用现有的安全套接层和基于安全套接层的超文本传输协议可获得链接安全,保证数据传输的安全性,但并没有提供对敏感数据的脱敏防护。

3. 个人大数据

个人大数据通常是通过用户客户端与服务器端之间的交互来完成。最常见的方法是通过客户端进行数据采集。通常利用安卓、iOS或Windows的用户客户端进行用户应用及行为数据的采集,然后发送给服务端,再进行存储和分析。采用这种方式的数据采集可能带来个人隐私泄露等数据安全问题(见图7-1),主要包括以下三点:

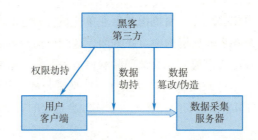

图7-1 数据采集及传输中可能带来的安全与隐私问题

(1)数据的隐私性问题

如果不采用任何安全保护措施,数据在传输过程中可能会被截获,导致用户隐私泄露。另一方面,一些客户端应用程序(如App)下载安装时便默认设置可获得用户隐私的权限,或被入侵的木马更改权限。例如,通过基于位置服务,每个人的地理位置、去过哪些地方,都会被详细记录和收集起来。因此用户不做设置或不更改应用程序的访问权限,就会造成隐私泄露或者被劫持控制。

(2)数据的可信性问题

数据在传输过程中也可能被黑客或者恶意第三方劫持及伪造,这种伪造可能是直接利用传输中的API,也可能是模拟App或木马,篡改或伪造数据,影响数据的真实性。

(3)数据的完整性问题

采用客户端采集数据时,为了保证不影响用户的体验,一般在本地终端先进行缓存,然后再打包压缩并通过公网进行传输。如果客户端承载的网络因某种原因传输不成功,则数据会累积在本地的缓存中。由于缓存空间有限或数据传输过程中客户端遭遇中断,可能会导致部分数据丢失,这不仅影响数据采集的完整性和时效性,还会降低数据的准确性。

7.1.5 数据存储与管理的安全问题

大数据可通过云计算平台存储在云端，在基于云计算的大数据存储架构中，数据安全是云存储安全的一个重要问题。用户数据存储在云端可能出现被窃取、丢失等现象，导致信息泄露，将给企业和用户带来不同程度的经济损失。一般来说，基于云计算的云端数据存储方法，如果采取数据托管的应用模式，也就是说，将数据托管在网络运营商等商业机构提供的云服务器中，采用云端安全接入技术，用户通过有效的账户名和密码可对数据进行访问，根据其权限进行存取等操作，但是仍旧可能存在风险。数据存储的安全与隐私如图7-2所示。

图7-2 数据存储的安全与隐私

①如果用户的文档不进行加密存储，也就是说，以明文形式存于云端服务器，一旦云端服务器在技术或管理上存在安全漏洞，用户的数据就存在被非法阅读、窃取、篡改及伪造的风险。

②用户的文档存放在云服务器中，云服务提供商的业务转型、云服务器的可靠性问题，或缺少容灾备份功能，都有可能造成数据损坏丢失。

为了解决这个问题，可以采取一些措施来加强数据的安全性。例如，可以使用加密技术来保护数据，使其在传输或存储时不易被窃取。可以使用安全的网络架构和数据库系统，并对访问数据的用户进行身份验证和授权，以防止未经授权的人员访问数据。此外，还可以定期进行数据备份，以应对灾难性数据丢失的情况。

总之，确保数据存储与管理的安全是非常重要的，需要采取多种措施来确保数据安全性。

7.1.6 数据分析及处理的安全问题

在大数据时代，可通过对数据的采集、识别、提取等处理形成有价值的关联信息及知识，该过程涉及数据智能分析技术。人工智能技术的发展，使得数据智能分析挖掘及处理能力变得越来越强大，许多看似不相关的数据可能被有机地联系起来，形成有价值的关联特征。例如，如果将某人的上网浏览记录、聊天内容、购物过程、好友群和其他记录数据关联在一起，就很大程度上可分析出其阅读及消费偏好和习惯，商家利用这些关联信息便可预测出其潜在的消费需求，提前为其提供必要的信息、产品或服务。进一步讲，如果再将其个人信息以及移动接入的网络信息，包括手机号码、智能终端的硬件标识位置信息关联起来，就能勾画出某人的个人综合信息及行为轨迹，形成其个人画像。然而，这些过程伴随着个人隐私的曝光和泄露，带来一定的安全威胁及风险。值得指出的是，黑客也可同时拥有数据智能分析技术，分析挖掘所需的关联信息，给用户带来安全隐患或威胁。

7.1.7 数据交互、共享与服务的安全与隐私

实体间的数据交互、共享与服务构成了大数据产业的核心应用。这些应用场景丰富多样，其数据交互及共享方式取决于具体的应用需求和商业模式。然而，在实际操作中，若未实施有效的隐私保护措施，可能会导致敏感信息的泄露，从而引发安全威胁与风险。图7-3给出一种三个实体间数据交互应用场景。

图7-3　三个实体间的数据交互应用场景

场景1：实体1（用户）向实体2（某企业）订购产品，订购过程需与实体3（银行）交互，完成交付。如果不进行敏感信息保护，将造成用户向银行透露了购买产品的具体信息，用户向企业透露了其银行账号的具体信息。订购产品的泄露将导致商业秘密的公开，银行账号的信息泄露将暴露个人的敏感信息。

场景2：实体1、实体2和实体3之间的共享数据，由于需求不同，实体1提供给实体2的数据版本及信息与提供给实体3的数据版本及信息不完全相同，如果不进行数据脱敏保护以及权限控制，汇总实体2和实体3得到的数据和信息，实体1的数据集信息就可能全面泄露，分别影响实体1与实体2以及实体1与实体3间的商业合约及承诺的实施。

7.2　大数据保护的基本原则

目前，我国在大数据保护方面的政策法规尚不完善，建章立制并非朝夕之间即可完成，但基本原则的指导是必不可缺的。保护大数据，应该在"实现数据的保护"与"数据自由流通，合理利用"这两者之间寻求平衡。一方面要积极制定规则，确认与数据相关的权利。另一方面要努力构建数据平台，促进数据的自由流通和利用。大数据保护的基本原则包括数据主权原则、数据保护原则、数据自由流通原则和数据安全原则。

7.2.1 数据主权原则

数据主权原则是大数据保护的首要原则。数据是关系到个人安全、社会安全和国家安全的重要战略资源。大数据时代,无论是在经济发展和国家建设方面,还是在社会稳定方面,世界各国对数据资源的依赖越来越多,国家之间竞争和博弈的主战场也从传统领域逐渐转向大数据领域。数据主权原则指的是一个国家独立自主地对本国数据进行占有、管理、控制、利用和保护的权力。数据主权原则对内体现为一个国家对其管辖地域内任何数据的生成、传播、处理、分析、利用和交易等环节拥有最高权力,对外表现为一个国家有权决定以何种程序、何种方式参加到国际数据活动中,并有权采取必要措施保护数据权益免受其他国家侵害。

7.2.2 数据保护原则

数据保护原则的主旨是确认数据为独立的法律关系客体,奠定构建数据规则的制度基础。在这样的原则下,数据的法律性质和法律地位得以明确,从而使数据成为一种独立利益而受到法律的确认和保护。具体而言,数据保护原则包含两个方面的含义:第一,数据不是人类的"共同财产",数据的权属关系应该受到法律的调整,法律须确认权利人对数据的权利;第二,数据应该由法律进行保护,数据的流通过程须受到法律的保护,规范合理的数据流通不仅能确保数据的合理使用,同时还能促进数据的再生和再利用。

因此,数据保护原则通常包括以下几个方面:

①合法性:在处理个人信息时,必须遵守法律和法规的规定。
②适用性:只有在符合法律规定的情况下,才能处理个人信息。
③正当性:在处理个人信息时,必须有合理的理由和目的。
④限制性:对个人信息的处理必须限制在必要的范围内。
⑤正确性:个人信息必须准确无误,如果发现有错误,应当及时更正。
⑥完整性:个人信息必须完整,不能缺少重要内容。
⑦可用性:个人信息必须可以被合法使用。
⑧保密性:个人信息必须保密,不能泄露给第三方。

7.2.3 数据自由流通原则

所谓的数据自由流通原则是指法律应该确保数据作为独立的客体能够在市场上自由流通,而不对数据流通给予不必要的限制。这一原则主要体现在两个方面:一是促进数据自由流通、数据作为一种独立的生产要素,只有充分流通起来,才能够促进社会生产力的发展;二是反对数据垄断,对于那些利用数据技术优势来阻碍数据自由流通的行为,应该予以坚决抵制。为了确保数据共享的顺利实现,要积极贯彻落实数据自由流通原则,才能在全球范围内消除数字鸿沟,建立国际数据共享的新秩序。由于各个国家或地区在信息技术发展方面存在严重不平衡,这就使得数据的获取和使用出现严重的地区差异,进而影响到数据在全球范围的自由共享。因此,为实现数据共享,要坚持数据自由流通原则,加强政府对数据共享的宏观控制能力,在数据共享的发展战略上保持适度超前的政策管理,建立促进数据共享的政策法规制度,加强信息技术的共享。

7.2.4 数据安全原则

数据安全原则是指通过法律机制来保障数据的安全,以免数据面临遗失、不法接触、毁坏、利用、变更或泄露的危险。从安全形态上讲,数据安全包括数据存储安全和数据传输安全。从内容上讲,数据安全可分为信息网络的硬件、软件的安全,数据系统的安全和数据系统中数据的安全。从主体角度看,数据安全可以分为国家安全、社会数据安全、企业数据安全和个人数据安全。具体而言,数据安全包括以下几个方面的含义。第一,保障数据的真实性和完整性,既要加强对静态存储的数据的安全保护,使其不被非授权访问、篡改和伪造,也要加强对数据传输过程的安全保护,使其不被中途篡改、不发生丢失和缺损等。第二,保障数据的安全使用,数据及其使用必须具有保密性,禁止任何机构和个人的非授权访问,仅为取得授权的机构和个人获取和使用。第三,以合理的安全措施保障数据系统具有可用性,可以为确定的合法授权使用者提供服务。

具体的安全措施可以从以下几个方面考虑:

①数据加密:对数据进行加密处理,以防止数据被未经授权的人访问和窃取。
②数据审查:定期审查数据,以发现和修复潜在的安全漏洞和问题。
③数据备份:定期备份数据,以防止数据丢失和破坏。
④访问控制:对数据进行访问控制,只允许被授权的人访问和处理数据。
⑤安全策略:制定和实施合适的安全策略,以确保数据的安全性。

7.3 数据安全与隐私保护的支撑技术

数据安全的重要性已经毋庸置疑,目前支撑数据全生命周期安全防护的技术也比较成熟。这里我们重点介绍密码学基础及关键技术、公钥基础设施、数字证书以及访问控制等技术和方案。

7.3.1 密码学基础及关键技术

密码学是语言学、数学、计算机科学以及通信理论与技术的重要分支,随着现代信息技术及应用的高速发展,密码学已成为一门综合性尖端技术科学,以及信息与网络通信的重要支撑技术。密码学由密码编码学和密码分析学构成,通过提供数据机密性、数据完整性、身份与属性鉴别、数字签名以及抗否认等算法,支撑数据安全的防护体系,是数据安全与隐私保护的核心理论基础。

下面主要介绍几种常见的密码学的关键技术。

1. 数据加密技术

数据加密技术是一个利用加密密钥通过加密算法将明文信息转换成密文信息的处理过程,收到密文的接收方利用解密密钥通过解密算法还原成明文。加密技术是网络与信息安全的基础,在密码学中,加密与解密的过程如图7-4所示。

图7-4 加密与解密过程

通常将加密算法和解密算法通称为密码算法,并分为对称密码算法和非对称密码算法两大类。

(1) 对称密码算法

在对称密码算法中,加密运算使用同一把密钥,对称密码模型如图7-5所示。

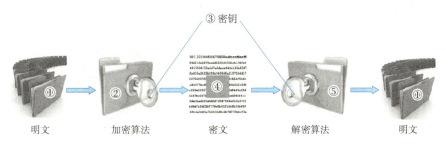

注:③密钥 = 加密密钥 = 解密密钥,加密算法② = 解密算法⑤

图7-5 对称密码模型

图中对称密码模型由五部分组成:①明文;②加密算法;③密钥;④密文;⑤解密算法。由于加密算法与解密算法采用同一算法,加密密钥与解密密钥为同一把密钥,故称为对称加密算法,常见的对称加密算法有AES、3DES以及国密SM4。

对称密码算法的优点是加密和解密速度快,适用于直接对大量数据进行加密。其保密性主要取决于密钥的安全性,发送及接收双方需要事先约定共有密钥。如何在公开及分布的计算机网络上安全、大量产生、保管以及分发密钥是一个挑战,且由于对称密码算法中双方使用相同密钥,因此无法实现数据签名和不可否认性等功能。

(2) 非对称密码算法

非对称密码算法与对称密码算法不同,它具有两把不同密钥,一把称为公钥,另一把称为私钥。两把相关的密钥形成一对密钥,根据应用需要,任何一把都可以用于加密,而另外一把则用于解密。非对称密码模型如图7-6所示。

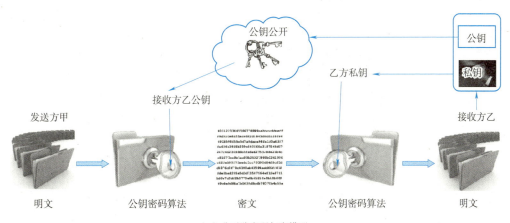

(a) 非对称密码加密模型

图7-6 非对称密码加解密模型

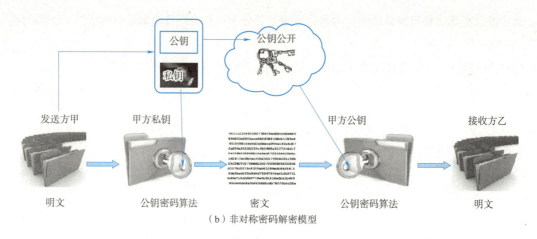

（b）非对称密码解密模型

图7-6 非对称密码加解密模型（续）

非对称密码算法的特点是用公钥加密的文件只能用私钥解密，而用私钥加密的文件只能用公钥解密。公钥是公开存放的，所有的人或实体都可得到它。私钥是私有的，而不应被其他人或实体获得，且需保持机密性。非对称密码算法又称为公钥密码算法。

2. 完整性校验技术与散列算法

数据完整性是用于评测数据在存储、传输、交互以及分享各个环节中，是否部分损坏、丢失或者篡改，目的是确保数据在整个生命周期各环节中的一致性。完整性校验技术是网络通信的重要支撑技术，更是数字签名及区块链的核心算法基础。

消息摘要算法也称为数字摘要算法，它是一种把任意程度的输入消息串变化成固定长度的输出串的函数，是一个单向函数。消息的转化是一个不可逆的过程。消息摘要算法模型如图7-7所示，它可以带有密钥，也可以不带密钥，是消息完整性检验的核心。

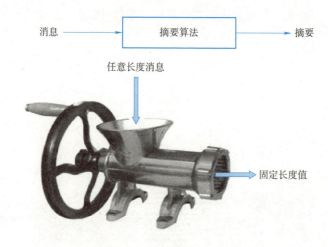

图7-7 消息摘要算法模型

一般完整性校验机制通过消息鉴别机理来实现。而消息鉴别可利用带密钥消息摘要算法形成消息鉴别码，或利用不带密钥的散列函数形成散列码对消息进行完整性校验。

（1）消息鉴别码

消息鉴别码也称密码校验和，是一种带密钥的消息摘要算法。图7-8 给出了消息鉴别码的一般鉴别模型，其鉴别原理是，通过消息摘要算法和密钥K将要传送的消息转化为一个固定长度的消息鉴别码，将该消息鉴别码作为鉴别标识加入到要传送的消息中，接收方利用与发送方共享的密钥K以及约定的同一消息摘要算法对收到的消息M在本地产生一个消息鉴别码，将其收到的消息鉴别码进行比对，如果它们相同，可认为收到的消息在传输过程中没有被篡改，从而鉴别了消息的完整性，否则认为收到的消息不完整或被篡改过。

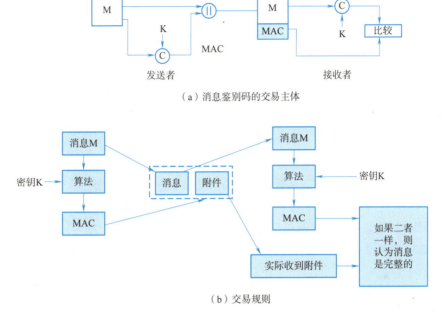

图7-8　消息鉴别码的一般鉴别模型

需要特别说明的是，消息鉴别码仅用于鉴别消息M的完整性及可靠性，即保证信息没有被篡改，不是虚假或伪造的消息，但并不保证M被传输的保密性。

（2）散列函数

散列函数又成杂凑函数或哈希函数，是一种不带密钥的消息摘要算法，它将任意长度输入变换成固定长度的输出，该输出称为散列值。目前散列函数作为区块链的核心算法得到广泛应用，为区块链技术提供重要的密码学支撑。该变换是一种压缩映射，也就是说，散列值的空间通常远小于输入的空间，不同的输入数据可能会产生相同的散列值，这种现象称为碰撞，由于碰撞的存在，仅凭散列值来确定唯一的原始输入数据是不可能的。

同样，需要特别说明的是，散列函数是单向函数，仅用于鉴别消息M的完整性及可靠性，即保证信息没有被篡改和伪造，但并不保证M被传输的保密性。

3. 数字签名技术

提出数字签名的目的是保证信息传输过程的完整性，防止信息交互中发生抵赖，即防止发送方否认已发送报文以及接收方伪造报文。数字签名模型如图7-9所示。

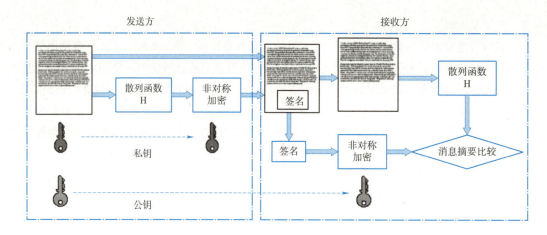

图7-9 数字签名模型

数字签名的产生及鉴别过程如下：

①发送方产生一对密钥，安全保存其私钥，将公钥向公众公开（包括接收方）。
②发送方利用散列函数将要发送的消息转为消息摘要。
③用发送方私钥将消息摘要加密，形成数字签名，并与消息一起传送给接收方。
④接收方在本地利用同一款散列函数将收到的消息部分转为消息摘要。
⑤接收方利用发送方的公钥解密收到的签名部分，得到消息摘要。
⑥将本地产生的消息摘要与解密得到的消息摘要对比，如果相同，则可以断定：收到的消息是完整的，在传输过程中没有被修改，否则消息被修改过。"签名"说明消息确实为持有公钥的发送方发出。

7.3.2 公钥基础设施

公钥基础设施（public key infrastructure，PKI）是一种信息安全技术。它是建立在公钥密码技术基础上的安全基础设施，可提供公钥加密和数字签名等安全服务。采用PKI架构可以进行密钥和数字证书的自助管理，建立一个安全的网络环境。使各实体或用户可以在多种应用环境下便捷地使用加密和数字签名技术，从而保证网络数据的机密性、完整性、有效性以及不可否认性。一般来说，PKI采用数字证书管理公钥，通过第三方可信任的认证机构，把实体的公钥和实体的其他标识信息捆绑在一起，使其他实体在互联网验证该实体的身份。PKI将公钥密码和对称密码有机结合起来，在互联网实现密钥的自动管理，并保证数据的安全传输。

通常，PKI的体系结构主要包括以下几个方面：

1. 认证机构

CA是数据证书的签发机构，它负责颁发及管理PKI体系下所有实体的数字证书，是PKI的核心、权威、可信任、公正的第三方认证机构，同时管理实体数字证书的黑名单登记和黑名单发布。注册机构分担CA的功能，增强可扩展负责证书申请者的信息录入、审核以及数字证书发放等工作，也可由CA直接实现。PKI的证书管理及密钥管理如图7-10所示。

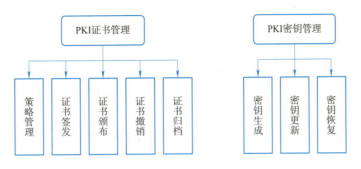

图7-10 PKI的证书管理及密钥管理

2. 数字证书和数字证书库管理

数字证书是一个经由CA证书授权中心利用数字签名技术签发的数字文件，其格式采用ITU-T X.509国际标准，它包含数字证书持有者的公钥、名称、CA中心的数字签名以及有效时间段等信息，见表7-1。

表7-1 X.509数字证书基本内容

内　　容	说　　明
版本V	X.509版本号
证书序列号	用于标识数字证书
算法标识符	签名数字证书的算法标识符
参数	算法规定的参数
颁发者	数字证书颁发者的名称及标识符（X.500）
起始时间	数字证书的有效期
终止时间	数字证书的有效期
持证者	数字证书持有者的姓名及标识符
算法	数字证书的公钥算法
参数	数字证书的公钥参数
持证人公钥	数字证书的公钥
扩展部分	CA对该数字证书的附加信息，如密钥的用途
数字签名	CA使用私钥对数字证书的签名

数字证书库管理，主要包括数字证书的更新、存放及数字证书历史档案服务，提供给公众查询；也包含数字证书作废处理系统，通过数字证书作废列表（CRL）管理数字证书作废及终止使用等功能。

3. 密钥备份及恢复管理

密钥备份及恢复管理主要提供密钥的生成、更新、备份及恢复服务。一般说来，前面密钥对的生命期较长，而加密密钥对的生命期较短，主要用于分发会话密码，密钥更换频繁。为防止密钥丢失时丢失数据，解密密钥应进行备份。

4. 多个PKI间的交叉认证

在一般情况下，每个公钥基础设施（PKI）系统独立运作。然而，当面临扩展性需求，例如移动漫游业务时，多个PKI系统可以通过交叉认证来建立相互之间的信任和互联关系。这种交叉认证机制允许不同的PKI系统之间共享信任根，从而实现跨系统的安全认证和数据交换。

5. 时间戳

由CA管理的时间戳是一个可信的时间权威，提供给各实体作为参照"时间"，协同完成PKI的各种事务处理。要求实体在需要的时候向CA请求文档上盖上时间戳，时间戳涉及对时间和文档内容的数字签名，CA签名可为相关服务提供真实性和完整性服务。

6. 不可抵赖机制

PKI系统主要通过数字签名技术提供不可抵赖性服务。进行数字签名时，签名私钥只由签名者掌控，因此签名者就不能否认由其签署的文档。

7.3.3 数字证书

数字证书是一种用于识别和认证网络实体的数字凭证。它通常由一个第三方机构（数字证书颁发机构）颁发，用于证明一个网络实体的身份。数字证书可以用来保护大数据安全，例如在数据交换过程中使用数字证书来验证数据的合法性。

数字证书具有以下三个特点：

1. 安全

当用户申请证书时，计算机上会有两个不同的证书用于验证用户的交互信息。如果您的计算机以其他方式使用，则用户必须获得证书以验证计算机的使用。即使有人偷了你的证书，它也不能被备份或获取用户账户信息，从而保证了账户信息的安全性。

2. 独特性

数字证书根据用户的身份授予相应的访问权限。如果将计算机更改为登录账户，则用户将无法执行备份证书，并且只能执行该操作以验证账户信息。数字证书是一个公钥，只有一个密钥可以解锁，这是一个独特的体现。

3. 便利性

数字证书可以直接由CA中心用户打开而不需要数字证书，这是非常可靠的。它可以有效地保证数据信息网络的安全，在用户浏览数据信息网络或进行在线交易时使用数字证书。

信息的发送者对要传输的信息进行加密，而在互联网上传输的信息就是加密的信息。信息的接收者接收加密信息并对其进行解密，这就是网络信息加密技术的原理，具体工作原理如图7-11所示。

在大数据处理中，数字证书也可以与公钥基础设施（PKI）配合使用，以保护数据在发送者和接收者之间传输的安全性。

7.3.4 访问控制

访问控制是一种通过对资源的访问、获取和操作进行身份验证和授权管理，使资源能够在合法范围内被使用或受限使用的技术，是维护网络安全、数据安全的重要措施。

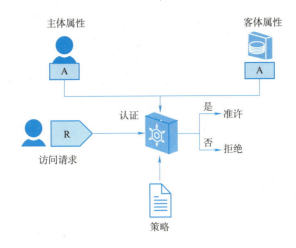

图7-11　网络信息加密技术工作原理

访问控制是主体根据策略对客体进行不同权限访问的过程，主要包括五大要素：主体、客体、认证、授权以及策略。

①主体。主体是能够访问客体的实体，包括人、进程或者设备等具有能够访问客体属性的实体，主体可以在系统中执行操作、在客体之间传递信息或者修改系统状态。

②客体。客体是系统中需要被保护的实体的集合，包括文件、记录、数据块等静态实体，也包括进程等可执行指令的实体。

③认证。认证是指访问控制客体对主体进行身份确认的过程，从而确保主体具有其所请求的权限。

④授权。授权是指授予某个主体对某资源的访问权限的过程，强调的是某个主体可以对某资源进行哪些操作（读、写、执行等）。

⑤策略。策略是指主体对客体访问的规则集合，规定了主体对客体可以实施读、写和执行等操作以及客体对主体的条件约束。策略体现的是一种授权行为，授予主体对客体何种类型的访问权限，这种权限应该被限制在规则集合中。

有效的访问控制保证只有经过授权的主体才能够在权限范围内访问客体，未经授权的主体禁止访问客体，能够很好地防止隐私信息的泄露和权限的滥用。

7.4　数据安全与隐私保护的对策

在当前生活中，人们已经无法离开智能手机。大家不仅能够通过智能手机进行通信，更为重要的是可以通过智能手机获取所关心的信息。很多手机软件服务随着智能手机普及后也逐渐增加，而一些新开发的软件，最开始都是免费供用户体验使用。互联网公司并不是在做亏本买卖，而是利用用户浏览网页的实时用户数据来获取利润。在当前发展阶段中，用户的信息容易暴露在互联网公司面前，所以怎样提高用户的信息安全意识，维护个人隐私权不受侵犯是一个亟待解决的重要问题。

7.4.1 使用隐私保护技术

对于数据加密技术,要选择最新、最复杂的算法对数据进行加密,使加密后的数据存储与应用更加安全。当然,解密时也要匹配高强度的密钥,不给违法犯罪分子留有可乘之机。只有这样才能够最大限度地保障数据的安全,有效降低数据泄露风险。在发布数据信息的时候,可以选择匿名等方式来传播,以此来保护数据信息传输过程中的安全。

7.4.2 定期备份数据

定期备份数据是将数据在一定的时间间隔内备份到另一个安全的地方,以防止数据丢失。当数据发生损坏或丢失时,可以通过恢复备份数据来保护数据安全。为了保证备份数据的完整性和可用性,应该定期进行备份,并对备份数据进行审计和测试,确保备份数据可以用于恢复。

定期备份数据是保护数据安全的重要手段,应该纳入数据安全管理体系中。

7.4.3 定期审计数据安全状态

定期审计数据安全状态是指定期对数据安全进行审计,以确保数据安全。定期审计数据安全状态可以及时发现和解决数据安全问题,保证数据安全。

审计数据安全状态包括对数据安全管理体系进行审计,检查数据安全管理制度和流程是否规范、有效,以及对数据安全措施进行审计,检查数据安全措施是否正确实施、有效。

定期审计数据安全状态是保护数据安全的重要手段,应该纳入数据安全管理体系中,并制定审计计划和方案,确保审计工作得到有效实施。

7.4.4 注重对大数据和隐私保护的监督和管理

从法律角度上来看,各相关部门要进行有效调研,在此基础上尽快有针对性地进行相关立法,要做到法律要跟随社会的发展,对新型的事物及时地做出反应,起到良好的监督与制约的作用。同时,要不断完善有关大数据保护和隐私保护的相关法律体系,从法律上为用户维权提供有效保障。除此之外,相关监管部门要强化对大数据和隐私保护的监督和管理,如果发现问题要及时进行处理,最大限度地维护用户的合法权益。把事前、事中以及事后监督密切联系起来,完善个人隐私信息保护机制,设置合理的进入权限,对互联网企业的操作和运行行为进行有效监督,降低其发生违规行为的概率;如果通过监督发现确实存在此种行为,就要强制进行制止,并且对涉事企业进行相应的处罚。要使有效的监管深入数据应用环节的各个方面,从源头开始监管与治理,要始终树立事前监督、事中监督、事后监督同样重要的思维。发现问题及时处理,确保用户的个人隐私及相关数据处于一个相对安全的网络环境中,最大程度地避免数据泄露和隐私泄露的危险,不给违法犯罪分子留有可乘之机。

小 结

大数据的安全问题,不仅关系到公民的个人隐私,更关系到社会安全甚至国家安全。大数据时代,海量的数据,更容易诱发安全问题,一旦发生安全问题,后果将不堪设想。本章从大数据处理基本流程的安全开始阐述,讲解了大数据保护的基本原则,大数据安全的支撑技术以及数据安全保护的对策,从不同角度讲述人类在数据安全方面做出的努力。

习 题

1. 大数据安全与传统信息安全的异同是什么?
2. 大数据保护的基本原则是什么?
3. 数据安全与隐私保护的支撑技术有哪些?并进行简单阐述。
4. 数据安全与隐私保护的对策有哪些?并进行简单阐述。

第 8 章　大数据思维

在大数据时代，数据就是一座"宝藏"，而思维是打开宝藏的大门钥匙，只有建立符合大数据时代发展的思维，才能最大程度地挖掘出数据的潜在价值。所以，大数据的发展，不仅取决于大数据的资源的扩展，还取决于大数据的应用，更取决于大数据思维的形成。只有具备大数据思维，才能更好地运用大数据资源和大数据技术。也就是说，大数据发展必须是数据、技术和思维三大要素的联动。

本章首先介绍传统的思维方式，并指出大数据时代需要新的思维方式，然后介绍大数据思维方式，最后给出运用大数据思维的具体实例。

8.1　传统的思维方式

传统的思维方式可以定义为机械思维，可以追溯到古希腊，它是思辨的思想和逻辑推理的能力，通过这些从实践中总结出基本的结论，然后通过逻辑继续延伸，最有代表的是欧几里得的几何学和托勒密的地心说。

目前，大多数学者，普遍都遵循机械思维。如果把他们的方法论做一个简单的概括，其核心思想有两点：一是需要有一个简单的元模型，这个模型可能是假设出来的，然后再利用这个元模型构建复杂的模型；二是整个模型要和历史数据相吻合，被广泛地应用在动态规划管理学上。

另外一个典型的机械思维的案例是牛顿的方法论，核心思想可以概括成三点：

第一，世界变化的规律是确定的；

第二，因为有确定性做保障，因此规律不仅可以被认识，而且可以用简单的公式或者语音描述清楚。这一点在牛顿之前，大部分人不认可。

第三，这些规律应该是放之四海皆准的，可以应用到各种未知领域指导实践，这种认知是在牛顿之后才有的。

上述这些都是机械思维中积极的部分。机械思维更广泛的影响是作为一种准则指导人们的行为，其核心思想可以概括成确定性（或者可预测性）和因果关系。牛顿可以把所有天体运动的规律用定律讲清楚，并应用到任何场合都是正确的，这就是确定性。类似地，当我们给物体施加一个外力时，就获得了一个加速度，而加速度的大小取决于外力和物体本身的质量，这是一种因果关系。没有这些确定性和因果关系，人们就无法认知世界。

8.2 大数据时代的思维方式

在大数据时代,机械思维的局限性越来越明显,并非所有的规律都可以用简单的原理来描述,同时不确定性也无处不在。因此,如何在承认不确定性的情况下,在科学上有所突破,或者把事情做得更好,这就需要一种新的方法论的诞生。

因此,大数据,不仅是一次技术革命,同时也是一次思维革命。从理论上来说,相对于人类有限的数据采集和分析能力,自然界和人类社会存在的数据是无限的。以有限对无限,如何才能慧眼识珠找到人们所需的数据,无疑是一种思维的指引。因此,就像经典力学和相对论的诞生改变了人们的思维模式一样,大数据也在潜移默化地改变人们的思想。

《大数据时代:生活、工作与思维的大变革》一书中明确指出,大数据时代最大的转变就是思维方式的转变:全样而非抽样、效率而非精确、相关而非因果。此外,人们解决问题的思维方式,正在朝着"以数据为中心"以及"我为人人,人人为我"的方式迈进。

8.2.1 全样而非抽样

过去,由于数据采集、数据存储和处理能力的限制,在进行科学分析中,通常采用抽样的方法,即从全集数据中抽取一部分样本数据,对这些样本数据进行处理分析,来推断出全集数据的总体特征。抽样的基本要求是要保证所抽取的样品单位相对全部样品具有充分的代表性。抽样的目的是从被抽取样本的分析、研究结果来估计和推断全部样本的特性,是科学实验、质量检验、社会调查等普遍采用的一种经济有效的工作和研究方法。通常,样本数据规模要比全集数据小很多,因此,可以在可控的代价内实现数据分析的目的。例如,假设要计算洞庭湖中银鱼的数量,可以对10 000条银鱼打上特定的记号,然后再将这些鱼均匀地投放到洞庭湖中。一段时间后进行捕捞,在捕捞上来的10 000条银鱼中,发现4条有特定记号,那么可以推断出,洞庭湖大概有2 500万条银鱼。

抽样分析方法有优点也有缺点。抽样保证了在客观条件达不到的情况下,可能得出一个相对靠谱的结论,提供一定的参考价值。但是,抽样分析的结果具有不稳定性,例如,上述的洞庭湖银鱼数量的统计,有可能今天捕捞到的银鱼中存在4条打了特定记号的银鱼,明天去捕捞可能会包含400条打了特定记号的银鱼,这给统计结果带来了很大的不稳定性。

在大数据时代,大数据技术的核心就是对数据能够进行实时采集、存储和处理。传感器、手机导航、网站单击和微博等都能实时收集大量数据,分布式文件系统和分布式数据库技术,提供了理论上近乎无限的数据存储能力,分布式并行编程框架MapReduce提供了强大的海量数据并行处理能力。因此,有了大数据技术的支持,科学分析完全可以直接针对全集数据而不是抽样数据,并且能够在短时间内迅速得到分析结果,速度之快,超乎想象。比如谷歌公司的Dremel可以在2~3 s内完成PB级别数据的查询。

8.2.2 效率而非精确

过去,采用抽样分析的方法,就必须追求分析方法的精确性,因为抽样分析只是针对部分样本的分析，其分析结果被应用到全集数据以后，误差极其容易被放大，这就意味着，抽样分析的极小误差，被放大到全集数据以后，可能就会变成一个很大的误差，导致出现"失之毫厘谬以千里"的现象。因此，为了保证误差被放大到全集数据时仍然处于可以接受的范围，就必须确保抽样分析结果的精确性。正是由于这个原因，传统的数据分析方法往往更加注重结果的精确性，其次才是效率。而现在，大数据时代采用的是全样分析，分析结果就不存在误差被放大的问题，因此，追求高精确性已经不是其首要目标。相反，大数据时代具有"秒级响应"的特征，要求在极短时间内就迅速给出针对海量数据的实时分析结果，否则就丧失了数据的价值，因此，数据分析的效率成为关注的核心。

例如，用户在购物App进行网购时，用户查看的商品数据会被实时发送到后端的大数据分析平台进行处理，平台会根据用户的特征，找到与其购物兴趣匹配的其他用户群体，然后，再把其他用户群体曾经购买过而该用户暂未购买的商品，推荐给该用户。显然，这个过程需要"秒级"响应，快速地推荐给用户。如果需要经过一段时间才能推荐给用户，很可能该用户已经离开了，这样的推荐结果就没有意义了。所以，在这种应用场景下，效率是被关注的重点，分析结果的精确度只要满足一定程度即可，不一定很精准。

大数据时代，越来越多的不确定性出现，因此我们越来越能够容忍不精确的数据。传统的样本分析师很难容忍错误数据的存在，因为他们毕生都在研究如何防止和避免错误的出现。在收集样本的时候，统计学家会采用一定的策略来减少错误发生的频率。在公布结果之前，他们也会测试样本是否存在潜在的系统性偏差。但是，即使只是少量数据，这些规避错误的策略实施起来还是耗费巨大的。现在拥有各种各样、参差不齐的海量数据，很少有数据完全符合预先设定的数据种类，所以当收集所有数据的时候，不仅耗费巨大，而且要保持数据收集标准的一致性也不太现实。因此，必须要能够容忍不精确数据的存在。

综上，大数据时代人们开始重新审视精确性的优劣。如果将传统的思维模式运用于数据化、网络化的时代，就可能会错过重要的信息。执迷于精确性是信息缺乏时代和模拟时代的产物。而在今天的大数据时代，数据量足够大的情况下，这些不精确的数据会被淹没，并不会影响数据分析的结果及其带来的价值。

8.2.3 相关而非因果

过去，数据分析的目的，一方面是解释事物背后的发展机理，例如，某大型超市的某个门店在某个时期内净利润下降很多，这就需要信息部门对相关销售数据进行详细分析找出原因。另一方面是用于预测未来可能发生的事件。不管是哪个目的，其实都反映了一种"因果关系"。但是，在大数据时代，因果关系不再那么重要，人们开始追求"相关性"而非"因果性"。例如，在购物网站进行购物时，当你购买了儿童尿不湿以后，网站还会自动提示你，与你购买相同物品的其他客户还购买了儿童奶粉，也就是说，购物网站只会告诉你"购买儿童尿不湿"和"购买儿童奶粉"之间存在相关性，但是，并不会告诉你为什么其他客户购买了儿童尿不湿以后还会购买儿童奶粉。

在无法确定因果关系时，数据为人们提供了解决问题的新方法。数据中包含的信息可以帮助消除不确定性，而数据之间的相关性在某种程度上可以取代原来的因果关系，帮助我们得到答案，这就是大数据思维的核心。从因果关系到相关性，并不是抽象的，而是有一整套的算法能够让人们从数据中寻找相关性，最后去解决各种各样的难题。

8.2.4 以数据为中心

在很长一段时期内的科学研究领域,无论是研究语音识别、机器翻译、图像识别的学者,还是研究自然语言理解的学者,分成了界线明确的两派,一派坚持采用传统的人工智能方法解决问题,简单来讲就是模仿人,另一派在倡导数据驱动方法。这两派在不同的领域影响力不同,在语言识别和自然语言理解领域,提倡数据驱动的派占了上风,而在图像识别和机器翻译领域,在较长时间里,数据驱动这一派处于下风。主要原因是,在图像识别和机器翻译领域,过去的数据量非常少,而这种数据的积累非常困难。

由于数据量有限,在最初的机器翻译领域,学者通常采用人工智能的方法。计算机研发人员将语法规则和双语词典结合在一起。

在20世纪90年代互联网兴起之后,数据的获取变得非常容易,可用的数据量也愈加庞大,因此,从1994年到2004年十年的时间里,机器反应的准确性提高了一倍,其中20%左右的贡献来自方法的改进,80%则来自数据量的提升。尽管每年,计算机在解决各种智能问题上的进步不大,但是经过长时间的积累,最终也会促成质变。

数据驱动方法从20世纪70年代起步,在20世纪80~90年代得到缓慢但稳步的发展。进入21世纪以后,由于互联网的出现,使得可用的数据量剧增,数据驱动方法的优势也越来越明显,最终完成了从量变到质变的飞跃。现如今很多需要类似人类智能才能解决的事情,计算机已经可以实现,这得益于数据量的急剧增加。

目前,全球各个领域数据不断向外扩展,渐渐形成了另外一个特点,越来越多的数据开始交叉,各个维度的数据从点和线形成网,或者换个角度说,数据之间的关联性极大地增加了。在这样的背景下,就出现了大数据,使得"以数据为中心"的思考解决问题方式的优势逐渐得到显现并被广泛利用。

8.2.5 我为人人,人人为我

"我为人人,人人为我"是大数据思维的又一体现,城市的智能交通管理便是一个例子。在智能手机和智能汽车出现之前,世界上的很多大城市整体交通路况信息的实时性不高。

但是,在能够定位的智能手机出现以后,这种情况就从根本上得到了改变。当下智能手机足够普及并且大部分用户开放了他们的实时位置信息(符合大数据的完备性),使得做地图服务的公司,如百度或高德,有可能实时地得到任何一个人口密度较大的城市的人员流动信息,并且根据其流动的速度和所在的位置,很容易区分步行的人群和行进的汽车。

由于收集信息的公司和提供地图服务的公司是一家,因此从数据采集、数据处理以及到信息发布,中间的延时微乎其微,所提供的交通路况信息要及时得多。同时这些公司还可以通过分析历史数据来预测某些更及时的信息。目前,一些科研单位和公司的研发部门,已经开始利用一个城市交通状况的历史数据,结合实时数据,预测出一段时间以内(比如一个小时内)该城市各条道路可能出现的交通状况,并且帮助出行者规划最优的出行路线。

上述的实例,很好地阐述了大数据时代"我为人人,人人为我"的全新理念和思维,每个使用导航软件的智能手机用户,一方面共享自己的实时位置信息给导航软件公司,使得导航软件公司可以从大量用户那里获得实时的交通路况大数据;另一方面,每个用户又在享受导航软件公司提供的基于交通大数据的实时导航服务。

8.3 运用大数据思维的典型案例

为了进一步加深对大数据思维的理解并应用,下面对相关的典型案例进行描述,见表8-1。

表8-1　大数据思维及典型案例

思维方式	典型案例
全样而非抽样	商品比价网站、流感趋势预测
效率而非精准	百度翻译
相关而非因果	啤酒与尿布、基于大数据的药品研发、吸烟有害身体健康的法律诉讼、零售商Target的基于大数据的商品营销
以数据为中心	基于大数据的广告推销系统、搜索引擎"单击模型"、大数据的简单算法比小数据的复杂算法更有效
我为人人,人人为我	迪士尼MagicBand手环

8.3.1 商品比价网站

美国有一家创新企业,可以帮助人们做购买决策,告诉消费者什么时候买什么产品,什么时候买最便宜,预测产品的价格趋势。这家公司背后的驱动力就是大数据。他们在全球各大网站上搜集数十亿计的数据,然后帮助数以万计的用户省钱,为他们的采购找到最好时间,提高生产率,降低交易成本,为终端的消费者带去更多价值。

在这类模式下,尽管对一些零售商的利润会进一步挤压,但从商业本质上来讲,可以把钱更多地放回到消费者的口袋里,让购物变得更理性。这是依靠大数据催生出来的一项全新产业。这家为数以万计的客户省钱的公司,后来被eBay高价收购。

8.3.2 啤酒与尿布

"啤酒与尿布"的故事,是全球最大的零售商沃尔玛发现的。沃尔玛的工作人员在按照周期统计产品的销售信息时,发现了一个非常奇怪的现象:每到周末的时候,超市里啤酒和尿布的销量就会突然大增。为了搞清楚其中的原因,他们派出工作人员进行调查。通过一段时间的观察和走访之后,他们了解到,在美国有孩子的家庭中,太太经常嘱咐丈夫下班后要为孩子买尿布,而丈夫们在买完尿布以后又顺手带回了自己爱喝的啤酒,因此,周末时啤酒和尿布销售一起增长。弄清楚原因以后,沃尔玛打破常规,尝试将啤酒和尿布摆放在一起,结果使得啤酒和尿布的销售双双激增,为公司带来了巨大的利润。通过这个故事我们看到,本来尿布与啤酒是两个风马牛不相及的物品,但如果关联在一起,销量就增加了。

8.3.3 基于大数据的药品研发

通过因果分析找到答案,进而研制出治疗某种疾病的药物,是传统的药物研制方式,青霉素的发明过程就非常有代表性。19世纪中期,塞麦尔维斯、巴斯德等人发现微生物细菌会导致很多疾病,因此人们很容易相信杀死细菌就能治好疾病,这就是因果关系。弗莱明等人发现,把消毒剂涂抹在伤员伤口上并不管用，因此就要寻找能够从人体内杀菌的物质。最终在1928年弗莱明发现了青霉素，但是他不知道青霉素杀菌的原理。而牛津大学的科学家钱恩和亚伯拉罕发现了青霉素中的青霉烷，能够破坏细菌的细胞壁，才算搞清楚青霉素有效性的原因，到这时青霉素治疗疾病的因果关系才算完全找到，这时已经是1943年，离塞麦尔维斯发现细菌致病已经过去近一个世纪。两年后，女科学家多萝西·霍奇金搞清楚了青霉烷的分子结构，并因此获得了诺贝尔奖，到了1957年终于可以人工合成青霉素。当时，搞清楚青霉烷的分子结构，有利于人类改进它来发明新的抗生素，亚伯拉罕就因此发明了头孢类抗生素。

在整个青霉素和其他抗生素的发明过程中，人类就是不断地分析原因，然后寻找答案。通过这种因果关系找到答案让人信服。

其他新药的研制过程和青霉素很类似，科学家们通常需要分析疾病产生的原因，寻找能够消除这些原因的物质，然后合成新药。这是一个非常漫长的过程，而且费用非常高。

按照因果关系，研制一种新药就需要如此长的时间、如此高的成本。这显然不是患者可以等待和负担的，也不是医生、科学家、制药公司想要的，但是过去没有办法，只能这么做。

如今，有了大数据，寻找特效药的方法就和过去有所不同了。美国一共有5 000多种处方药，人类会得的疾病大概有一万种。如果将每一种药和每一种疾病进行配对，就会发现一些意外的惊喜。斯坦福大学医学院发现，原来用于治疗心脏病的某种药物对治疗某种胃病特别有效。当然，为了证实这一点，需要做相应的临床试验，但是这样找到治疗胃病的药只需要花费3年时间，成本也只有1亿美元。这种方法，实际上依靠的并非因果关系，而是一种强关联关系，即A药对B病有效。至于为什么有效，接下来3年的研究工作实际上就是在反过来寻找原因。这种先有结果再反推原因的做法，和过去通过因果关系推导出结果的做法截然相反。无疑，这种做法会比较快，前提是足够多的数据支持。

8.3.4 基于大数据的微信朋友圈广告

微信朋友圈广告已成为各大商家和品牌方进行商品推广使用最广泛的途径之一。它通常以图文形式呈现，通过在用户朋友圈的内容流中插入广告，向用户展示推广的产品、服务或者品牌。那么微信朋友圈是如何兼顾自己和广告商的利益，首先，它根据收集到的大量数据对用户的特征、兴趣、行为习惯等信息进行分析，形成用户画像模型；其次，根据广告主的设定与用户画像模型进行匹配，计算出匹配度最大的结果，精准推送给用户；最后，系统会对广告的展示量、点击量等数据进行收集和分析，以评估广告的效果，并根据广告的效果和用户反馈，不断地进行优化，从而提升广告的匹配度和用户体验。这样，如果一个广告很少被单击，微信朋友圈就会尽量少地展示这个广告。对广告主来说省钱了，因为不用花钱在无用的广告上面。对微信朋友圈来说，不展示这些广告就可以把有限而宝贵的搜索流量留给那些可能被单击的广告，从而增加自己的收入。对用户来说，也不会看到自己不想看的广告，提升了用户的体验。这就是用数据来获得智能。

8.3.5 搜索引擎"单击模型"

各个搜索引擎都有一个度量用户单击数据和搜索结果相关性的模型，通常被称为"单击模型"。

随着数据量的积累，单击模型对搜索结果排名的预测越来越准确，它的重要性也越来越大。目前，它在搜索排序中至少占70%~80%的权重，也就是说搜索算法中其他所有的因素加起来都不如它重要。换句话说，在当今的搜索引擎中，因果关系已经没有数据的相关性重要了。

当然，单击模型的准确性取决于数据量的大小。对于常见的搜索，例如"虚拟现实"，积累足够多的用户单击数据并不需要太长的时间。但是，对于那些不太常见的搜索（通常也称之为长尾搜索），例如"达·芬奇早期作品介绍"，需要很长的时间才能收集到足够多的数据来训练模型。一个搜索引擎使用的时间越长，数据的积累就越充分，对于这些长尾搜索就做得越准确。微软的搜索引擎在很长时间里做不过谷歌的主要原因，并不在于算法本身，而是因为缺乏数据。

当整个搜索行业都意识到单击数据的重要性后，这个市场上的竞争就从技术竞争变成了数据竞争。这时，各公司的商业策略和产品策略就都围绕着获取数据、建立相关性而开展了。后进入搜索市场的公司要想生存，唯一的办法就是快速获得数据。

例如微软通过接手雅虎的搜索业务，将"必应"的搜索量从原来谷歌的10%左右提升到谷歌的20%~30%，单击模型准确了很多，搜索质量迅速提高。但是即使做到这一点还是不够的，因此一些公司提出了新的做法，通过搜索条、浏览器甚至输入法来收集用户的单击行为。这种办法的好处在于不仅可以收集到用户使用该公司搜索引擎本身的单击数据，而且还能收集用户使用其他搜索引擎的数据，比如微软通过旧浏览器收集用户使用谷歌搜索时的单击情况。

这样一来，如果一家公司能够在浏览器市场占很大的份额，即使它的搜索量很小，也能收集大量的数据。有了这些数据，尤其是用户在更好的搜索引擎上的单击数据，一家搜索引擎公司可以快速改进长尾搜索的质量。因此，搜索质量的竞争就成了浏览器或者其他客户端软件市场占有率的竞争。虽然在外人看来这些互联网公司竞争的是技术，但更准确地讲，它们是数据层面的竞争。

8.3.6 流感趋势预测

以流感为例，很多国家都有规定，当医生发现新型流感病例时需要告知疾控中心。但由于人们可能患病不及时就医，同时信息传回疾控中心也需要时间，因此，通告新流感病例时往往会有一定的延迟。

很早之前，就有工程师发现某些搜索字词非常有助于了解流感情况。在流感季节，与流感有关的搜索会明显增多。到了过敏季节，与过敏有关的搜索会显著上升。而到了夏季，与晒伤有关的搜索又会大幅增加。于是这些工程师开发了一个可以预测流感趋势的工具，它采用大数据分析技术，利用用户在搜索引擎输入的搜索关键词来判断整个地区的流感情况。工程师把人们最频繁检索的词条和官方发布的季节性流感传播时期的数据进行了比较，并构建数学模型实现流感预测。

流感趋势预测并不是依赖于对随机抽样的分析，而是分析了几十亿互联网检索记录而得到的结论。分析整个数据库，而不是对一个样本进行分析，能够提高微观层面分析的准确性，甚至能够推测出任何特定尺度的数据特征。

8.3.7 大数据的简单算法比小数据的复杂算法更有效

大数据在多大程度上优于算法这个问题，在自然语言处理上表现得很明显（这是关于计算机如何学习和领悟我们在日常生活中使用语言的学科方向）。2000年，微软研究中心的米歇尔·班科和埃里克·比尔一直在寻求Word程序中语法检查的方法，但是他们不能确定是努力改进现有的算法、研发新的方法，还是添加更加细腻精致的特点更有效。所以，在实施这些措施之前，他们决定往现有的算法中添加更多的数据，看看会有什么不同变化。很多对计算机学习算法的研究都建立在百万字左右的语料库基础上。最后，他们决定往四种常见的算法中逐渐添加数据，先是一千万字，再到一亿字，最后到十亿。

随着数据的增多，四种算法的表现都大幅度提高了。当数据只有500万的时候，有一种简单的算法表现得很差，但是当数据达到10亿的时候，它变成了表现最好的，准确率从原来的75%提高到了95%以上。与之相反，在少量数据情况下运行最好的算法，当加入更多的数据时，也会像其他的算法一样有所提高，但是却变成了在大量数据条件下运行得最不好的算法，它的准确率会从86%提高到94%。后来，班科和比尔在他们发表的研究论文中写道：如此一来，我们得重新衡量一下，更多的人力物力是应该消耗在算法发展上，还是在语料库发展上。

所以，数据多比少好，更多数据比算法系统更智能还重要，因此大数据的简单算法比小数据的复杂算法更有效。

8.3.8　百度翻译

2007年，百度公司开始涉足机器翻译，并于当年推出在线翻译服务，最初仅提供英语到中文和中文到英语的翻译功能。起初，百度翻译仅是收集大量的双语对照数据，这些数据包含了源语言和目标语言的对应关系，通过对这些数据进行训练和模型构建，提高翻译的准确率。随着科技的发展，百度翻译扩大数据源的类型和采集途径，尽可能地收集所有的翻译。百度翻译通过对这些数据使用机器学习和深度学习技术进行学习，形成机器翻译模型，通过大量的训练和迭代优化，模型可以学习到源语言和目标语言之间的对应关系，从而生成更加准确和通顺的目标语言的翻译结果。目前，百度翻译支持超过100种语言之间的翻译，甚至能接受19种语言的语音输入，同时还支持一些少数民族语言和地方方言的翻译。

当今，百度翻译一直在不断地进行技术创新和优化，提升翻译质量和用户体验，同时也积极与其他领域进行合作，比如语音识别技术、图像识别技术等，提供更全面、更准确的翻译服务。

小　　结

大数据时代的到来，不仅是一次技术革命，同时也是一场思维革命。在大数据时代，我们做事的思维也将从根本上发生改变，最大的思维转变方式有五种：全样而非抽样、效率而非精确、相关而非因果、以数据为中心以及"我为人人，人人为我"。本章首先介绍了传统的思维方式，然后重点介绍了这五种思维方式，并给出了对应的案例。大数据不仅改变每个人的日常生活和工作方式，也将改变商业组织和社会组织的运行方式。

习　题

1. 传统思维的核心思想是什么？
2. 大数据时代需要新的思维方式的原因是什么？
3. 大数据时代人类思维方式的转变体现在几个方面？
4. 请阐述"啤酒和尿布"商业故事中使用的是哪种大数据思维方式。

第9章 数据开放与共享

随着大数据时代的发展,数据作为最重要的"基石",受到越来越多的关注和普遍重视,而大数据的真正价值在于其如何被充分利用。因此,数据开放和共享成为大数据应用过程中的关键因素,数据开放和共享的重要性也达成共识。数据开放强调的是原始数据的分享。数据共享则强调打破"数据孤岛",不同部门之间的数据共通,最终形成大数据的合力。

本章主要阐述数据开放与共享的基本概念与原则、数据开放与共享的政策、数据开放与共享的分类以及数据开放与共享平台以及典型案例分享。

9.1 概　　述

大数据时代的到来使得数据成为一种资产,成为与物质资产和人力资本同等重要生产要素。如果数据这一生产要素不能自由流通,就会极大地限制社会生产力的发展。因此,数据开放与共享有利于创新创业和经济增长,以及有利于社会治理创新。

本节主要介绍了数据开放与共享的发展历程和数据开放与共享的概念。

9.1.1 数据开放与共享的发展历程

1. 发展初期阶段

1991年,免费操作系统Linux横空出世,互联网的普及为软件自由运动的兴起发挥了重要作用。随着越来越多的公司和个人采取开放源代码的做法,开源一词被正名并获得全世界软件行业的认同。软件由代码和数据共同组成,当开放源代码成为一种共识的时候,开放数据也成为一种必然的选择。源代码开放只涉及技术层面,但数据开放涉及面更广,不仅关乎技术,还与数据内容相关,直指安全与隐私,因此数据开放面临更大的挑战和阻力。

数据开放的诉求,首先指向了公共领域和公共数据,即政府采集、拥有的数据。

我国关于数据开放的说法涉及多个方面,主要包括以下几点:

在公共数据开放利用方面:为了加强公共数据的开放利用,我国提出了一系列新举措。这些举措旨在统筹授权,推动数据的开放,确保在承认公共数据生产者管理权的基础上,实现数据资源的合理利用和共享。

在数据开放政策方面:我国政府高度重视数据开放对于促进经济社会发展的作用,出台了一系列政策和措施,旨在建立和完善数据开放的管理和服务体系。随着数据开放的推进,我国也在不断完善相关的法律法规体系,以确保数据开放活动在法律框架内有序进行。我国于2007年颁布了《政府信息公开条例》,强调公民获取政府信息的权利和政府依法公开行政信息的义务。

总的来说，我国关于数据开放的说法体现了国家对于数据开放重要性的认识，以及在推动数据开放过程中对于国际合作、公共数据利用、数据安全、法规建设和技术创新等方面的综合考虑。通过这些措施，我国旨在构建一个更加开放、安全和高效的数据环境，以支持经济社会的发展和创新。

与此同时，学术界对于数据公开的需求日渐强烈，特别是国家财政支持的科研项目成果和数据如何惠及公众也成为焦点话题。因此，科学领域大数据开放也逐渐成为开放数据的一个重要部分。

2. 发展中阶段

我国于2004年发布了《2004—2010年国家科技基础条件平台建设纲要》，启动了"国家科技基础条件平台建设专项"，以资源共享为核心，打破资源分散、封闭和垄断的状况，完成了若干重点领域和区域科技基础条件资源的整合。我国的科学数据网站——中国科技资源共享网于2009年正式开通。其他的数据开放平台还有：CnOpenData数据平台、中国科学院的PubScholar公益学术平台、国家级科学数据中心、科学数据银行（Science Data Bank）等。这些平台的共同目标是促进科学研究的开放性和透明度，加速知识的传播和创新。通过这些平台，研究人员可以更容易地访问和利用数据，进行跨学科合作，提高研究效率和质量。此外，开放数据还有助于避免不必要的重复实验，缩短研究周期，加快科学领域的发展进程。

数据开放与共享的第一阶段强调的是信息的共享，即经过加工整理和处理后的数据。而数据开放与共享的第二阶段则是开放正度数据，其强调的是原始的、未经过人为加工处理的数据本身的开放。

当前，数据开放与共享的数据越来越大，范围越来越广，除了政府开放数据，还有很多企业和个人加入到数据开放与共享的运动中。特别是随着大数据的兴起，数据开放与共享进入了新的里程碑。中国的数据开放与共享的发展经历了多个重要阶段。首先，2001年是中国科学数据共享的起点，当时开始了科学数据共享工程的建设。这标志着中国在数据管理方面迈出了重要步伐。其次，2015年，国务院发布《促进大数据发展行动纲要》，纲要指出我国将在2018年以前建成国家政府数据统一开放门户，推进政府和公共服务部门数据资源统一汇集和集中向社会开放，实现面向社会的政府数据资源"一站式"开放服务，方便社会各方面利用。再次，2018年，国务院办公厅发布了《科学数据管理办法》（MMDS），这是国家层面上推动科学数据管理整体部署的重要文件。《办法》明确了由政府预算资金支持的科学数据应遵循"开放为常态、不开放为例外"的原则，并强调了分级管理与安全可控的重要性。2021年底，约35%的省级行政区已经发布了MMDS的实施细则。

3. 大规模发展应用阶段

2023年，开放数据指数将年度报告的名称进行了修改，从《中国地方政府数据开放报告》改为《中国地方公共数据开放利用报告》，体现了从单一的政府数据开放向公共数据开放的转变，更加关注数据流通、利用以及价值释放的全过程。

中国在数据开放与共享方面的努力逐渐加深，从早期的科学数据共享到现今全面推进公共数据的开放利用，不断优化政策框架，增强实践规模，提高公众认同，以促进科技进步和数字经济发展。

此外，地方层面也在积极推进公共数据的开放与共享。贵州、山西和浙江等省份出台了相关的地方性法规，这些法规不仅响应了中央政策的引领，还依法防范和处理安全风险，保护个人和企业的数据权益。

同时数据开放和共享也具备了一定的理论基础，主要包括数据资产理论、数据权理论和开放政府理论。

现在，身处大数据时代，数据已经被当作一种重要的战略资源，也可以成为一种资产。数据资产是无形资产的延伸，是主要以知识形态存在的重要经济资源，是为其所有者或合法使用者提供某种权利、优势和效益的固定资产。与数据资产相关的概念包括数字资产和信息资产，这三者是从不同层面看待数据的，其中，信息资产对应着数据的信息属性，数字资产对应着数据的物理属性，数据资产对应着数据的存在。这就是数据资产理论。

随着数据的进一步开放，国家和政府加强了对数据主权的关注，并将其纳入到数据主权的范畴。数据权包括数据主权和数据权利。数据主权的主体是国家，是一个国家独立对本国数据进行管理和利用的权利，是对数据的占有和控制。数据权利的主体是公民，是相对于公民数据采集义务而形成的对数据利用的权利，这种对数据的利用又是建立在数据主权之下的。在2015年7月，阿里云在分享日上发起数据保护倡议，倡议书中明确指出，运行在云计算平台上的所有数据，所有权绝对属于客户，云计算平台不得将这些数据移作他用。平台方有责任和义务，帮助客户保障数据的私密性、完整性和可用性。这是中国云计算服务商首次定义行业标准，针对用户普遍关注的数据安全问题，进行清晰的界定。这就是开放政府理论。

同时，伴随着大数据时代的发展和智慧服务型政府的创建，数据作为最重要的基石和原料正在得到各利益相关方的普遍重视，政府数据的资源优势和应用市场优势日益凸显，政府数据资源的共享与开放已成为世界各国政府的普遍共识。

2012年6月，上海市政府数据服务网的上线，标识着我国开始了数据开放的实践。2017年，我国启动了全国一体化政务服务平台和国家数据共享交换平台的建设，旨在推进政务数据开放共享，实现数据资源的整合和优化利用，形成了国家、地方、部门、企业等不同层面的数据协同共享机制。这些平台的建设体现了我国政府在数据资源开放与共享方面的努力和进展，不仅促进了政府服务的便捷化和透明化，也为社会各界提供了丰富的数据资源，支持了科技创新和经济发展。同时，通过这些措施，政府也在积极响应数字时代的挑战，推动政府数字化转型，构建更加高效和协同的政府服务体系。

9.1.2 数据开放与共享的概念

根据世界银行的定义，开放数据（open data）是指数据可以被任何人自由免费地访问、获取、利用和分享。《开放数据宪章》将开放数据定义为具备必要的技术和法律特性，从而能被任何人、在任何时间和任何地点进行自由利用、再利用和分发的电子数据。以上定义都突出强调了开放数据供社会进行充分利用和再利用，意在释放数据能量，创造社会经济价值。有两个核心要素被特意强调，一是数据，是指原始的、未经处理的并允许个人和企业自由利用的数据，在科学研究领域是指原始的、未经处理的科学数据。二是开放，一般来说有两层含义：①技术上的开放，即以机器可读的标准格式开放；②法律上的开放，即不受限制地明确允许商业和非商业利用和再利用。

数据共享是指数据的拥有者将数据向其他机构和个人开放的行为，例如科研人员将实验过程中使用的数据向其他科研人员共享，以便于实验结果的可重现性。但是需要特别注意的是，数据共享不等价于数据开放，这是因为数据共享是指特定范围的使用和利用，而数据开放则是面向全社会公众的开放。开放数据强调非歧视性和开放授权性，打破了传统数据共享中设定的"共享条件"和"特定共享方"的限制。

同时，值得注意的是，开放数据不同于大数据，也有别于信息公开和数据共享。开放数据的宗旨是提供免费、公开和透明的数据信息，这些数据能适用于任何领域，如政府运作、商业经营等。开放数据本身并没有明显的商业价值，但经过公众、企业等加工处理以后，可能会产生巨大的商业价值。

9.2 数据开放与共享原则

数据开放与共享原则是开放数据的基本纲领，包括对于政府等数据提供者的要求、所涉范围及目的等各个方面。

对于开放数据的标准，"开放政府工作组"提出，数据在满足以下八项条件时可称为"开放"：完整，除非涉及国家安全、商业机密、个人隐私或其他特别限制，所有的政府数据都应开放，开放是原则，不开放是例外；一手，开放从源头采集到的一手数据，而不是被修改或加工过的数据；及时，在第一时间开放和更新数据；可获取，数据可被获取，并尽可能地扩大用户范围和利用种类；可机读，数据可被计算机自动抓取和处理；非歧视性，数据对所有人都平等开放，不需要特别登记；非私有，任何实体都不得排除他人使用数据的权利；免于授权，数据不受版权、专利、商标或贸易保密规则的约束或已得到授权使用（除非涉及国家安全、商业机密、个人隐私或特别限制）。这八大标准意在确保开放数据对社会能真正有用和易用，已被国内外开放数据实践和研究领域普遍采纳，作为评估开放数据水平的标准。

《开放数据宪章》也提出了开放数据的六大原则，分别为：默认开放、及时和全面、可获取可利用、可比较和关联、为改善治理与公众参与、为实现包容性发展与创新。这些原则都与以上开放数据的定义和标准相呼应，其中，默认开放原则是指政府数据应以开放为原则，不开放为例外，因为"自由获取和利用政府数据能给社会和经济带来巨大价值"。

《开放数据宪章》明确了数据开放的14个重点领域，包括公司、犯罪与司法、地球观测、教育、能源与环境、财政与合同、地理空间、全球发展、政府问责与民主、健康、科学与研究、统计、社会流动性与福利、交通运输与基础设施等，并提供相关的数据集实例，见表9-1。

表9-1　14个重点领域

数据分类	数据实例集
公司	公司/企业登记
犯罪与司法	犯罪统计、安全
地球观测	气象/天气、农业、林业、渔业和狩猎
教育	学校名单、学校表现、数字技能
能源与环境	污染程度、能源消耗
财政与合同	交易费用、合约、招标、地方预算、国家预算
地理空间	地形、邮政编码、国家地图、本地地图
全球发展	援助、粮食安全、采掘业、土地
政府问责与民主	政府联络点、选举结果、法律法规、薪金、招待/礼品
健康	处方数据、效果数据

续上表

数据分类	数据实例集
科学与研究	基因组数据、研究和教育活动、实验结果
统计	国家统计、人口普查、基础设施、财产、从业人员
社会流动性与福利	住房、医疗保险和失业救济金
交通运输与基础设施	公共交通时间表、宽带接入点及普及率

9.3 我国数据开放与共享的政策

9.3.1 中国数据开放与共享的政策发展历程

从2015年开始，我国政府对互联网、高科技和大数据产业逐渐重视起来，并且非常明确表示要开放大数据。

2017年，中央全面深化改革领导小组第三十二次会议审议通过了《关于推进公共信息资源开放的若干意见》，要求充分释放公共信息资源的经济价值和社会效益，保证数据的完整性、准确性、原始性、机器可读性、非歧视性、及时性，方便公众在线检索、获取和利用。同年5月，国务院印发《政务信息系统整合共享实施方案》，明确要求"推动开放、加快公共数据开放网站建设"，向社会开放"政府部门和公共企事业单位的原始性、可机器读取、可供社会化再利用的数据集"。

2018年，国务院发布了《科学数据管理办法》，该办法指出我国的科学数据主要是在"自然科学、工程技术科学等领域，通过基础研究、应用研究、试验开发等产生的数据，以及通过观测监测、考察调查、检验检测等方式取得并用于科学研究活动的原始数据及其衍生数据"。办法对"政府预算资金资助的各级科技计划（专项、基金等）项目所形成的科学数据，应由项目牵头单位汇交到相关科学数据中心。接收数据的科学数据中心应出具汇交凭证。各级科技计划（专项、基金等）管理部门应建立先汇交科学数据、再验收科技计划（专项、基金等）项目的机制；项目/课题验收后产生的科学数据也应进行汇交"。并对数据的开发共享提出"政府预算资金资助形成的科学数据应当按照开放为常态、不开放为例外的原则，由主管部门组织编制科学数据资源目录，有关目录和数据应及时接入国家数据共享交换平台，面向社会和相关部门开放共享，畅通科学数据军民共享渠道。国家法律法规有特殊规定的除外"。

2022年5月，国家互联网信息办公室公布《数据出境安全评估办法》。2022年11月，国家市场监督管理总局、国家互联网信息办公室联合公布《关于实施个人信息保护认证的公告》，2023年2月，国家互联网信息办公室公布《个人信息出境标准合同办法》。回顾我国数据出境安全管理制度的立法进程，其制度设计始终聚焦客观风险，参考国际既有先进实践，努力平衡安全与发展。随着《促进和规范数据跨境流动规定》（以下简称《规定》）的公布，我国主要的数据出境制度——数据出境安全评估、个人信息出境标准合同、个人信息保护认证不断优化完善，更好地实现了与数据出境安全风险的"精细化匹配"。《规定》的实施在进一步夯实我国数据依法有序自由流动的制度基础的同时，凸显了我国坚定不移推进高水平对外开放的决心。

2022年12月，《关于构建数据基础制度更好发挥数据要素作用的意见》（以下简称《数据二十条》）

正式颁布，描绘了数据基础制度的四梁八柱，提出了以产权制度为基础、以流通制度为核心、以收益分配制度为导向、以安全制度为保障的数据基础制度顶层框架，对于充分激发数据要素价值具有全局性、奠基性、引领性重要作用。进一步明确了数据开放与共享的政策导向。

9.3.2 数据开放与共享实施指南

数据开放与共享的实施既是一个技术过程又是一个管理过程。其中技术过程是指采用什么数据格式发布，以及如何定义数据访问接口和更新策略等涉及数据处理方面的问题，而管理过程则涉及发布什么样数据，以及采用什么样的开放许可协议等问题。因此，建议数据的发布者应该遵循数据开放与共享原则和标准，按照数据开放平台的规范要求，进行数据的发布和开放共享。一般来说，数据开放与共享实施涉及三个主要步骤，即数据集选择、开放许可协议、数据集发现与获取。

1. 数据集选择

虽然选取将要开放的数据集是数据开放与共享的第一步，但在数据开放与共享实施过程中却是工作量最大的。特别是涉及政府数据、个人数据等，需要数据发布者事先制定数据开放标准以及对数据进行分级处理。例如贵州数据开放平台的数据发布，应该在贵州省地方标准《政府数据 数据分类分级指南》的指导下，各数据发布单位按照标准要求，对数据集进行加工整理，形成待发布的数据集。

2. 开放许可协议

在各个国家甚至全球的法律体系下，知识产权法案往往都限制第三方在没有许可或授权的情况下对数据进行使用、再利用和再发布。因此，在选择好待发布的数据集后，应该考虑对这些数据应用什么样的许可协议。对于开放数据，推荐选用遵循开放知识定义且适用于数据开放许可协议，例如创作公用、开放数据公用和开放政府许可等，感兴趣的读者可以自行查阅具体的协议内容。

3. 数据集发现与获取

选择好数据开放许可协议后，数据发布者可将数据集发布到相应的数据开放与共享平台。数据开放的目的是数据的再利用，因此数据发布者必须确保数据是可访问和可获取的，且提供机器能够访问的文件格式。其中可访问是指用户可以通过网络下载或者API等方式访问数据集；可获取是指数据应当能在支付不超过合理重制费用的情况下进行获取；机器可读是指数据发布者应该提供机器可以直接处理的数据，而不应该采用计算机难以处理的数据。例如PDF格式发布的统计数据，虽然人可以阅读，但是机器难以处理，从而限制了数据的再利用。

数据的开放与共享，还需要具体层面的支撑，主要包括两方面：政府层面和企业层面。

（1）政府层面的举措

政府不仅要积极开放数据资源，还应该提高政府职能部门之间和具有不同创新资源的主体之间的数据共享广度，促进区域内形成"数据共享池"。同时，要促进准确及时的数据信息传递，提高部门条线管理、"一站式"网上办事和政府服务项目"一网通"的网络信息功能，提高数据质量的可靠性、稳定性和权威性，增加相关信息平台的使用覆盖面，让现存数据"连起来""用起来"。

具体地说，要进一步加强不同政府信息平台的部门连接性和数据反映能力的全面性，要使不同省区市之间的数据实现对接与共享，解决数据"画地为牢"的"数据孤岛"问题，实现数据共享共用。通过数据的共享共用，打破地区、行业、部门和区域条块分割状况，提高数据资源利用率，提高生产效率，更好推进制度创新与科技创新。同时，通过政府数据的跨部门流动和互通，促进政府数据的关联分析能力的有效发挥，建立"用数据说话、用数据决策、用数据管理、用数据创新"的政府管理机制，实现基于数据的科学分析和科学决策，构建出适应信息时代的国家治理体系，推进国家治理能力现代化。

目前，各级各地政府不同程度上制定了数据共享交换计划和交换办法，计划中明确了政府数据共享的年度目标、双年度目标和中长期目标，确定了各政府部门为实现政府数据共享达标所应采取的具体措施和工作安排。交换办法明确了政府数据共享的类型、范围、共享交易主体、共享权利主体、共享责任和共享绩效考核评估办法，制定了本部门政府数据共享的具体目录，依据政府数据共享目录向其他政府部门提供政府数据共享服务。同时明确了政府数据共享使用的方式，按照全公开使用、半公开使用、不公开使用等不同等级，界定对政府数据共享使用的数据公开范围，并明确了具体程序和工作流程，以及政府数据共享的负责人员、责任部门和责任追究办法。

（2）企业层面的举措

①在企业内部，破除"数据孤岛"，推进数据融合。要想打破"数据孤岛"，必须建立在完善的基础数据之上的信息系统，可能需要建立全新的信息系统或者需要对现有的系统进行全面的升级和改造。而对于数据处理的准确性、及时性和可靠性，不仅要确保各业务环节数据的完整和准确，信息系统还必须满足系统化、严密性等特性，能够将企业各渠道的数据信息综合到一个平台上，供企业管理者和决策者分析利用，为企业创造价值效益。

②在不同的企业之间，建立企业数据共享联盟。成立企业数据共享联盟，建立联盟大数据信息库，汇集来自各行业企业及政府数据资源，促进碎片数据资源有效融合，指导和带动联盟跨界数据资源的合理、有序分享和开发利用。

9.4 数据开放与共享的分类

根据数据的不同类型、不同来源可对数据开放与共享平台上的数据进行分类。

根据开放数据的来源可将数据划分为政府开放数据、公共财政资助产生的科学数据、企业数据和个人数据四个层次。上述类型的划分原则仅仅是从数据的所有权角度进行的初步划分，现实中可以根据不同的划分标准对数据进行不同类型的划分。

9.4.1 政府数据开放与共享

政府部门在履行行政职责的过程中，制作、获取和保存了海量的数据资源，因此大量基础性、关键性的数据就存储了在各级各地政府部门的手中。政府数据作为整个社会的公共资源，在保障国家安全、商业机密和个人隐私的前提下，将政府数据最大限度地开放进行开放利用，释放数据能力，创造社会价值，并且有利于增加政府的透明度，激发创新活力，提升政府的治理水平。

政府开放数据包含两大要素：一是政府数据，即由公共机构产生或委托的任何数据与信息；二是开放数据，即只要满足使用者规范使用数据并让其利用成果能达到共享条件便可被任何人免费使用、再利用和传播的数据。政府开放数据和政府信息公开这两者既有联系，又有所区别。首先从目的上看，政府信息公开的目的主要是保障公众的"知情权"，提高政府透明度，促进依法行政，侧重于其政治和行政价值；而政府开放数据则强调公众对政府数据的利用，重在发挥政府数据的经济与社会价值。其次，从开放对象上看，政府信息公开侧重于信息层面的公开，而政府开放数据则将开放深入到了数据层。数据是第一手的原始记录，未经加工与解读，不具有明确意义，而信息是经过连接、加工或解读之后被赋予了意义的产品。形象地说，数据是原材料，而信息是数据加工后的产品，开放原始数据对于开放利用的潜力和价值远远大于只开放经过加工后的信息。再次，在推进的过程中，政府信息公开的工作重点在于政府方，公共信息即已达成目标，而开放政府数据则需要在政府和利用者两个方面同时着力，开放数据本身并没有全部完成这项工作，使数据被社会充分开放利用才是根本目的。

9.4.2 公共财政资助产生的科学数据开放与共享

科学数据可分为四类：观察数据、计算数据、实验数据和记录数据。其中观察数据包括气候观测和满意度调查得到的数据，与特定空间和时间有关；计算数据来自计算模型或者模拟，可能是自然或文化的虚拟现实和仿真；实验数据包括来自实验研究，如对化学反应的观察或者来自野外的实验数据；记录数据包括政府、商业、个人等行为的记录。由于科学数据采集、整理、存储、使用过程非常复杂，投入成本较高，并且往往由政府公共财政资助，因此科学数据开放共享已成为促进科学数据再利用，提升利用效率的重要解决方案之一。

国家科学理事会在1966年成立了国际科技数据委员会，其目的是促进全世界范围内重要科学数据的编辑、评估和传播；在2008年10月成立世界数据系统，旨在促进现有科学数据开放获取和数据标准的采用。在2004年，经济合作与发展组织提倡利用公共资金进行科学研究获得的数据应向社会公开，并于2007年又颁布了《公共资助科学数据开放获取的原则和指南》，对共享数据的范围和指导原则进行了界定。2013年，我国科技部开始实施科技报告制度，进一步推进了科研领域相关数据的开放。

近年来，开放存取运动的影响从出版领域拓展到整个学术交流体系，开放科学成为继开放存取之后的又一重要趋势。开放科学致力于将科学研究的成果、科学数据等内容向社会各阶层（包括专业人士和业余爱好者）提供开放存取。开放科学和数据密集型研究范式的走向，使得科学数据的学术价值逐渐成为科学研究领域开放存取的重要对象。

9.4.3 企业数据开放与共享

随着互联网、云计算等技术的迅速发展，私营企业也成为大数据的拥有者。例如，亚马逊、淘宝、京东等大型电子商务平台拥有海量的商品数据、用户数据和购买记录数据；而像百度等搜索引擎公司，也采集了互联网上很多公开的数据，同时积累了海量的用户查询记录和单击记录，像微信、微博等社交网络平台拥有大量的个人数据和公开数据。

在企业数据中，存在着一些互联网公开数据，用户可以通过数据采集工具进行公开抓取。例如，百度检索的数据来源大部分为互联网上的公开数据，像微博等社交网络平台的数据，对公众来说也是全部开放的。但大部分企业为追求利益最大化，以安全和商业机密等原因拒绝向社会提供关键数据，全社会数据共享开放程度并不高。同时，数据存在被操作的可能，数据安全得不到保障，不同地域、业务的企业之间，形成各自的"数据孤岛"。

9.4.4 个人数据开放与共享

个人数据是一个特定的法律概念，与之相似的概念还有隐私、个人信息。学理上认为个人数据是指与个人相关的，能够直接或间接识别个人的数据。在欧盟立法中，可识别性是判断个人数据的最重要标准。个人数据通常包括个人身份信息、财务和付款信息、身份验证信息、医疗健康数据以及敏感的设备数据等。个人数据以是否涉及个人隐私为标准，分为敏感性个人数据与非敏感性个人数据两类。法律划分敏感性个人数据与非敏感性个人数据的用意在于区别其保护程序与方式。敏感性个人数据的收集与处理需要法律给予特殊的保护，而特殊保护的方式就是强化数据主体的知情权与控制权。

9.5 数据开放与共享平台

数据开放与共享平台是社会公众和企业获取数据的一站式服务系统。本节简要介绍目前已有的国内外数据开放与共享综合平台、领域专业平台、平台的基本功能以及平台内数据的产权保护等。

9.5.1 数据开放与共享综合平台

数据开放与共享综合平台一般是指整合集成了各部门、各领域以及各行业的各类多源异构的开放数据，为社会公众和企业提供统一的数据访问和获取的接口门户系统，通常为一个国家综合的数据开放与共享平台，下面对几个常用平台进行简单阐述。

①CnOpenData数据平台：这是一个综合性的数据平台，覆盖了经济、金融、法律、医疗、人文等多个学科维度。平台提供了包括专利数据、上市公司数据等在内的46个专题数据库，同时提供个性化数据定制服务。

②中国科学院的PubScholar公益学术平台：这个平台在尊重知识产权的前提下，整合了中国科学院的科技成果资源、科技出版资源和学术交流资源。它还与国内外的学术资源机构合作，开放优质学术资源，并持续更新平台资源。

③国家级科学数据中心：为了推动科技资源向社会开放共享，我国成立了20个国家级科学数据中心。这些中心旨在推进相关领域的科学数据向国家平台汇聚，并提供数据存储、管理和安全所需的基础设施。

④科学数据银行（Science Data Bank）：这是一个公共数据存储共享平台，提供在线数据存储、长期保存与获取、共享、出版和引用服务。它支持开放数据的使用，以促进可重复的科学研究。

而中国政府关于数据开放的平台有全国一体化政务大数据体系建设、CnOpenData数据平台以及地方性公共数据开放平台等。以下是一些重要的数据开放平台及其介绍：

全国一体化政务服务平台和国家数据共享交换平台：这是我国政府推动的重要项目，旨在实现政务数据资源的整合和优化利用。通过这些平台，政府数据的共享开放得以加强，有助于提升政府的服务效率和透明度。

上海市公共数据开放平台：作为国内最早上线的政府公共数据开放平台之一，它提供了大量的数据集，涉及多个数据部门。该平台还提供了需求调查和反馈机制，鼓励公众对数据开放范围提出意见和建议，同时不断创新数据安全保障和隐私保护方式。

除了上述平台，还有各地方政府建立的数据开放平台，如广东、江苏、江西、浙江等地的法律规范，以及山东出台的《山东省公共数据开放办法》，都在积极推动公共数据的开放与利用。

以CnOpenData数据平台为例，CnOpenData数据平台官网图如图9-1所示。

图9-1　CnOpenData数据平台官网

CnOpenData是一个覆盖多个学科维度的综合型数据平台。它不仅提供了大量的现成数据集，还提供个性化的数据定制服务。以下是该平台的详细介绍：

多学科覆盖：CnOpenData涵盖了经济、金融、法律、医疗、人文等多个学科维度，这使得研究人员能够跨领域进行数据驱动的研究。

丰富的数据库资源：平台拥有超过380个专题数据库，这些数据库包括专利数据、工商注册企业数据、上市公司数据、土地数据、政府数据等，数据量级达到亿级别，提供了丰富的数值型和文本型数据资源。

数据定制服务：除了现成的数据集，CnOpenData还提供个性化的数据定制服务。用户可以根据自己的需求提出数据定制请求，平台评估后进行数据抓取和处理，尤其对于数据量大、抓取难度高的需求，平台具有强大的处理能力。

数据系列丰富：平台包含的数据系列广泛，如交通数据、气象数据等，这些都是研究社会经济问题的重要数据资源。

综上所述，我国政府在数据开放方面已经建立了一系列的平台和制度，这些措施不仅促进了数据的开放共享，也为社会各界提供了宝贵的数据资源，支持了科技创新和经济发展。

9.5.2　数据开放与共享领域平台

相比于数据开放与共享综合平台，领域平台是指仅涉及一个或几个领域的数据开放与共享服务系统平台。例如科学数据开放与共享平台、面向科研论文和数据集的开发获取数据开放与共享平台等。事实上，最先开放的领域是科学领域，早在2000年，英国研究理事会科技办公室主任约翰·泰勒博士就提出："e-Science就是在重要科学领域中的全球性合作，以及使这种合作成为可能的下一代基础设施,它将改变科学研究的方式"。美国、英国、欧盟、中国、日本、韩国等国家和地区相继开展了科学领域的数据开放与共享计划。

中国科技资源共享网是我国科技部、财政部推动建设的国家科技基础条件平台门户网站,涉及科学文献、自然科技资源、科学数据、科技成果转化公共服务等六大领域的科技资源元数据。

9.5.3 数据开放与共享平台的基本功能

数据开放与共享平台上的数据对于用户来说具有免费、可再次使用等特点。具体来说:

①数据是公开合法的,数据的提供方和发布方具有官方许可公开,并符合法律对信息公开的规定;

②平台的数据具有"多源异构"的特点;

③数据可读性,便于用户或第三方开发者进行分析和利用。

根据数据的上述特点,平台在设计功能的时候应该考虑数据开放与共享的核心要素——透明、参与和合作。因此,其基本功能包括数据发布与管理、导航检索和用户参与功能,功能示意图如图9-2所示。

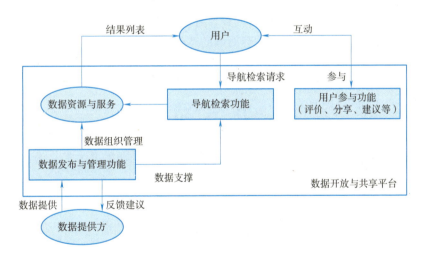

图9-2 数据开放与共享平台功能示意图

1. 数据发布与管理功能

数据发布功能主要是数据提供方根据平台制定的数据标准,发布相应的数据。平台管理者根据标准要求对提交的数据进行审核,确保发布的数据满足标准要求。格式和内容都审核通过后,还要确保平台发布数据的准确性和科学性,确保平台数据的权威性。数据管理功能主要是针对平台数据的日常管理和运行维护工作,包括数据分类体系、数据维护、数据更新等工作。数据发布与管理功能是数据开放与共享平台进行数据整合与开展数据服务的基础,它的完善程度直接影响开放数据的质量,并且也会影响导航检索模块的功能效果。

2. 导航检索功能

导航检索功能直接影响用户对数据平台的使用体验。通常分为简单检索和高级检索。其中,简单检索为用户提供基于关键词的查询,是目前最常用的检索方式。高级检索是提供多查询条件的组合检索，能大幅减少检索返回结果，方便用户快速定位信息。

3. 用户参与功能

随着Web 2.0技术的快速发展，出现了众多的社交工具，因此平台在设计时应从数据的分享机制、订阅机制、交流机制、用户个性化参与等多个方面进行分析，提高用户黏度。同时，随着机器学习技术的进步，特别是个性化推荐技术，平台应充分利用用户的兴趣，开展个性化的订阅和推荐等。

9.5.4 数据开放与共享平台的产权保护

数据开放与共享平台的数据是具有产权的，但具体的产权归属应该按照数据的属性进行划分。比如开放的数据，从转让权来看，政府信息的公共性特征使得其应该向社会公众及公益性组织无偿开放。针对商业性增值为目标的信息要求，为保护所有人的权益，应该进行有偿转让。从收益权来看，政府信息资产的收益权应当属于委托人与代理人。此外，政务大数据利用带来的利益分配问题（如数据的使用与收费规则），以及所有权保护、隐私保护和创新之间的矛盾等问题在伦理价值上存在着研究空间。

总体来讲，产权界定是政府信息资源有效管理与开放利用的前提。政府信息资源的管理者是政府，但其所有权归属于社会公众，二者之间存在着委托代理关系。政府应当充分考虑所有权人的利益保护问题，针对不同的类型，应该进行明确的产权界定，并制定免费开放或有偿开放的定价策略。

小　结

数据是大数据时代一种特殊的社会资源，具有明显的潜在价值和可开发价值，并在应用过程中得以增值，数据开放与共享迫在眉睫。

本章首先介绍了数据开放与共享的发展历程和概念，接下来介绍数据开放与共享的原则、政策以及数据开放与共享的分类，最后介绍了人们为此做出的努力，假设有不同类别的数据开放与共享平台。

习　题

1. 数据开发与共享的原则是什么？
2. 请阐述政府信息公开与政府数据开放的联系与区别。
3. 数据开放与共享的分类有哪些方面？
4. 请阐述我国政府在数据开放与共享方面的具体举措有哪些？
5. 数据开放与共享平台有哪些分类？各自的核心价值是什么？

第10章 大数据的法律政策规范

本章主要讨论在数据处理、数据使用和数据交易等阶段对数据进行保护与监管的法律法规和个人信息保护，以及数据跨境流动监管问题。

10.1 概述

大数据带来的不仅是数据体量的变化，也对长久以来人们所形成的思维定式发起的挑战。随着大数据技术的普及和发展，在一系列变革的同时，数据信息的安全问题也应运而生。个人数据保护、数据产权保护以及数据监督的重要性不断凸显。

数据的海量并不意味着数据的滥用，这些数据的权属究竟应如何界定，利用的手段是否应当加以规范，企业是否应该进行行业自律，如何监管大数据行业，这些都是需要密切关注的焦点问题。行业的健康发展、技术的优化进步、权利的保障维护，无疑都需相应的法律支撑。

10.2 我国大数据政策法规

10.2.1 我国大数据政策法规发展过程

我国的大数据政策法规经历了多年的发展和完善，形成了较为系统和全面的法律体系。我国大数据政策法规的发展过程可以分为以下几个阶段：

1. 初步形成阶段（2012—2017年）

在这一时期，我国开始认识到大数据的重要性，并着手制定相关政策法规。2012年，北京、上海等地率先推出大数据产业发展规划，明确大数据产业的发展方向和重点。2013年，《国家发展改革委办公厅 财政部办公厅 关于2013年组织实施卫星及应用产业发展专项的补充通知》，开始国家层面大数据政策的探索。

随着大数据技术的快速发展和应用，中国政府开始制定更加全面、系统的大数据政策。2015年，"十三五"规划首次提出实施国家大数据战略，推进数据资源开放共享，标志着中国大数据政策法规的初步形成。同年，国务院印发了《促进大数据发展行动纲要》，明确了大数据发展的重点领域和方向。2016年，工信部发布了《大数据产业发展规划（2016—2020年）》，全面推进大数据产业的发展和应用。

2. 快速发展阶段（2018—2020年）

随着大数据技术的快速发展和应用的不断深入，中国的大数据政策法规也进入了快速发展阶段。2018年，政府工作报告中首次提出数字中国建设的概念，强调数字技术与经济社会深度融合。

2018年，国务院发布了《关于加强个人信息安全工作的通知》，加强了个人信息的保护和管理。同年，国家发改委还发布了《关于加强公共信息资源共享管理的通知》，推动了政府数据的共享和应用。此外，各地方政府也相继出台了大数据相关的法规和政策，进一步规范和推动大数据产业的发展和应用。

3. 深化完善阶段（2021年至今）

在大数据应用日益广泛和深入的背景下，我国的大数据政策法规也进入了深化完善阶段。2021年以来，我国政府继续加强大数据政策法规的制定和实施，推动大数据与实体经济深度融合，加强数据安全保障，优化数据基础设施布局等。

2021年6月，《中华人民共和国数据安全法》颁布施行，作为国家关于数据安全方面的基础性法律，明确提出了"维护数据安全，应当坚持总体国家安全观，建立健全数据安全治理体系，提高数据安全保障能力"，并把分类分级作为推进数据安全的基础工作，提出"国家建立数据分类分级保护制度""对数据实行分类分级保护"。2021年11月，保护个人信息安全的专门法律《中华人民共和国个人信息保护法》正式颁布施行。在两个法律的基础上，国家互联网信息办公室于2022年发布了《数据出境安全评估办法》。《中华人民共和国数据安全法》《中华人民共和国个人信息保护法》《数据出境安全评估办法》分别从国家重要数据保护、个人隐私和权益保护、数据主权维护角度给出了行为指引，我国数据安全治理的基础立法工作基本完成。

2022年起，党中央、国务院陆续印发了《"十四五"数字经济发展规划》《中共中央 国务院关于构建数据基础制度更好发挥数据要素作用的意见》《数字中国建设整体布局规划》等一系列数字经济发展的战略性文件，加快数据要素市场流通，创新数据要素开发利用机制。国家互联网信息办公室、工业和信息化部等相关部门陆续出台一系列规章和规范性文件。随着各行各业数字化的推进，数据安全产业发展如火如荼。

总的来说，中国大数据政策法规的发展是一个不断完善和成熟的过程，政府在推动大数据发展方面发挥了重要作用，为大数据技术的广泛应用和数字经济的高质量发展提供了有力支撑。

10.2.2 我国数据保护监管机构

近年来，随着数字经济和数据技术的快速发展，数据安全问题日益凸显，我国对数据保护监管的需求也愈发迫切。为此，我国政府不断完善数据保护的法律法规，并加强监管机构的建设和职能。

目前，数据保护监管机构主要由国家互联网信息办公室（网信办）牵头，并与工业和信息化部、国家市场监督管理总局、公安部等其他相关部门协同合作。此外，为了更好地应对数据安全挑战，还成立了国家数据局等专门机构。这些机构的成立标志着我国在数据保护监管方面迈出了坚实的步伐。

各监管机构相互协作，共同推动数据保护工作的开展，协同完成以下几方面的主要职责：
①制定和执行数据保护法规：监管机构负责制定和完善数据保护相关的法律法规，确保数据的

收集、存储、使用和传输都符合法律要求。

②监督和管理数据活动：监管机构对各类组织的数据活动进行监督和检查，确保其符合数据保护法规的要求，防止数据泄露、滥用等风险。

③处理数据保护投诉和纠纷：监管机构负责受理公众对数据保护问题的投诉和举报，并依法进行调查和处理，维护数据主体的合法权益。

④加强国际合作与交流：监管机构积极参与国际数据保护合作与交流，推动国际数据保护规则的制定和实施，借鉴国际先进经验和技术手段，提升中国数据保护监管水平。

⑤应急处置：建立数据安全应急处置机制，及时应对数据安全事件，降低数据安全风险。

这些职责旨在确保数据的合法、安全和合理使用，保护个人隐私和数据安全，促进数据的自由流动和利用。不同的监管机构在具体职责上可能会有所侧重和分工。

①国家网信办：负责统筹协调网络安全和信息化工作，负责制定和执行相关法规和政策，监管网络信息安全，协调相关部门加强互联网信息内容管理和数据保护工作等。

②工业和信息化部：负责网络强国建设相关工作，推动实施网络强国战略，维护网络安全等。

③公安部：负责公共信息网络的安全监察工作，查处危害计算机信息系统安全的违法犯罪案件等。

④国家市场监督管理总局：负责市场综合监督管理，统一登记市场主体并建立信息公示和共享机制，组织市场监管综合执法工作等。

⑤国家数据局：负责协调推进数据基础制度建设，统筹数据资源整合共享和开发利用，统筹推进数字中国、数字经济、数字社会规划和建设等工作。

此外，我国还建立了较为完善的数据工作体系，包括国家数据局等机构的设立和运转，以及上下联动、横向协同的数据工作机制，这些机制和机构为大数据政策法规的制定和实施提供了有力保障。同时，我国也在不断加强数据保护监管机构的能力建设，提高监管效率和水平。

总之，数据保护监管机构在不断发展壮大，其职责也日益明确和完善。未来，随着数字经济和数据技术的进一步发展，数据保护监管机构将继续发挥重要作用，为数据安全保驾护航。

10.2.3 我国数据安全立法监管

数据在广泛流动释放价值的同时，也面临着被窃取、泄露、篡改、破坏、滥用的巨大威胁。数据安全风险形态呈现多样化、复杂化特点，造成对个人组织、社会公共利益，甚至国家安全的严重威胁和损害。

数字化转型在各行各业持续深入，个人信息、敏感资产等数据泄露的影响严重而深远，数据安全逐步进入法治化的强监管时代。

为规范数据处理活动，保障数据依法有序自由流动，我国先后出台了《中华人民共和国国家安全法》《中华人民共和国网络安全法》《中华人民共和国密码法》《中华人民共和国数据安全法》《中华人民共和国个人信息保护法》《中华人民共和国民法典》"五法一典"等一系列法律法规。同时，数据安全相关部门规章持续密集发布，数据安全标准化研究制定工作加速推进，相关审查、评估、认证、审计等制度陆续推出，明确了数据保护的基本原则、数据主体的权利和义务、数据处理者的责任等内容，为数据保护监管提供了法律依据。

目前，数据安全已形成以法律、行政法规、部门规章及规范性文件、地方性法规以及相关行业标准、指南等相结合的综合性数据安全监督评价体系。

大数据政策法规已经涵盖了数据资源的开放共享、数字经济的发展、数据安全保障、数据基础设施建设等多个方面。对数据采集、存储、流通、使用的全过程安全管理，确保数据安全"可知、可视、可管、可控、可溯"。数据保护监管机构也不断加大监管力度，完善法规政策，提高数据保护水平。同时，企业和个人也应增强数据保护意识，遵守相关法规，共同推动数据保护事业的发展。

10.3 数据主权与权利

数据权属是网络和信息技术发展过程中出现的一个新问题。产生的根源是由于个人、企业和国家在网络和信息技术的冲击下不断地被数字化和虚拟化，个人生活、物质生产和意识形态更易被渗透和重塑。

数据的流动属性和资源属性不断增强。通过大规模的数据收集、处理和分析挖掘，可以为企业创造巨大的财富价值，但是也可能对国家安全和个人隐私造成巨大的冲击。

为更好地利用数据并减少其带来的负面效应，政府、企业和个人对数据权属的制度安排和主张提出了要求，并以此来保障国家信息安全，促进数据产业发展和加强个人隐私和数据保护。

数据权是数据权属的具体体现和细化，有两个维度的含义：

数据主权：即国家数据主权，指向公权力，以国家为中心构建的数据权力，其核心内容是数据管理权和数据控制权。

数据权利：以个人为中心构建的数据权利，指向私权利，包括数据人格权和数据财产权。数据人格权主要包括数据知情同意权、数据修改权、数据被遗忘权等；数据财产权主要包括数据采集权、数据可携权、数据使用权和数据收益权。

随着对数据权益研究的深入和发展，其内涵和具体内容还会进一步拓展和细化。

10.3.1 数据主权

数据主权是指一个国家对其境内产生的数据以及与本国相关的数据拥有的管辖权、控制权和治理权。在当今数字化时代，数据已成为一种重要的战略资源。数据主权具有以下重要意义：

从国家主权角度看，它体现了国家在数据领域的独立自主权利，确保国家能够自主地管理和利用本国数据，保护国家利益和公民权益。

从经济方面来说，掌握数据主权有助于促进本国数字经济的发展，提升国家在全球数字经济竞争中的地位。

在安全层面，保障数据主权可以防止数据被非法获取、滥用或泄露，维护国家的安全和稳定。

自20世纪70年代计算机在世界范围联网以来，跨境的数据流量不断增长。作为一种事关国家安全的战略性资源，巨量的数据流出境可能对国家安全造成影响。各国都在不断加强对数据主权的重视和保护，通过制定法律法规、建立监管机制等措施来维护自身的数据主权。同时，国际社会也在积极探索建立公平合理的数据治理体系，以协调各国在数据主权方面的利益和诉求。

对于数据主权面临的一些挑战，如跨国数据流动、大型科技公司对数据的掌控、国际数据规则的制定等，数据是否需要从国家层面进行必要的保护、管理和利用成为关注的重点。重大信息安全事件的爆发也表明对数据的收集、处理和分析可能对国家安全造成重大威胁，数据跨境流动对国家安全造成冲击是现实存在的。

10.3.2 数据权利

1. 数据人格权

个人隐私权的概念由来已久。自《论隐私权》一文提出隐私权概念以来，隐私权作为重要的公民人格权内容逐渐在法律层面得到了确认。

个人数据保护是信息社会公民个人隐私权保护的核心，加强个人数据保护的呼声日趋高涨。随着大数据时代的到来，隐私保护关注的重点转移到了个人数据保护方面，各国对个人数据保护非常重视。

2. 数据财产权

数据已经呈现出爆发式增长，并可以产生巨大的经济价值，作为一种资源，数据已经被赋予资产属性，数据所有权或产权需要被广泛认可。由于产权制度是市场经济发展的基础，是决定经济效率的重要内生变量，大数据应用产生的经济价值，需要数据确权的制度性安排。

由于数据权属构成与数据确权问题非常复杂。一方面，数据的来源具有多样性，个人、企业和政府对数据权属的认识和关注重点有明显的差异；另一方面，信息技术水平、数据控制能力、数据分析能力、跨国公司数量、国家外交环境等因素都对数据确权有一定的影响。

如何构建数据权制度体系是个巨大的挑战。目前，不管是学术界近几年的研究，还是各国政府关于数据保护的立法实践，似乎都在有意无意地应验《大数据时代》中的一个观点：在大数据时代，对原有规范的修修补补已满足不了需要，也不足以抑制大数据带来的风险，我们需要全新的制度规范，而不是修改原有规范的适用范围。

数据权会像其他基本权利谱系一样，经历从"应有权利"到"法定权利"再到"实然权利"的历史转变。

10.4 数据交易监管

"交易"在不同的学科中，其概念存在较为明显的差异，能够用于交易的事物都以具有价值为基础，或是一种资源，或是一种权利。21世纪，数据成为一种新型经济"资产类别"，成为影响社会各方面的具有价值的资源，数据资源日益成为人类社会的重要生产要素和战略资产，而数据的开放和流通是其价值体现的前提和基础。

10.4.1 数据交易的特殊性

数据交易是指将数据作为一种商品在不同的数据所有权者之间进行交换，满足不同主体需要的行为。数据交易的结果是数据产权的转移。

1. 数据作为流通交易的客体标的，相对于传统的交易标的，其本身具有特殊性

从交易层面而言，数据具有如下特征：

第一，数据占有主体的非唯一性。无论是实物商品还是虚拟物品都具有唯一性，同一时间只能

有一个所有权人,所有权与唯一性是相关联的,享有所有权即可以拥有商品。而数据则不具有唯一性,它可以同时复制交易给多个对象,是非独占的。与传统所有权的概念不同,数据产品的复制具有完全无差异性,在效用上也没有差异,可以反复进行交易。并且,传统商品的所有权可以通过登记或者占有等方式显示或者公示,只要保障交易安全就可以实现所有权的顺利移转,但是数据的拥有更为简单,只需要看过就拥有了数据商品,就能实现数据的效用。

第二,数据价值的相对性。数据的价值并非绝对确定,相对于不同的应用主体,相对于不同的处理分析技术,数据表现出不同的市场价值。一方面,从市场需求角度而言,同样的数据在应用过程中,对于有需求的企业和对于无需求的企业,其市场价值可能存在着天壤之别。另一方面,从数据的处理分析技术角度而言,数据挖掘和整合的深度和范围不同,数据形成的数据产品的应用范围差别巨大,其市场价值也将随着应用范围显示出相对性的显著特征。

2. 数据区别于一般商品的特殊性要求探索不同的交易模式

数据交易无论是从交易标的、交易过程、交易结果等都不同于普通商品,也不同于证券市场的产品。基于交易层面数据的特殊性,其交易过程需要借助特殊的平台来实现,也就是必须以平台为中心的交易过程,促成、公示并监管数据交易的过程,而这正是大数据流通和交易的中枢所在。

第一,数据交易中交易标的安全问题。目前可用于交易的数据来源和种类繁多,交易标的既包括经过清洗脱敏的底层数据,也包括清洗建模后的数据结果。种类众多的数据来自于政、企业、个人,也必然涉及国家、社会及个人等多方利益,其中备受关注的是个人信息保护、社会公众利益和国家安全等多方利益主体的信息安全问题。

第二,交易标的确权前置。基于数据可复制性的特征,为数据交易标的的权属证明增加了难度,传统物权法中动产与不动产的公示公信原则无法简单应用于数据权属的证明,因而大数据交易中必须以大数据的确权作为前置程序。

第三,交易双方主体资格。目前我国合法大数据交易模式中具有蓬勃生命力的是以大数据交易平台作为交易市场载体的模式。数据产品交易又是平台交易中最为核心的交易模式。在数据安全的视角下,交易双方的主体资格审查显得尤为必要。

数据交易是数据价值得以更好实现的基础,它可以实现不同数据之间的交换,数据可以在不同领域不同部门之间自由流通,进而可以让政府、企业或者个人都能够获得更多、更全面的数据。数据交易不仅提高了资源利用效率,而且使得社会主体可以获得更加丰富的数据,有助于发现更多的具有价值的潜在规律,促进社会的进步。

10.4.2 数据交易中蕴含的法律问题

对于数据交易,国内研究文献主要关注以下几方面的法律问题:

第一,数据所有权归属。对于数据权利的归属,从目前学者发表的文献来看,都是先对数据所有权归属的现状进行分析,然后,建议依据数据的不同类型,所有权由不同主体享有。

第二,个人隐私数据的保护。数据交易中的数据可能涉及个人隐私信息,稍有不慎就会造成个人隐私的泄露,对他人正常生活造成干扰。因此,如何保护个人隐私不受侵权,就成为数据交易中需要解决的重要问题。对此,学者们提出了较多建议,其中最为普遍的观点是对敏感数据进行清洗或者取得数据主体的同意才可用于交易。

第三,数据交易平台的法律地位。数据交易平台是以促进数据资源整合、规范交易行为、降低交易成本、增强数据流动性为目的而建立的。从目前大数据交易实际运作方式来看，数据交易平台的类型包括综合数据服务平台和第三方数据交易平台两种。二者的本质区别在于，第三方数据交易平台仅提供中介服务，法律地位相当于居间商；综合数据服务平台除提供中介服务之外，还提供数据存储服务，甚至作为数据产品出让方参与交易活动，既是居间商又是出让方，具有市场监管主体和监管对象双重身份。

10.4.3 我国数据交易政策法规现状

数据流通要发展，必须建立行业规则。需要研究探讨数据权属、交易标的合法性、资产评估与定价、安全与隐私保护、监管机制等问题。

现实的大数据交易中，数据平台始终处于中心地位，对于大数据交易，只有采用行政监管与平台监管的双重监管，才能消除数据孤岛、实现数据共享，实现数据合法交易的最终目标。

随着数据产业的发展，我国相继出台了一系列的政策，以促进数据交易。2015年《国务院关于印发促进大数据发展行动纲要的通知》、2016年《国务院关于印发"十三五"国家信息化规划的通知》、2016年《国家信息化发展战略纲要》等文件都将开发数据交易市场、促进数据资源流通、建立健全数据交易机制和法律、规范交易行为等作为重大任务和重点工程项目。

2021年正式通过《中华人民共和国数据安全法》，明确数据活动包括数据交易行为。第十九条提出"国家建立健全数据交易管理制度，规范数据交易行为，培育数据交易市场。"第三十三条明确要求"从事数据交易中介服务的机构提供服务，应当要求数据提供方说明数据来源，审核交易双方的身份，并留存审核、交易记录。"此外，还规定了违反第三十三条的法律责任。

依据《中华人民共和国数据安全法》《中华人民共和国个人信息保护法》等国家法律法规及行业监管合规要求，我国针对数据安全与隐私保护相关监管处罚力度与日俱增。四部委依据《工业和信息化部关于开展纵深推进APP侵害用户权益专项整治行动的通知》（工信部信管函〔2020〕164号）等相关标准，陆续开展多次违法违规收集使用个人信息专项检查及通报。

目前，我国的数据交易基本处于平台自我约束、自行探索规则的状态。如上海大数据交易中心制定的《个人数据保护原则》《数据流通禁止清单》《数据互联规则》《数据流通原则》；安徽大数据交易中心制定的《安徽大数据交易规则》；贵阳大数据交易所制定的《贵阳大数据交易所702公约》；哈尔滨大数据交易中心制定的《哈尔滨数据交易规则》；华中大数据交易所制定的《大数据交易安全标准》《交易数据格式标准》《大数据交易行为规范》《大数据交易管理条例》等规则。

我国国家层面及地方层面相继发布了有关数据交易的政策立法，但总体而言，呈现明显的政策驱动明显，法治化不足，规范的数据交易主体过于单一，数据交易的立法条款较为零散等特点。

现实的大数据交易中，数据平台始终处于中心地位，对于大数据交易，只有采用行政监管与平台监管的双重监管，才能消除数据孤岛、实现数据共享，实现数据合法交易的最终目标。

10.5 个人信息立法保护

大数据技术为社会的公共利益做出了很多贡献，在公共服务、社区治理中大数据技术在数据预测领域有很广阔的应用前景，曾经面临的一系列困境或许在大数据技术面前不再是问题，比如交通拥堵问题。大数据技术对公共利益作出贡献的同时也存在着对个人隐私的侵犯。

10.5.1 "个人信息"的界定

大数据预测是大数据技术目前应用于人们生活中最普遍的方式，大众是提供大数据技术资源的主要来源。大众在互联网中输入个人信息时，并不知晓自己的私人信息是否会被使用、被如何使用。数据采集者对于大众信息的采集，存在隐私边界不清晰的现象，在数据应用的全过程中，从数据采集到得出结果，都可能出现对个人隐私侵犯的情况。

如今，越来越多的国家对个人信息的保护予以关注并制定了相关法律，明确其概念是制定这些法律的基础。从各国的相关立法来看，各个国家对个人信息的称谓并不统一，比较常见的称谓有"个人数据"、"个人隐私"和"个人信息"等。其中，欧盟为主的一些国家使用"个人数据"这一称谓，具体在《个人数据保护指令》中是指"与一个身份已被识别或可被识别的自然人相关的任何信息"。美国没有单独的个人信息保护法，对个人信息的保护主要是将其以"个人隐私"的形式纳入《隐私法》中予以保护，类似的国家还有加拿大、澳大利亚、比利时等。采用"个人信息"的主要是韩国、日本等国家。我国学者对于使用何种称谓更能体现立法目的并能全面地保护个人信息这一问题上也存在过争议，但目前在学术界的主流观点倾向于使用"个人信息"这一称谓。

《中华人民共和国民法典》明确了隐私定义，界定侵犯隐私权行为；明确了个人信息定义及范围；明确个人信息处理范围、要求及原则；明确个人信息主体权利，规定信息处理者义务。明确数据活动必须遵守合法、正当、必要原则。

个人信息是一切可识别本人的信息的总和，这些信息包括了一个人的生理的、心理的、智力的、个体的、社会的、经济的、文化的、家庭等方面。个人隐私是指公民私人生活中不愿为他人所知，不受他人非法搜集、刺探和公开的私人信息。个人信息可以是私密的，也可以是公开的。大数据时代，数据的规模与种类已远远超过传统的数据，大数据的产生使个人信息的内容变得多样与复杂，隐私已不能包含其内容。隐私与个人信息具有密切的联系，它们的内容相似又有明显的区别。有的个人信息属于隐私，比如住址、电话号码等，有的个人信息则不属于隐私，比如身高、体重等，同样地，有的隐私如日记、个人的心理活动等也不属于个人信息。可见，个人隐私注重私密性，个人信息倾向于可保护人格尊严的需要。人格尊严是指人作为法律主体所应当受到的尊重和承认，是人之为人最基本的权利，而自主能力是人格尊严的重要内容。

10.5.2 《中华人民共和国个人信息保护法》的实施

2021年8月20日，中华人民共和国第十三届全国人大常委会第三十次会议表决通过《中华人民共和国个人信息保护法》，此法于2021年11月1日起施行。《中华人民共和国个人信息保护法》立足于数据产业发展的实践和个人信息保护的迫切需求，完善了我国数据合规领域的法律体系，更为全面地保障个人权利。

《中华人民共和国个人信息保护法》明确了个人信息处理的合法基础；为个人赋予撤回同意的权利；将不满十四周岁未成年人的个人信息列入敏感个人信息；针对用户画像、"大数据杀熟"等问题，从算法伦理、数据获取、数据使用、风险评估和日志记录等方面对自动化决策进行了规制；全面规范个人信息跨境的规则；明确个人信息侵权行为的归责原则为过错推定等。

《中华人民共和国个人信息保护法》的出台进一步完善了我国在个人信息保护和数据安全领域的立法体系，为个人权益的保护构建了较为完善的法律框架，也为数据产业的市场参与者提供了更为具体的合规指引。

10.6 数据跨境流动监管机制

10.6.1 数据跨境流动的现状与风险

全球海量数据在网络空间中不断移动和流转,带来了经贸交易、技术交流、资源分享等跨国合作。数据的挖掘和利用释放了大数据价值、提升了经济效率、增进了社会福祉。

同时,跨境数据中不可避免地涵盖了个人敏感信息、企业运营数据和国家重要信息数据,并且随着数据规模不断庞大、数据种类不断丰富,数据安全风险也在日益加剧。尤其在大国博弈持续加剧的今天,数据作为国家重要的生产要素和战略资源,其日益频繁的跨境流动带来了潜在的国家安全隐患。

①数据泄露风险:在跨境传输过程中可能导致敏感信息被窃取或滥用。

②国家安全威胁:国家战略动作易被预测,陷入政策被动;以及涉及关键基础设施、重要行业数据等的流动可能影响国家安全。

③隐私侵犯:个人数据跨境流动可能导致个人隐私得不到有效保护。

④法律冲突:不同国家和地区的数据保护法规存在差异,可能引发法律适用等问题。

⑤产业竞争风险:可能导致数据资源的不均衡分布,影响各国产业发展的公平性。

⑥合规成本增加:企业需要投入大量资源来满足不同国家的合规要求。

其他还包括,以数据为驱动的新兴技术领域竞争优势将被削弱等。以人脸识别技术为例,我国具有丰富的数据资源,且相较国外文化更易收集人脸数据,因此发展出商汤科技等全球领先的初创公司,一旦我国独特的数据资源被他国获取,国外数据资源相对匮乏的短板会被迅速填补,从而实现反超,削弱我国竞争优势。

10.6.2 我国立法应对数据跨境流动安全隐患

到目前为止,已有近100个国家制定了数据安全保护的法律法规。《中华人民共和国数据安全法》《中华人民共和国网络安全法》《中华人民共和国个人信息保护法》等法律法规都对数据跨境流动作出了相关规定。

《中华人民共和国数据安全法》特别强调,关系国家安全、国民经济命脉、重要民生、重大公共利益等数据属于国家核心数据,实行更加严格的管理制度,对重要数据实施重点保护。

1. 关于数据管辖

在《中华人民共和国数据安全法》第二条中明确了更为广泛的境外司法管辖,指出了在境外开展的数据处理活动损害了中国相关利益的情况下,中国具有管辖权,这符合数据的可复制性和网络的互通性的客观情况。

相对于其他国家,我国以保护性管辖为标准来确定管辖权,是相对窄的扩展。

尽管有管辖上的扩展,《中华人民共和国数据安全法》在数据领域还是持开放态度,第十一条明确国家积极开展数据安全治理、数据开发利用等领域的国际交流与合作,参与数据安全相关国际规则和标准的制定,促进数据跨境安全、自由流动。

在欧盟的《通用数据保护条例》中基于欧盟国家的公民来扩张其数据主权，其规定任何一个互联网公司，即使在欧盟没有办事机构，只要互联网公司的用户中有欧盟国家的公民，就需要遵守该条例的规定。

2. 关于我国数据的出境

《中华人民共和国数据安全法》第二十五条明确了对"与维护国家安全和利益"，以及"履行国际义务相关"的数据出口实施出口管制，进一步完善了我国数据出境的监管制度框架。

《中华人民共和国数据安全法》补充和完善了数据出境管理要求，对数据境内存储以及出境的安全评估做出规定，以及对数据域外流动进行了规定，明确条约互惠和强化域外数据司法、执法监管。在第三十一条对重要数据出境监管作出规定：关键信息基础设施的运营者在中华人民共和国境内运营中收集和产生的重要数据的出境安全管理，适用《中华人民共和国网络安全法》的规定。

《中华人民共和国数据安全法》第四十八条规定了未经主管机关批准而向外国司法或者执法机构提供数据的惩罚措施，该惩罚不但针对提供数据的组织还针对其直接负责人。

3. 关于个人信息跨境

《中华人民共和国个人信息保护法》设置专章对个人信息跨境提供的规则进行了全面的规范，与《中华人民共和国数据安全法》《中华人民共和国网络安全法》形成了完善的法律体系衔接。

个人信息的跨境流动要进行安全评估，通过国家行政机关如网信部门的相关认证；在境外司法或执法机构要求提供境内个人信息时需要经过主管机关的批准。由于个人信息极易在互联网上进行流转，因此跨境侵权诉讼频发。根据《中华人民共和国数据安全法》规定了一些情形下进行跨境数据流转，需要经过我国主管部门批准。《个人信息保护法》第四十一条通过立法的形式，维护了我国国家的司法主权。

此外，在《中华人民共和国数据安全法》第二十六条规定了我国在数据相关投资、贸易中遭遇外国或地区的歧视性禁止或限制时，可以对等采取措施。对等原则是国际贸易中常用的原则。

小　　结

大数据时代，拥有数据规模和应用数据能力成为企业之间竞争的关键，有效利用大数据资源也成为国家竞争力的重要影响因素。但是，大数据资源是一把双刃剑，既存在巨大价值，又蕴含着巨大风险，需要法律政策规范来约束。

本章首先讲述数据安全立法与国家战略之间关系，接着对数据交易监管、个人信息立法保护、数据跨境流动等几个方面的法律政策规范进行了详细描述，包括现状与风险、保障机制等，对数据的价值与风险之间进行平衡。

习　　题

1. 我国数据监管的机构有哪些？对应的监管的范围是什么？
2. 数据交易监管体现在哪些方面？
3. 数据交易的特殊性体现在哪些方面？
4. 请阐述数据跨境流动监管机制有哪些。

第11章　大数据应用

第12章　综合案例

第11章　大数据应用

随着信息技术飞速发展，互联网各种信息资源交错、信息数据泛滥，数据体量呈爆发性增长，每年所产生的数据体量是前一年的1.5倍。

大数据的战略意义不是海量的数据，而是对数据信息进行加工处理，以探寻海量数据蕴含的内在规律。大数据被广泛应用于各个领域，为用户提供辅助决策、发掘潜在价值。不同行业与大数据相结合的程度，与行业信息化水平、行业与消费者的距离、行业的数据拥有程度有着密切的关系。

本章通过具体案例，介绍大数据在互联网、城市交通、现代物流、生物医学、金融、安防等领域的应用，并通过具体案例分析，深刻理解大数据在当今社会发展中的作用，并能够使用大数据思维分析和解决问题。

11.1　大数据在互联网领域的应用

随着互联网的飞速发展，人们逐渐从信息匮乏走入了信息过载的时代。为了让用户从海量信息中高效地获取所需信息，推荐系统应运而生。

推荐系统的主要功能是为用户和信息建立联系，一方面帮助用户发现对自己有价值的信息，另一方面让信息能够展现在对其感兴趣的用户面前，从而实现信息消费者和信息生产者的双赢。基于大数据的推荐系统通过分析用户的历史记录、了解用户的喜好，从而主动为用户推荐感兴趣的信息，满足用户的个性化需求。

11.1.1　推荐系统概述

推荐系统是自动联系用户和信息的工具，它通过研究用户的兴趣爱好，以进行个性化推荐。以Google和百度为代表的搜索引擎通过关键词搜索信息，用户在搜索信息时，需要提供能够准确描述其需求的关键词。与搜索引擎不同的是，推荐系统不需要用户提供明确的需求，而是通过分析用户的行为对用户的兴趣进行建模，从而主动为用户推荐符合其兴趣和需求的信息。

随着推荐技术的不断发展，推荐引擎已经在电子商务网站（如京东、淘宝）和一些社交娱乐平台（如今日头条、豆瓣、抖音、优酷等）都取得很大的成功。

11.1.2　推荐机制

大部分推荐引擎的工作原理是基于物品或者用户的相似集进行推荐，推荐机制可以分为基于人口统计学的推荐、基于内容的推荐、基于协同过滤的推荐等。

1. 基于人口统计学的推荐

基于人口统计学的推荐机制可根据用户的基本信息发现用户的相关程度，然后将相似用户喜爱的其他物品推荐给当前用户，如图11-1所示。

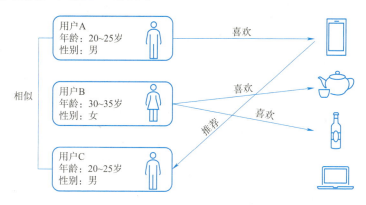

图11-1　基于人口统计学的推荐机制工作原理

基于人口统计学的推荐机制工作原理如图11-1所示。系统首先为用户创建基本信息模型，包括用户年龄、性别等信息，然后根据用户基本信息计算用户相似度，可知用户A的基本信息和用户C一致，所以系统会认为用户A和用户C是相似用户，在推荐引擎中，可以称他们是"邻居"，最后基于"邻居"用户群的喜好，推荐给当前用户一些物品，将用户A喜欢的物品推荐给用户C。

基于人口统计学推荐机制的主要优势是对于新用户没有"冷启动"的问题，这是因为该机制不通过当前用户对物品喜好的历史数据进行推荐。该机制的另一个优势是它是领域独立的，不依赖于物品本身的数据，所以可以在不同的物品领域都得到使用。

基于人口统计学的推荐机制的缺点是通过用户基本信息进行分类的方法较为简单，对个性化需求较高的图书、电影、音乐等领域，无法得到很好的推荐效果。另外，该机制可能会涉及与查找信息无关且较敏感的信息，如用户的年龄、收入等，会存在侵犯用户隐私的嫌疑。

2. 基于内容的推荐

基于内容的推荐是在推荐引擎出现之初应用最为广泛的推荐机制，它的核心思想是根据推荐物品或内容的元数据，发现物品或内容的相关性，然后基于用户以往的喜好记录，推荐给用户相似的物品。

图11-2给出了基于内容推荐的一个典型的例子，即音乐推荐系统。首先需要对音乐的元数据进行建模，如将音乐划分为不同类型。然后通过音乐的元数据发现音乐间的相似度，由于音乐A和C的类型都是"摇滚"，因此系统将其归为一类音乐。最后由推荐系统实现个性化推荐，由于用户A喜欢听音乐A，那么系统就可以给他推荐类似的音乐C。

基于内容的推荐机制的优点在于基于用户的兴趣爱好建模，提供符合用户个性化需求的精准推荐。但它也存在以下几个问题：需要对物品进行分析和建模，推荐的质量依赖于物品模型的完整和全面程度；物品相似度的分析仅仅依赖于物品本身的特征，而没有考虑人对物品的态度；因为是基于用户以往的历史数据做出推荐，所以对于新用户有"冷启动"的问题。

虽然基于内容的推荐机制有很多不足和问题，但它还是成功地应用在电商、电影、音乐、图书类App等平台。为提升推荐的精准化程度，有些平台还聘请专业人员对物品进行编码。

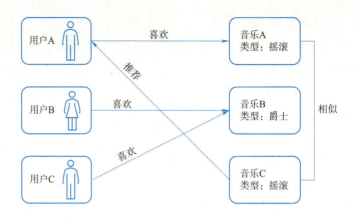

图11-2 基于内容推荐机制的工作原理

3. 基于协同过滤的推荐

数据挖掘有一个关于尿布和啤酒的经典案例。尿布和啤酒看似毫不相关的两种商品，当超市将其放到相邻货架销售的时候，两者销量都会大大提高。很多时候看似不相关的商品，却存在某种隐含关系，获取这种关系将会对提高销售额起到推动作用，然而有时这种关系很难通过经验分析得到，需要借助数据挖掘算法——协同过滤算法来实现。

基于协同过滤的推荐包括基于用户的协同过滤推荐、基于项目的协同过滤推荐等。

（1）基于用户的协同过滤推荐

如图11-3所示，基于用户的协同过滤推荐的基本原理是，根据所有用户对物品或者信息的偏好，发现与当前用户口味和偏好相似的"邻居"用户群。基于邻居的历史偏好信息，为当前用户进行推荐。

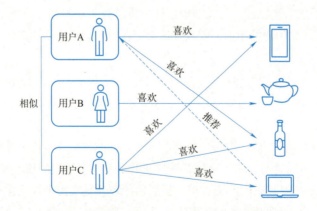

图11-3 基于用户的协同过滤推荐机制

（2）基于项目的协同过滤推荐

如图11-4所示，基于项目的协同过滤推荐的基本原理是，使用所有用户对物品或者信息的偏好，发现物品和物品之间的相似度，然后根据用户的历史偏好信息，将类似的物品推荐给用户。

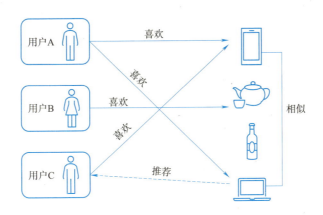

图11-4　基于项目的协同过滤推荐机制

11.1.3 推荐系统的应用

推荐系统在电子商务、社交网络、在线音乐和在线视频等各类网站和应用中都具有重要意义。下面通过某电商平台豆瓣这个案例，简要分析推荐系统的具体应用。

1. 推荐系统在电商平台的应用

电商平台作为推荐系统应用最广泛的平台之一，其推荐的核心是，通过数据挖掘算法将用户与其他用户的消费偏好进行对比，来预测用户可能感兴趣的商品。其采用分区混合机制，将不同的推荐结果分为不同的区显示给用户。图11-5展示了用户在某电商平台首页上能得到的推荐。

图11-5　某电商平台首页推荐机制

电商平台记录用户的访问行为，对访问行为产生的数据进行分析，最后为用户推送信息。

猜你喜欢：根据用户近期历史购买或者访问记录给出推荐列表。

热销商品：采用基于内容的推荐机制，将符合需求的热销商品推荐给用户。

当用户浏览商品时，某电商平台会根据当前浏览的商品，对用户在站点上的行为进行处理，然后为用户推送推荐。图11-6展示了用户在某电商平台上浏览商品时能得到的推荐。

经常一起购买的商品：采用数据挖掘技术，对用户的购买行为进行分析，找到经常被一起或同一个人购买的商品集，然后进行捆绑销售，这是一种典型的基于项目的协同过滤推荐机制。

看过此商品后顾客买的其他商品：具有类似购物习惯的用户在购买当前商品时，通常也会购买的其他商品，属于典型的基于用户的协同过滤推荐机制。

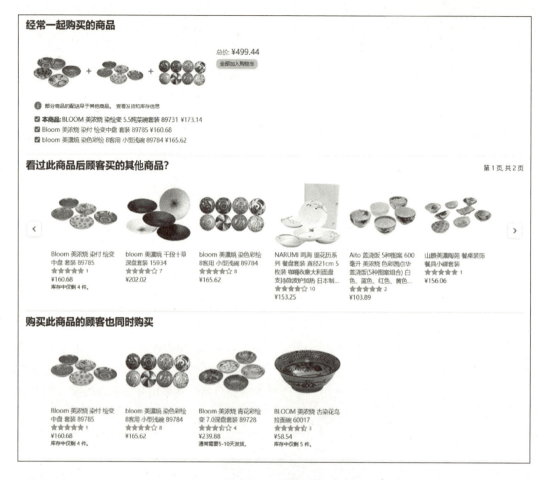

图11-6 某电商平台商品页推荐机制

购买此商品的顾客也同时购买：也是典型的基于项目的协同过滤推荐应用，帮助用户方便快捷地找到自己感兴趣的商品。

2. 推荐系统在豆瓣社交平台中的应用

豆瓣是国内知名社交平台，它以读书、电影、音乐和同城活动为核心，形成一个多元化的网络社交平台，下面介绍豆瓣的推荐原理。

当用户在豆瓣电影中将一些看过或是感兴趣的电影加入列表中，并为它们进行评分后，豆瓣推荐引擎即可获取用户的偏好信息。在对信息进行数据分析后，豆瓣将会向用户展示推荐的电影。

豆瓣的推荐结果是根据用户的收藏和评价自动得出的，每个人的推荐清单都是不同的，每天推荐的内容也可能会有变化。收藏和评价越多，豆瓣给用户的推荐就会越准确和丰富。

豆瓣是基于社会化的协同过滤的推荐，用户越多，用户反馈越多，推荐效果越精确。相对于用户行为模型，豆瓣电影的模型更加简单，就是"看过"和"想看"，这也让豆瓣的推荐系统更加专注于用户的品位，毕竟买东西和看电影的动机是不同的。

另外，豆瓣也有基于物品本身的推荐机制，当用户查看某个电影的详细信息时，系统会为用户推荐"喜欢这个电影的人也喜欢的电影"，这是典型的基于协同过滤推荐的应用。

11.2 大数据在城市交通领域的应用

大数据技术推动城市综合交通系统规划设计与运行管理向智能化、精准化方向发展。现代城市每天产生海量庞杂、异质多元、时空关联的交通数据，蕴含着丰富的价值信息。通过对多元异构大数据的聚集和深度挖掘，可以更准确地刻画城市交通系统的运行状态与演变规律，可以在虚拟环境下实现城市复杂交通系统运行状态的实时监测、在线推演、精准调控和可视化呈现，为城市交通系统科学决策提供了新途径，为大幅度提升城市综合交通系统的规划、设计、运行、管理水平，实现城市综合交通系统的整体效能提升提供有力支撑。

11.2.1 智慧交通大数据概述

智慧交通是在智能交通发展基础上，引入物联网、云计算、大数据等新一代信息技术，实现交通信息的汇集，进行数据精准挖掘与剖析，提供实时交通数据信息参考。其涉及数据模型建立、数据挖掘等数据处理技术，关注交通数据的实时更新，以实现交通网络布局的合理规划。大数据技术在智慧交通建设中占据核心地位，是智慧交通创新发展的基石。智慧交通大数据包括四个层次，即数据层、功能层、平台层和服务层。

数据层是智慧交通大数据的基础层，包括交通拥堵情况、车辆检修、车辆经营、公众出行服务等数据，该层功能是数据的采集与统计分析，是智慧交通建设的基础。功能层建立在数据分析基础上，进行数据的集成和调用，功能层根据智慧交通的多元业务需求，通过建立模型、分类标签处理，搭建具有定制和修改属性的各功能模块，分别负责车辆自动识别、智能信号控制、行为轨迹捕捉、交通事故识别、流量预测、运维监测等，每个功能模块对数据输入、处理、分析及输出都有清晰的规定，通过人性化的数据处理，将无关数据自动隐藏，以人性化的方式推送关键数据。平台层是信息服务平台，由功能层功能模块组合而成，主要职责是管理与决策，是智慧交通大数据运营的核心，具有承上启下的作用。服务层是智慧交通大数据的窗口，是大数据对外提供各种类型服务的集合。

11.2.2 大数据技术在城市交通拥堵治理中的作用

大数据技术弥补了传统交通诱导系统的缺陷，实现城市交通中数据的动态监控与获取。一方面，在大数据和云计算技术支持下，流量、车型、运动方向、轨迹等交通信息捕获更及时，更新速度更快，基于云计算技术的模拟功能，实现路网运行状况的模拟评估，交通诱导信息更新速度快，交通诱导措施执行效率更高，减少了信息滞后导致的信息价值降低问题。另一方面，在大数据技术的支持下，可以掌握交通实时拥堵情况，并针对不同出行时间的用户群体推送个性化的交通诱导服务，服务内容与用户需求匹配度高，交通诱导服务信息价值更高。此外，大数据技术为交通拥堵评价提供技术支持，关于城市交通拥堵问题的治理离不开交通拥堵情况的有效判定与评价，而交通拥堵是动态变化的过程，其受各种因素影响明显，且涉及多个方面，如交通拥堵的影响范围、拥堵路段、交叉口等，这些都是交通拥堵状况判定的参考，在以往的交通拥堵评价中，基于技术的局限，这些数据的综合评判分析难度较大，而大数据技术实现了这些数据的协同高效采集与精准分析，得出的交通拥堵评价更全面、更客观。

如何治理超大城市交通拥堵顽疾？上海开出了数字化处方。自全面推进城市数字化转型以来，在城市运行一网统管的框架下，交通领域不断加入智慧大脑：建立上海城运系统道路交通管理子系统易的PASS，基于此优化了全市158个交通拥堵路口，整改2300处事故高发点位，打造云路中心平台，其中杨浦大桥先行先试，用数字孪生赋能智慧监管，提升道路运输治理现代化水平。

易的PASS有何神通？该系统汇聚了公安、交通等13个部门138类数据，并基于全市十几万个神经元感知设备，利用交通仿真、大数据等技术，能演算出上海交通的动静态变化规律。

11.3 大数据在物流行业的应用

所谓物流大数据，即运输、仓储、装卸、包装及流通加工等物流环节中涉及的数据。通过大数据分析可以提高运输与配送效率、减少物流成本、更有效地满足客户服务需求。物流大数据将所有货物流通的数据、物流快递公司、供求双方有效结合，形成一个巨大的即时信息平台，从而实现快速、高效、经济的物流。

11.3.1 物流大数据的作用

基于大数据技术，物流企业借助"大数据+"构建智慧物流平台，响应市场需求，调整市场策略，发现潜在商机，优化仓储物流。以大数据技术为核心的新一代信息技术推动物流行业的深刻变革。

1. 提升物流智能化水平

通过物流数据分析，物流大数据可以为物流企业提供智能决策，包括竞争环境分析、物流供给与需求匹配、物流资源优化与配置等。在竞争环境分析方面，通过对竞争对手分析，对其行为进行预测，从而确定某个区域或时期应该选择的合作伙伴。在物流供给与需求匹配方面，通过分析特定时期、特定区域的物流供给与需求情况，从而进行合理的配送管理。在物流资源优化与配置方面，主要涉及运输资源、存储资源等。物流市场有很强的动态性和随机性，需要实时分析市场变化情况，从海量的数据中提取当前的物流需求信息，同时对已配置和将要配置的资源进行优化，从而实现对物流资源的合理利用。

2. 降低物流成本

由于交通运输、仓储设施、货物包装、流通加工和搬运等环节对信息的交互和共享要求比较高，因此可以利用大数据技术优化配送路线、合理选择物流中心地址、优化仓库储位，从而降低物流成本，提高物流效率。

3. 提高用户服务水平

网购规模越来越大，顾客非常重视物流服务体验。通过对数据挖掘和分析，物流企业可以为顾客提供更好的服务，如实时提供物流配送过程中的相关信息等，可以巩固客户关系，提升客户黏性，避免客户流失。

11.3.2 物流大数据应用

针对物流行业特性，大数据应用主要体现在车货匹配、运输路线优化、库存预测、设备修理预测、供应链协同管理等方面。

1. 车货匹配

通过对运力池进行大数据分析，公共运力的标准化和专业运力的个性化需求之间可以产生良好的匹配，同时，结合企业的信息系统也会全面整合与优化。通过对货主、司机和任务的精准画像，可实现智能化定价、为司机智能推荐任务和根据任务要求指派配送司机等。

客户方面，通过大数据分析，根据客户需求，如车型、配送公里数、配送预计时长、附加服务等，自动计算运力价格并匹配最符合要求的司机，司机接到任务后，会针对客户进行个性化高质量服务。司机方面，通过大数据分析，根据司机的个人情况、服务质量、空闲时间，自动匹配合适的任务，并进行智能化定价。基于大数据实现车货高效匹配，不仅能减少空驶带来的损耗，提高物流系统运行效率。

2. 运输路线优化

通过大数据技术可以优化车辆运行路线，极大提升物流运输效率。

某物流公司使用大数据技术优化送货路线，可实时分析20万种可能路线，3 s内找出最佳路径，配送人员无须自行选择送货路线。该物流公司通过大数据分析，规定卡车不能左转。根据往年的数据显示，因为执行尽量避免左转的政策，物流货车在行驶路程减少2.04亿千米的前提下，多送出了35万件包裹。

3. 库存管理

互联网技术飞速发展，推动商业模式变革，产品的供应渠道可以直接由生产者到顾客。供应渠道的改变，从时间和空间两个维度为物流业创造新价值奠定基础。

通过大数据技术，可优化库存结构，降低库存存储成本。运用大数据技术对商品品类进行分析，系统推荐可用来促销和用来引流的商品；同时，系统会自动根据以往的销售数据进行建模和分析，以此判断当前商品的安全库存，并及时给出预警。利用大数据技术可以降低库存存货，提高资金利用率。

4. 设备修理预测

某物流公司从2000年就开始使用预测性分析对车辆进行检测，以便及时进行防御性修理。如果车在运输过程中出现故障，通常需要再派一辆车进行替换，会造成时间延误，并消耗大量的人力、物力，带来经济损失，影响公司信誉。以前，该物流公司每隔两三年就会对车辆的零件进行定期更换，这种方法效率较低，大多数没有问题的零件也会被替换。通过大数据技术，对车辆各个部位进行检测，只需更换提醒更换的零件即可，节省大量成本。

5. 供应链协同管理

随着供应链日益复杂，通过大数据技术可以发挥数据的最大价值，集成企业所有的计划和决策业务，包括需求预测、库存计划、资源配置、设备管理、渠道优化、生产作业计划、物料需求与采购计划等，这将彻底变革企业市场边界、业务组合、商业模式和运作模式。

良好的供应商关系是消灭供应商与制造商间不信任成本的关键。双方库存与需求信息的交互，将降低由于缺货造成的生产损失。通过将资源数据、交易数据、供应商数据、质量数据等存储起来用于跟踪和分析供应链在执行过程中的效率、成本，能够控制产品质量；通过数学模型、优化和模拟技术综合平衡订单、产能、调度、库存和成本间的关系，找到优化解决方案，能够保证生产过程的有序与匀速，最终达到最佳的物料供应分解和生产订单的拆分。

11.3.3 物流大数据应用案例

某货运公司的快运卡车被特别改装成为Smart Truck,并装有传感器。每当运输车辆装载和卸载货物时,车载计算机会将货物上RFID传感器的信息上传至数据中心服务器,服务器会在更新数据之后动态计算出最新最优的配送序列和路径。

在运输途中,远程信息处理数据库会根据即时交通状况和GPS数据实时更新配送路径,做到更精确的取货和交货,对随时接收的订单做出更灵活的反应,以及向客户提供有关发货时间的精确信息。

该货运公司通过对末端运营大数据的采集,实现全程可视化监控,以及最优路径的调度,同时精确到了每个运营结点。客户可以通过手机应用程序实时更新他们的位置或即将到达的目的地,该货运公司的包裹配送人员能够实时获取顾客位置信息,提高配送效率。

11.4 大数据在生物医学领域的应用

生物医学是综合工程学、医学和生物学的理论和方法而发展起来的交叉边缘学科,基本任务是运用工程技术手段研究和解决生命科学,特别是医学中的有关问题,主要研究利用电子信息技术结合医学临床对人体信息进行无损或微损地提取和处理。在医学领域,基因序列、医学影像、电子病历、临床医药试验等每天产生海量的数据,并呈现爆炸式增长,使生物医学跨入大数据时代。

11.4.1 生物医学大数据的特点及发展现状

进入21世纪,新一代生物分析平台不仅具有单细胞检测功能,还有实时动态图像系统,能够为生物医学研究提供大量的数据信息。在对海量数据蕴含的规律进行研究时,必须保证数据量大,处理数据效率高、速度快,数据源要有多变性,以实现基于大数据的分析和预测。

与其他科学大数据一样,生物医学大数据也呈现出典型的3H特点,即高维性、高度计算复杂性和高度不确定性。高维性指生物医学大数据不仅能够对样本进行多重分析,还能够使用多组数据,样本量较多,这些特点使多维数据的索引成为可能。通过高维数据分析,可实现对数据规律的剖析,但数据整合与分析的难度较大。高度计算复杂性指由于生物医学中存在不同的数据,对系统性整合提出更高要求。生物医学研究的样本来源不同,这就使研究对象难以确定。大数据的研究与以往的逻辑推理研究有着本质的差异,因为大数据研究需要对庞大的数据进行多项分析归纳和相关性分析。

11.4.2 生物医学领域大数据的价值应用

1. 生物医学领域大数据

正确认识大数据,我们需要从数据来源、类型和量化等方面入手。美国科学家Weston和Hood(2004)提倡进行个体化预测、预防和医疗。个体化医疗需要将每位患者的各种信息综合分析,针对个体患者的疾病诊断和治疗中信息数据庞大。同时,人类基因组计划的完成促进了对人类基因的研究,在基因组数据库中分析基因表达、基因变异与疾病的相关性对临床治疗有很大的意义,收集到的蛋白组学、代谢组学、转录组学、脂类组学、糖组学等数据非常庞大,还有人类对古人类基因组的研究也不断深入。

2. 生物医学大数据的挖掘

生物医学大数据不仅可以应用于组学研究及不同组学间的关联研究、识别生物标志物和研发药物、实施健康管理等，而且还能实施更强大的数据挖掘，例如对数据挖掘进行关联分析、聚类分析、分类分析和异常分析等，对生物医学大数据挖掘能够增加把握度并且有发现弱关联的能力。

3. 疾病风险评估与健康指导

提升大数据分析与共享的实用性，首先要建立适合风险评估的现场环境，观察各个控制系统存在的问题，设计方案中需要继续深入完善的内容，通过建立综合控制环境，并观察控制方案中存在的风险隐患，以实现疾病评估目标，达到预期的风险控制效果。如将不同时期的体检结果输入到大数据分析系统中，形成健康指导数据库，当数据超出安全范围，系统会自动进行提醒，将风险评估结果整理并显示。

4. 精准医学药物研发及用药指导

数据库系统开发完成后，所进行的各项药品研发以及疾病治疗用药都能够在此指导下进行，将医学方面的安全控制体现在数据库方面，实现用药指导更为精准地开展。精准医学大数据共享系统中的信息，具有极强的用药指导价值，构建适合现场工作内容开展的体系后，临床用药也可以参照共享系统中所记录的内容来进行，避免产生用药安全隐患，对临床医学能力提升有很大帮助。医药研发中需要大量的临床精准数据作为支持，通过对精准医学大数据展开分析与共享，可帮助医学人员在短时间内搜集到更多的信息资料，包括不同医学领域的内容。在大数据分析技术支持下，提升了数据环境的使用开发效果，为医药研发以及药品应用建立更适合的现场环境。在用药指导中也可以参照精准医学方面的大数据来进行，提升用药安全性。

11.4.3 生物医疗大数据的应用案例

早在2010年，政府相关部门与百度等互联网企业合作，希望借助于互联网企业收集到的海量网民数据，进行大数据分析，实现流行病预警管理，从而为流行病的预防提供宝贵的缓冲时间。其基本原理是：流行病的发生和传播有一定的规律性，与气温变化、环境指数、人口流动等因素密切相关，每天用户都会在互联网搜索大量的流行病相关信息，汇聚起来就有了统计数据，经过一段时间的积累，可以形成预测模型，预测未来疾病的活跃指数。

百度疾病预测系统，覆盖范围非常广泛，不仅仅包括大城市，更是覆盖到了区县，并实现了基于地图的交互功能，带来更好的体验。例如，用户可以选择自己所在的省市了解相关疾病的信息，就会在地图上使用不同大小和颜色的原点显示出该疾病在该地区的活跃程度，同时还可以为用户推荐相关的热门就诊医院，极大地方便了用户的就医过程。

目前，百度疾病预测系统，已经广泛服务于政府部门、相关行业和普通民众。政府部门根据系统提供的预测报告，可以提前制定疾病防控措施，有效应对可能的流行病爆发，甚至可以提前锁定易感染人群，发布针对特定人群的疾病预防指南，并及时掌握相关群体的活动去向，最大程度地控制病情传播。对于相关行业而言，根据预测报告，可以进行市场需求分析，判断消费趋势，从而制定针对性的营销方案。对个人而言，能够及时获知自己所在的城市是否有爆发某种疾病的趋势，哪些人群容易感染某种疾病等，有了这些有价值的参考信息，用户就可以适时地调整自己的出行计划，采取有效的防护措施，从而减少自己感染疾病的概率。

11.5 大数据在金融领域的应用

大数据、人工智能、云计算、移动互联网等技术与金融业务深度融合，大大推动了我国金融业转型升级，助力金融更好地服务实体经济，有效促进金融业整体发展。新一代信息技术在金融领域的应用中，又以大数据技术应用最成熟、最广泛。从发展特点和趋势来看，金融云快速建设落地，奠定了金融大数据的应用基础，金融数据与其他跨领域数据的融合应用不断强化，人工智能正在成为金融大数据应用的新方向，金融行业数据的整合、共享和开放正在成为趋势，给金融行业带来了新的发展机遇和巨大的发展动力。大数据技术在金融行业中应用十分广泛，以下主要介绍银行、保险等金融细分领域。

11.5.1 银行领域

银行大数据应用可以分为客户画像、精准营销、风险管控、运营优化四个方面。

1. 客户画像

通过整合内部数据和社交媒体上的行为数据、电商网站的交易数据、企业客户的产业链上下游数据、客户兴趣偏好类数据等外部社会化数据，建立用户画像，以获得更为完整的客户拼图，并以此实现精准营销和管理。

2. 精准营销

根据客户的实时状态来进行营销，如针对客户实时所在地、工作情况、婚姻状况、置居、客户近期消费等信息进行营销；银行根据客户交易记录分析，有效地识别小微企业客户，以远程银行来实施交叉销售；根据客户喜好进行个性化推荐，如根据客户的年龄、资产规模、理财偏好等，进行精准定位，分析其潜在金融服务需求，针对性进行营销推广；银行通过构建客户流失预警模型，对流失率等级前20%的客户发售高收益理财产品予以挽留，从而降低客户流失率。

3. 风险管控

通过企业生产、流通、销售、财务等相关信息，进行实时数据挖掘，进行贷款风险分析，量化企业的信用额度，从而有效地开展中小企业贷款；银行利用持卡人基本信息、交易历史、客户历史行为模式、正在发生行为模式等，通过实时数据平台，建立智能规则引擎，进行实时交易反欺诈分析。

4. 运营优化

数据平台可实时监控不同市场推广渠道的质量，从而进行合作渠道的调整和优化；平台将客户行为转化为信息流，并从中分析客户的个性特征和风险偏好，更深层次地理解客户习惯，实时化、智能化分析和预测客户需求，针对性进行产品创新和服务优化；实时抓取社区、论坛和微博上关于银行以及银行产品和服务的相关信息，进行正负面判断，及时发现和处理问题。

11.5.2 保险行业

保险行业大数据应用包括实时营销、欺诈行为分析和精细化运营等。

1. 实时营销

除风险偏好等数据，结合职业、爱好、习惯、家庭结构、消费偏好等数据，实时采集数据并进行细分，完成产品和服务策略实时推荐；通过实时数据平台整合客户线上和线下相关行为，对潜在客户进行实时分类，细化销售重点，综合筛选出影响客户退保或续期的关键因素，对客户的退保概率或续期概率进行估计，找出高风险流失客户，实时预警干预，提高保单续保率；通过实时数据平台收集互联网用户相关数据，如地域分布等属性数据，搜索关键词等即时数据，购物行为、浏览行为等行为数据，以及兴趣爱好、人际关系等社交数据，在广告推送中实现地域定向、需求定向、偏好定向、关系定向等定向方式，实现精准营销。

2. 欺诈行为分析

通过数据追溯，找出影响保险欺诈最为显著的因素，以及这些因素的取值区间，建立起预测模型，通过自动化分析功能，快速将理赔案件依照滥用欺诈可能性进行分类处理；通过此前建立的预测模型，将理赔申请分级处理，高效解决车险欺诈问题，以及车险理赔申请欺诈侦测、业务员及修车厂勾结欺诈侦测等。

3. 精细化运营

通过自有数据以及客户社交网络数据，解决保险公司现有的风险控制问题，获得更准确以及更高利润率的保单模型，为客户制定个性化保单和解决方案；基于企业内外部运营、管理和交互数据分析，全方位统计和预测企业经营和管理绩效，基于保险保单和客户交互数据进行建模，快速分析和预测市场风险、操作风险等；根据代理人员业绩数据、性别、年龄、入司前工作年限、其他保险公司经验和代理人人员思维性向测试等，优选高潜力销售人员。

11.6 大数据在安防领域的应用

在安防行业，随着终端设备性能不断提升、安防系统规模的不断扩大以及视频、图片数据存储时间越来越长，安防大数据问题日益凸显。如何有效对数据进行存储、共享以及应用变得愈发重要。

安防大数据涉及的类型比较多，主要包括结构化、半结构化和非结构化的数据信息。其中结构化数据包括报警记录、系统日志、运维数据、摘要分析结构化描述记录以及各种相关的信息数据库；半结构化数据包括人脸建模数据、指纹记录等；非结构化数据主要包括视频录像和图片记录。安防大数据以非结构化的视频和图片为主，如何进行数据分析、提取、挖掘及处理，对安防行业提出更多挑战。

11.6.1 大数据安防应用的关键技术

1. 大数据融合技术

经过发展，国内安防系统建设基本形成了以平安城市、智能交通系统为主体，其他行业系统有效完善的发展态势。解决"重建设、轻应用"的现况是安防系统的当务之急。为实现数据融合、数据共享，首先要解决存储"分散"问题，如实现数据的有效融合与共享，解决系统在硬件设备故障条件下视频数据的正常存储和数据恢复问题，为安防大数据应用分析提供可靠基础。

2. 大数据处理技术

安防大数据以半结构化和非结构化数据为主，要实现对安防大数据的分析和信息挖掘，首先要解决数据结构化问题。所谓的数据结构化就是通过某种方式将半结构化和非结构化数据转换为结构化数据。通过采用先进的云计算系统，对安防非结构化数据进行结构化处理，为实现大数据分析和应用提供支持。

3. 大数据分析和挖掘技术

国内平安城市历经建设，在解决了稳定性、规模化之后，面临的主要问题是如何深化应用。对安防大数据而言，要实现业务的深层次应用，首先需要对安防数据进行分析和挖掘，以云存储和云计算系统为基础，通过云计算系统实现对"大数据"的快速分析，如基于云的车牌识别，可通过对海量视频的分析，快速提取海量车牌信息，并通过应用系统对相关数据进行深一步挖掘、关联，形成有效"档案"。最后利用这些分析和挖掘的数据实现对事件的预测预防、报警，最终实现安防系统建设的实战应用目的。

11.6.2 大数据在安防领域的应用案例

1. 公安执法

在公安执法领域，大数据技术发挥越来越重要的作用，如稽查布控、车辆落脚点分析、伴随车辆分析等。

①稽查布控业务。当案件发生后，需要对嫌疑车辆进行稽查布控，一般采用布控车牌号，通过系统比对卡口车辆信息进行识别，当布控车辆从某个卡口经过时，拦截人员通常不在现场，等拦截人员赶到现场时，嫌疑车辆早已逃之夭夭，从而失去布控的意义。对于这种情况，通过移动警务、GIS系统，通过在GIS系统中绘制嫌疑车辆逃跑路线和防控识别圈，可大大提高拦截效率。

②车辆落脚点分析业务。随着城市的快速发展，城市越来越大，路网也越来越复杂，为迅速逃脱公安机关的抓捕，很多犯罪分子避开城区主干道，逃窜到人员比较多的小区或偏僻区域。通过建设云卡口，通过视频实现卡口相机功能，对海量数据进行云卡口识别，结合GIS系统，将嫌疑车辆轨迹描绘出来，提高公安办案效率。

③伴随车辆分析。由于公众安全防范意识的不断提高，犯罪分子独立实施犯罪行为的成功率大大降低，新时期的犯罪行为，开始表现为团伙作案。从卡口系统的角度看，团伙作案具体表现为多辆车同时出没于特定卡口覆盖范围，利用该特征，可以从海量的卡口车辆数据中，提取满足特定条件的车辆，提高案件侦破效率。

2. 智能交通

由于电子狗的大量使用，不少驾驶员在通过卡口时，会主动降低速度，一旦离开卡口覆盖范围，又会迅速提高速度，超速行驶。传统的单点测速无法发现这种超速行为，利用区间测速便可快速检测违章行为，且可减少区域卡口数量，节省建设成本。而当发现相同车牌在相距较远卡口同时出现时，还可检测出套牌车辆，并可通知相关人员进行拦截追捕。

对于交通流量的检测，传统方式是通过地磁、微波检测完成的，但这种检测只能检测车辆数量，却无法检测相关车牌号，这就限制了传统流量分析的应用场景，只能对单一路段进行分析，无法形成全局的流量分析。而卡口系统记录了车辆号码、车身颜色、车型等详细信息，基于卡口系统的流量分析，不仅可计算出城市各小区机动车数量分布，指导出行目的地分析、出行路线分析等应用，而且能够根据车辆流量信息找出城市热点区域，为交管部门提供参考，更好地优化路网机制，规划更为合理的路网参数。

此外，还可通过智能分析系统，对卡口数据进行深层次分析与挖掘，不仅识别车辆车牌号，而且实现对车辆品牌、车辆型号、驾驶员是否系安全带、是否驾驶时拨打电话等一些行为状态识别，从而进一步规范车辆达标和安全驾驶行为。

11.6.3　大数据安防面临的挑战

1. 海量非结构化数据存储

较之于其他行业，安防领域数据存储压力不断增大，一方面源于视频、图片等非结构化数据数据量大，另一方面源于安防应用越来越广，如何在满足需求的前提下，删除重复数据、降低存储硬件成本，成为海量数据存储的难题。

2. 数据共享

大数据需要通过快速的采集、发现和分析，从大量化、多类别的数据中提取价值。安防大数据时代最显著的特征就是海量和非结构化数据共享，用以提高数据处理能力，而海量数据存储在不同系统、不同区域、不同节点、不同设备中，这给数据的传输和共享带来极大的挑战。

3. 数据安全

视频监控数据具有私密性高、保密性强等特点，不仅是事后追查的依据，而且更是后续数据分析挖掘的基础。因此，数据安全一方面体现在数据不受外界入侵或非法获取，另一方面体现在庞大数据系统的鲁棒性、体系容错机制，确保硬件在发生故障时数据可以恢复，可以继续保存。面对海量数据的存储、共享、软硬件设备承载的极大风险，如何构建大型、海量视频监控存储系统、数据分析系统以及容错冗余机制是安防行业面临的重大考验。

4. 数据利用

安防监控虽然数据量很大，但真正有用的信息并不多。安防数据的有效性分为两个方面：一方面有效信息可能只分布在一个较短的时间段内，根据统计学原理，信息呈现幂率分布，往往越高密度的信息对客户价值越大；另一方面，数据的有效性体现在深层次挖掘庞大的海量数据，关联得出有效信息。视频监控业务网络化、大联网后，网内的设备越来越多，利用网内的闲置资源，实现资源的最大化利用，关乎运算的效率。在视频监控领域，往往视频分析的效率决定价值，更低的延迟、更准确的分析往往是客户的普遍需求。如何对海量的视频数据进行分析检索，对行业提出更大的挑战。

5. 缺乏统一标准

国内安防行业经历十几年的快速发展，平安城市建设表现卓越，在安防应用中也一直走在前列，国内平安城市系统的建设也不断推动着国内安防技术和安防厂商的发展。在平安城市项目的建设过程中，由于参与的安防厂商众多，不同项目、不同系统甚至同一系统采用的设备厂商也不尽相同，为了更好地兼容各厂商产品，安防行业和政府也制定了一些标准，如ONVIF协议、GB 28181协议等。

新一轮的智慧城市正在紧锣密鼓地进行，智慧城市要求数据共享、跨区域视频联网监控、监控资源整合与共享以及政府各部门之间的视频监控资源共享。不同的城市、不同的行业、不同的管理方式都会有不同的监控系统方案，数据融合或者共享兼容性问题更多，对整个系统建设是重大考验。

平安城市系统面向的是安防行业设备与系统的兼容问题，随着各种行标、地标的制定，各种问题基本得以解决；而智慧城市系统不仅仅是安防系统的整合，而是多个行业系统的集成应用，因缺乏统一标准带来的复杂性可想而知。庆幸的是，国家目前已经开始起草智慧城市建设的各种标准，相关企业也在不断规范自身系统的兼容性和开放性，相信未来，随着智慧城市建设的逐渐成熟，大数据在城市安防领域中的作用将越来越重要。

小　结

本章介绍了大数据在互联网、城市交通、物流行业、生物医学、金融、安防等领域的应用，从中人们可以深刻感受到大数据对日常生活和工作的影响。身处大数据时代，大数据已经触及社会中的各个方面，为人们带来各种不同的变化。利用好大数据将是政府、机构、企业和个人的必然选择，贡献数据的同时，也从数据中获得价值。

习　题

1. 互联网领域的推荐机制有哪些？各种适用于哪些场景？
2. 请阐述大数据在金融领域应用的价值有哪些。
3. 请阐述大数据在物流领域应用的价值有哪些。
4. 请阐述大数据在安防领域面临的挑战有哪些。

第12章 综合案例

A公司是一家房地产开发公司,主营业务是房地产开发、商业地产开发等。1988年进入房地产行业,1993年确定大众住宅开发为公司核心业务,覆盖以珠三角、长三角、环渤海三大城市经济圈为重点的城市。2010年正式进入商业地产,在多地成立商业管理公司。2011年,宣布三大产品线,以住宅开发为主,已建设完成四大商业产品线,经过多年的发展,已经成为中国房地产行业最重要的企业之一。多年以来,随着A公司业务范围的不断扩大,收入方面不断创新高,但是债务也在大量增加。

1. 数据采集

(1)创建数据模型

参照表12-1中的数据,在浪潮数据管理平台"数据加工厂"→"设计区"→"工厂分层"→"ODS操作数据"路径下新建主题域和主题,通过"创建自定义模型(全部字段需要手动定义)"的方式创建指定名称的表。

表12-1 模板数据

路径	标题/简称	代号	数据源连接	数据库表
ODS层	编号+姓名	编号+姓名缩写	—	—
主题域	编号+行业对标数仓建设	编号+HYDBSCJS	浪潮数据管理平台数据仓库	—
主题	编号+行业对标数据处理	编号+HYDBSJSCCL	浪潮数据管理平台数据仓库	—
模型管理	编号+上市公司资产负债表	编号+SSGSZCFZB	—	编号+Ssgszcfzb_ODS
模型管理	编号+上市公司利润表	编号+SSGSLRB	—	编号+Ssgslrb_ODS
模型管理	编号+上市公司现金流量表	编号+SSGSXJLLB	—	编号+Ssgsxjllb_ODS

路径要求如下:

要求以"通过EXCEL文件创建模型"方式创建模型,把表12-1的模板数据转换成Excel文件。

【操作步骤】

第一步,登录浪潮数据管理平台,新建主题域。

第二步,新建主题。

第三步,单击"添加模型"→"通过EXCEL文件创建为表"方式,单击"下一步"按钮,根据实验要求选择Excel文件,导入框架之后单击"下一步"按钮,查看数据库表表名是否和表12-1一致,单击"完成"按钮,结果如图12-1所示。

数据库表名	是否存在	处理方式	处理结果	错误提示信息
1 A001SSGSZCFZB_ODS	否	新增	✓成功	

图12-1 添加模型成功

（2）数据抽取

【操作步骤】

在浪潮数据管理平台下"数据加工厂"→"设计区"→"工厂分层"→"ODS操作数据"→"ETL转换"路径下创建指定名称的ETL转换。

第一步，新建分组，依次根据表12-2~表12-4填写信息。

表12-2 上市公司资产负债表ETL分组

路径	转换标题	转换代号	转换类型
分组	编号+行业对标数仓建设	编号+HYDBSCJS	—
ETL转换	编号+上市公司资产负债表ETL	编号+SSGSZCFZBETL	普通转换

表12-3 上市公司利润表ETL转换分组

路径	转换标题	转换代号	转换类型
分组	编号+行业对标数仓建设	编号+HYDBSCJS	—
ETL转换	编号+上市公司利润表ETL	编号+SSGSLRBETL	普通转换

表12-4 上市公司现金流量表分组

路径	转换标题	转换代号	转换类型
分组	编号+行业对标数仓建设	编号+HYDBSCJS	—
ETL转换	编号+上市公司现金流量表ETL	编号+SSGSXJLLBETL	普通转换

第二步，新建ETL转换，依次依据表12-2~表12-4填写信息。

第三步，依据表12-5~表12-7选择所需组件并进行连接。参照第3章企业员工信息整合案例实验步骤，此处不再介绍。

表12-5 上市公司资产负债表转换规则

组件名称	数据源连接	选择表
表输入组件	外部数据	ZCFZB
表输出组件	浪潮数据管理平台数据仓库	编号+Ssgszcfzb_ODS

表12-6　上市公司利润表转换规则

组件名称	数据源连接	选择表
表输入组件	外部数据	LRB
表输出组件	浪潮数据管理平台数据仓库	编号+Ssgslrb_ODS

表12-7　上市公司现金流量表转换规则

组件名称	数据源连接	选择表
表输入组件	外部数据	XJLLB
表输出组件	浪潮数据管理平台数据仓库	编号+Ssgsxjllb_ODS

第四步，在返回的ETL转换页面，单击“保存”“运行”按钮，转换日志如图12-2所示。

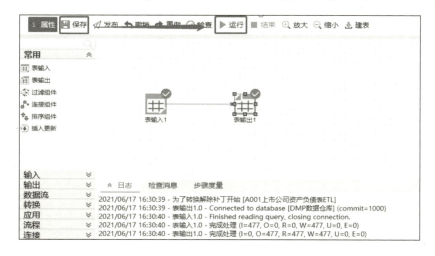

图12-2　ETL转换日志

第五步，查看数据抽取结果，如图12-3~图12-5所示。

	款	发放贷款及垫款净额	可供出售金融资产净额	持有至到期投资净额	长期应收款净额	长期股权投资净额	长期债权投资净额	长期
1			126266463.67		33655753.6	109185855.69		
2			145483463.67		46730285.22	1595778206.16		
3			155510563.67		5068424.32	1406936921.46		
4					11832221.98	414630478.13		
5			4746008303.44	1165560000	228732098.12	4116945446.04		
6	'00000	6080000000	22342243089.23	96895769.92	350011323.52	617424494.57		
7	)0000	5780000000	17764874060.58	85267585.26	111474012.27	557153986.29		
8					30726012.27	3595683922.1		
9			14126351.87			62279530.16		
10			4001138.28		55803064.43	89338930.03		
11			10148741		341737974.34	132015280.48		
12					391771276.59	154551465.18		
13			98345995.52		2522713586.85	2951953410.53		
14								

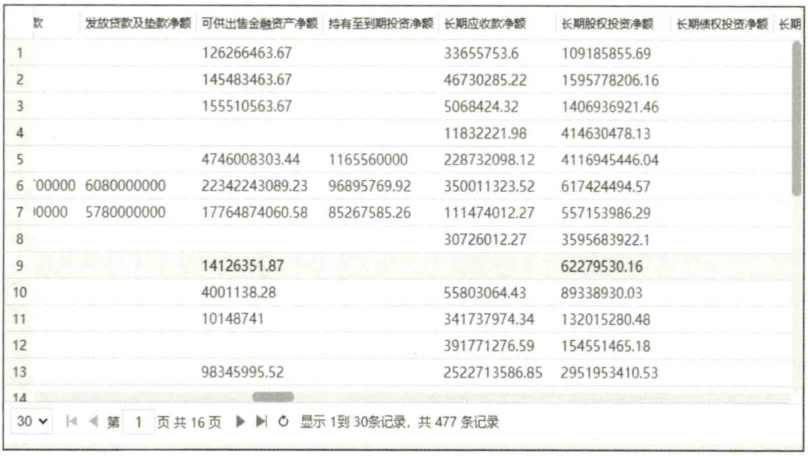

图12-3　上市公司资产负债表数据抽取结果

	公司代号	公司简称	日期	营业总收入	营业收入	利息净收入	利息收入	利息支出	已赚保费
1	ZZKGN	中州股份有限公司	2016	8115755330.09	8115755330.09	0			0
2	ZZKGN	中州股份有限公司	2017	8654233826.31	8654233826.31				
3	ZZKGN	中州股份有限公司	2018	7942112442.45	7942112442.45				
4	ZZKGN	中州股份有限公司	2019	7213165825.69	7213165825.69				
5	ZTJRQ	中天股份有限公司	2016	19575423669.75	19460541180.18	1297489.42	1297489.42		0
6	ZTJRQ	中天股份有限公司	2017	16181750514.18	15793360160.15	143957203.38	143957203.38		-42893
7	ZTJRQ	中天股份有限公司	2018	18184223754.87	14132694359.3	575326655.92	575326655.92		153441
8	ZTJRQ	中天股份有限公司	2019	19540055928.11	12577786697.5	945314006.86	945314006.86		52825
9	ZTCYC	中产股份有限公司	2016	1186170812.8	1186170812.8	0			0
10	ZTCYC	中产股份有限公司	2017	1092227320.26	1092227320.26				
11	ZTCYC	中产股份有限公司	2018	1449881144.09	1449881144.09				
12	ZTCYC	中产股份有限公司	2019	1523936269.53	1523936269.53				
13	ZSSKG	招赦股份有限公司	2016	63572826670.87	63572826670.87	0			0
14									

30 第 1 页共 16 页 显示 1到 30条记录，共 477 条记录

图12-4 上市公司资产利润表数据抽取结果

	金	支付利息手续费及佣金的现金	支付保单红利的现金	支付给职工以及为职工支付的现金	支付的各项税费	支付其他与经营活动有关的现金
1				322621551.46	1673604269.18	433689978.15
2				401459814.32	1047781353.56	641469957.21
3				511299789.68	1157606577.1	538515463.99
4				528790381.94	1658556053.95	1235599264.24
5		12357344.44		810537923.59	1223354638.43	1138979428.01
6		27984087.18	13566187.8	1170543006.58	1853778993.46	5241897503.51
7		382231020.7	171707215.22	1629443456.19	1151302931.84	2644605678.4
8		999112047.47	101410245.9	1706359062.97	547082887.27	1946543405.95
9				164408239.71	98747822.67	234744939.2
10				172466591.91	106232210.98	259420140.4
11				187214374.54	129774638.8	365210552.45
12				207138919.9	107394428.97	501514078.27
13				3311187350.41	11117959828.04	26310051023.14
14						

30 第 1 页共 16 页 显示 1到 30条记录，共 477 条记录

图12-5 上市公司现金流量表数据抽取结果

2. 数据预处理

（1）创建数据模型

参照表12-8，在浪潮数据管理平台“数据加工厂”→“设计区”→“工厂分层”→“DW数据仓库”路径下主题，通过“创建自定义模型（全部字段需要手动定义）”方式创建指定名称的模型。

表12-8 模板数据

路　径	标题/简称	代　号	数据源连接	数据库表
主题域	编号+姓名	编号+姓名缩写	—	—
主题	编号+行业对标分析数据整理	编号+HYDBFXSJZL	浪潮数据管理平台数据仓库	—
模型管理	编号+各项财务指标数据	编号+GXCWZBSJ	—	编号+Gxcwzbsjb_DW

各项财务指标数据见表12-9。

表12-9 各项财务指标数据

字 段 名	别 名	数据类型	长 度	精 度	是否为空	是否主键
stkcd	公司代号	字符型	255	—	否	否
coname	公司简称	字符型	255	—	否	否
date	日期	字符型	255	—	否	否
ldbl	流动比率	浮点型	38	2	是	否
sdbl	速动比率	浮点型	38	2	是	否
xjbl	现金比率	浮点型	38	2	是	否
zcfzl	资产负债率	浮点型	38	2	是	否
cqbl	产权比率	浮点型	38	2	是	否
yhlxbs	已获利息倍数	浮点型	38	2	是	否
qycs	权益乘数	浮点型	38	2	是	否
yymll	营业毛利率	浮点型	38	2	是	否
yylrl	营业利润率	浮点型	38	2	是	否
yyjll	营业净利率	浮点型	38	2	是	否
cnfylrl	成本费用利润率	浮点型	38	2	是	否
jzcsyl	净资产收益率	浮点型	38	2	是	否
zbsyl	资本收益率	浮点型	38	2	是	否

【操作步骤】

第一步，新建主题域。

第二步，新建主题。

第三步，单击"添加模型"按钮，在弹出的"请选择一种创建方式"窗口选择"创建自定义模型（全部字段需要手动定义）"方式，单击"下一步"按钮。

第四步，单击"添加"按钮，根据表12-9录入信息，选择"数据类型"选项，增加完成后单击"完成"按钮，如图12-6所示。

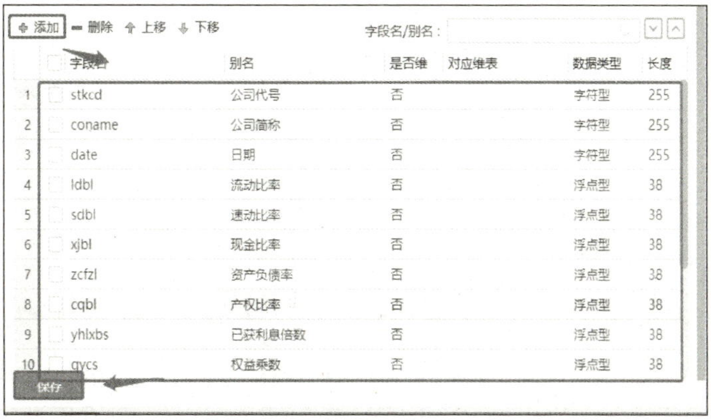

图12-6 添加各项财务指标数据

（2）数据整理

参照表12-10，在浪潮数据管理平台"数据加工厂"→"设计区"→"工厂分层"→"DW数据仓库"→"ETL转换"路径下创建指定名称的分组和ETL转换。

表12-10　ETL转换分组

路　径	转换标题	转换代号	描　述
新建分组	编号+姓名	编号+姓名缩写	—
新建分组	编号+行业对标分析数据整理	编号+HYDBFXSJZL	—
新建转换	编号+各项财务指标数据表ETL	编号+GXCWZBSJBETL	普通转换

ETL转换要求见表12-11。

表12-11　ETL转换要求

组件名称	数据源连接	选择表	备　注
表输入1	浪潮数据管理平台数据仓库	编号+Ssgszcfzb_ODS	—
排序组件1	—	—	排序字段：公司代号、公司简称、日期 排序规则：升序 大小写是否敏感：否
表输入2	浪潮数据管理平台数据仓库	编号+Ssgslrb_ODS	—
排序组件2	—	—	排序字段：公司代号、公司简称、日期 排序规则：升序 大小写是否敏感：否
连接组件1	—	—	步骤一：排序组件1 步骤二：排序组件2 连接方式：左连接 连接字段： 步骤一连接字段：公司代号、公司简称、日期 步骤二连接字段：公司代号、公司简称、日期
排序组件3	—	—	排序字段：公司代号、公司简称、日期 排序规则：升序 大小写是否敏感：否
表输入3	浪潮数据管理平台数据仓库	编号+Ssgsxjllb_ODS	—
排序组件4	—	—	排序字段：公司代号、公司简称、日期 排序规则：升序 大小写是否敏感：否
连接组件2	—	—	步骤一：排序组件3 步骤二：排序组件4 连接方式：左连接 连接字段： 步骤一连接字段：公司代号、公司简称、日期 步骤二连接字段：公司代号、公司简称、日期

续上表

组件名称	数据源连接	选择表	备注		
			字段名称	别名	值类型
			ldbl	流动比率	Number
			sdbl	速动比率	Number
			xjbl	现金比率	Number
			zcfzl	资产负债率	Number
			cqbl	产权比率	Number
			yhlxbs	已获利息倍数	Number
			qycs	权益乘数	Number
			yymll	营业毛利率	Number
			yylrl	营业利润率	Number
			yyjll	营业净利率	Number
			cnfylrl	成本费用利润率	Number
			jzcsyl	净资产收益率	Number
公式1	—	—	zbsyl	资本收益率	Number
			流动比率=流动资产合计/流动负债合计		
			速动比率=（流动资产合计-存货净额-预付款项净额-长期待摊费用）/流动负债合计		
			现金比率=货币资金/流动负债合计		
			资产负债率=负债合计/资产总计		
			产权比率=负债合计/所有者权益合计		
			已获利息倍数=（利润总额+财务费用）/财务费用		
			权益乘数=资产总计/所有者权益合计		
			营业毛利率=（营业收入-营业成本）/营业收入		
			营业利润率=营业利润/营业收入		
			营业净利率=净利润/营业收入		
			成本费用利润率=营业利润/（营业成本+销售费用+管理费用+财务费用）		
			净资产收益率=净利润/（所有者权益合计+少数股东权益）		
			资本收益率=净利润/实收资本或股本		
表输出1	浪潮数据管理平台数据仓库	编号+Gxcwzbsjb_DW	—		

【操作步骤】

第一步，新建ETL转换节点。

第二步，新建分组。

第三步，根据表12-10新建转换。

第四步，在打开的ETL转换界面，根据表12-11信息连接组件，如图12-7所示。

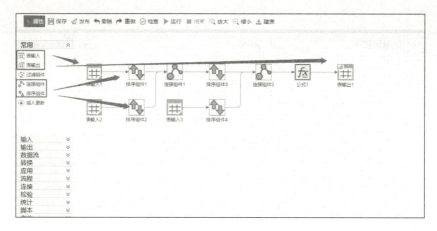

图12-7　ETL转换

打开"表输入1"组件,在"字段列表"模块,依据表12-11选择数据源连接,单击"选择"按钮,在打开的选择表页面根据表12-11信息输入表名,单击"查询"按钮,选中查询出的数据表,单击"确定"按钮。在返回的"表输入组件"页面单击"确定"按钮。同理完成"表输入2"和"表输入3"的设置。

打开"排序组件1"组件,单击"拾取"按钮,根据表12-11信息选择排序字段,在返回的页面设置"排序规则"和"大小写是否敏感"。同理完成"排序组件2"组件、"排序组件3"组件和"排序组件5"组件的设置。

打开"连接组件1"组件,在"字段列表"模块,依据表12-11信息,设置"连接步骤"、"连接类型"和"连接字段",同理完成"连接组件2"组件的设置。

打开"公式1"组件,在"字段列表"模块,单击"+"按钮,依据表12-11信息,设置"字段名称""别名""值类型""公式""长度"和"精度"。单击"公式"按钮,在打开页面根据表12-11信息设置计算公式,如图12-8所示。

	字段名称	别名	值类型	公式	长度	精度	替换值	+
1	ldbl	流动比率	Number	[a0011000				-
2	sdbl	速动比率	Number	([a001100				-
3	xjbl	现金比率	Number	[a0011010				-
4	zcfzl	资产负债率	Number	[a0020000				-
5	cqbl	产权比率	Number	[a0020000				-
6	yhlxbs	已获利息倍	Number	([b001211				-
7	qycs	权益乘数	Number	[a0010000				-
8	yymll	营业毛利率	Number	([b001101				-
9	yylrl	营业利润率	Number	[b0013000				-
10	yyjll	营业净利率	Number	[b0020000				-

图12-8　设置公式完成页面

双击打开“表输出”组件，在“字段列表”模块，依据表12-11选择数据源连接，单击“选择”按钮，在打开的选择表界面根据表12-11的信息输入表名，单击“查询”按钮，选中查询出的数据表，单击“确定”按钮。在返回的“表输出组件”页面，单击“字段映射”按钮，在打开的“字段映射”界面，单击“字段自动对应”按钮，查看目的字段名、目的别名和源字段名、源别名是否对应，确认无误后，单击“确定”按钮。在返回的“表输出组件”页面，单击“目标设置”模块，勾选“裁剪表”复选框，单击“确定”按钮。在返回的“表输出组件”页面单击“确定”按钮。

在返回的ETL转换页面，单击“保存”“运行”按钮，查看数据处理结果，如图12-9所示。

	公司代号	公司简称	日期	流动比率	速动比率	现金比率	资产负债率	产权比率	已获利息倍数	权益乘数	营业毛利率	营业利
1	ZZKGN	中州股份有限公司	2016	1.65	0.39	0.25	0.8	3.98	2.57	4.98	0.29	0.0
2	ZZKGN	中州股份有限公司	2017	1.55	0.38	0.24	0.84	5.34	3.23	6.34	0.36	0.1
3	ZZKGN	中州股份有限公司	2018	1.44	0.51	0.21	0.83	5.01	2.58	6.01	0.47	0.1
4	ZZKGN	中州股份有限公司	2019	1.61	0.28	0.16	0.82	4.63	3.81	5.63	0.4	0.1
5	ZTJRQ	中天股份有限公司	2016	2.29	0.76	0.43	0.78	3.57	4.9	4.57	0.34	0.1
6	ZTJRQ	中天股份有限公司	2017	1.11	0.41	0.14	0.82	4.69	2.14	5.69	0.39	0.1
7	ZTJRQ	中天股份有限公司	2018	0.95	0.37	0.08	0.81	4.17	1.6	5.17	0.3	0.1
8	ZTJRQ	中天股份有限公司	2019	1.02	0.49	0.07	0.83	4.77	1.69	5.77	0.33	0.1
9	ZTCYC	中产股份有限公司	2016	2.1	0.55	0.26	0.49	0.95	-72.46	1.95	0.21	0.0
10	ZTCYC	中产股份有限公司	2017	1.88	0.59	0.33	0.5	1	28.12	2	0.24	0.0
11	ZTCYC	中产股份有限公司	2018	1.6	0.63	0.38	0.54	1.15	-30.09	2.15	0.24	0.0
12	ZTCYC	中产股份有限公司	2019	1.84	0.77	0.48	0.49	0.96	-25.03	1.96	0.24	0.1
13	ZSSKG	招赦股份有限公司	2016	1.75	0.69	0.38	0.69	2.22	12.62	3.22	0.35	0.2
14												

30 第 1 页共16页 显示1到30条记录，共477条记录

图12-9　数据处理结果显示

(3)《各项财务指标实际值》设置

①创建数据模型。

参照表12-12，在浪潮数据管理平台“数据加工厂”→“设计区”→“工厂分层”→“DW数据仓库”路径下新建主题，通过“创建自定义模型（全部字段需要手动定义）”方式创建指定名称的模型。

表12-12　模型管理数据

路　径	标题/简称	代　号	数据源连接	数据库表
主题	编号+行业对标分析数据整理	编号+HYDBFXSJZL	浪潮数据管理平台数据仓库	—
模型管理	编号+各项财务指标实际值	编号+GXCWZBSJZ	—	编号+Gxcwzbsjz_DW

【操作步骤】

第一步，在“行业对标分析数据整理”主题下，单击“模型管理”模块，单击“添加模型”按钮，在弹出的“请选择一种创建方式”窗口选择“创建自定义模型（全部字段需要手动定义）”方式，单击“下一步”按钮，根据表12-12信息填写创建模型的简称、代号和数据库表，单击“下一步”按钮。

第二步，单击“添加”按钮，根据表12-13信息录入字段名、别名、长度、精度，选择“数据类

型""是否为空""是否主键"内容,增加完成后单击"完成"按钮,如图12-10所示。

表12-13 各项财务指标实际值

字 段 名	别 名	数据类型	长 度	精 度	是否为空	是否主键
stkcd	公司代号	字符型	255	—	否	否
coname	公司简称	字符型	255	—	否	否
date	日期	字符型	255	—	否	否
zb	指标	字符型	255	—	否	否
sjz	实际值	浮点型	38	2	是	否

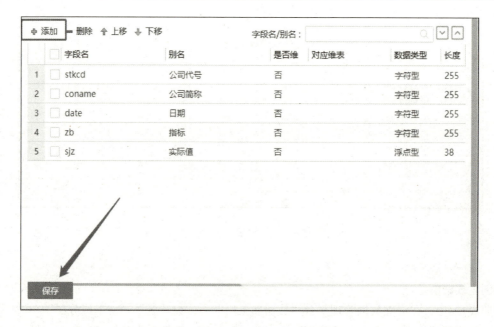

图12-10 各项财务指标实际值表

②数据抽取。

参照表12-14,在浪潮数据管理平台"数据加工厂"→"设计区"→"工厂分层"→"DW数据仓库"→"ETL转换"路径下创建指定名称的分组和ETL转换。

表12-14 各项财务指标本期数据ETL

路 径	转换标题	转换代号	描 述
新建转换	编号+各项财务指标本期数据ETL	编号+GXCWZBBQSJETL	普通转换

【操作步骤】

第一步,新建ETL转换。

第二步,在打开的ETL转换界面,根据表12-15信息组件拖动到右侧区域,选中"表输入"组件中间的 图标并拖动至"计算器"组件,将组件连接,如图12-11所示。

表12-15 ETL转换规则

组件名称	数据源连接	选择表	备注	
表输入1	浪潮数据管理平台数据仓库	编号+Gxcwzbsjb_DW	—	
列转行-横表变纵表1	—	—	字段设置	
			新字段名	取值字段名
			zb	sjz
			字段名	转换值列表
			流动比率	流动比率
			速动比率	速动比率
			现金比率	现金比率
			资产负债率	资产负债率
			产权比率	产权比率
			已获利息倍数	已获利息倍数
			权益乘数	权益乘数
			营业毛利率	营业毛利率
			营业利润率	营业利润率
			营业净利率	营业净利率
			成本费用利润率	成本费用利润率
			净资产收益率	净资产收益率
			资本收益率	资本收益率
表输出1	浪潮数据管理平台数据仓库	编号+Gxcwzbsjz_DW	—	

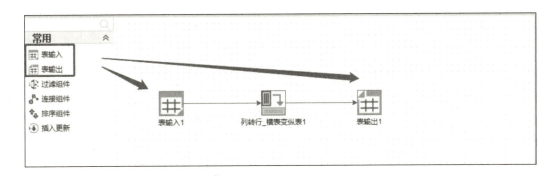

图12-11 组件连接

第三步，双击打开"表输入1"组件，在"字段列表"模块，依据表12-15选择数据源连接，单击"选择"按钮，在打开的"选择表"页面根据表12-15信息输入表名，单击"查询"按钮，选中查询出的数据表，单击"确定"按钮。在返回的"表输入组件"页面单击"确定"按钮。

双击打开"列转行-横表变纵表1"组件，单击"拾取"按钮，根据表12-15信息设置新增字段和取值字段名，选择需要转换的字段。设置完成单击"确定"按钮，如图12-12所示。

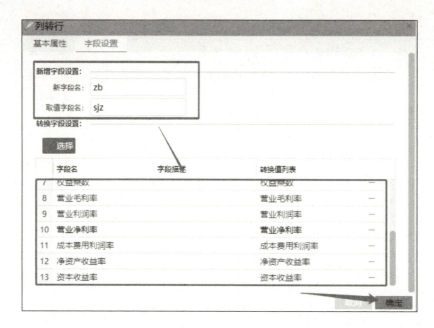

图12-12 列转行结果显示

双击打开"表输出"组件,在"字段列表"模块,依据表12-15选择数据源连接,单击"选择"按钮,在打开的"选择表"界面根据表12-15的信息输入表名,单击"查询"按钮,选中查询出的数据表,单击"确定"按钮。在返回的"表输出组件"页面,单击"字段映射"按钮,在打开的"字段映射"界面,单击"字段自动对应"按钮,查看目的字段名、目的别名和源字段名、源别名是否对应,确认无误后,单击"确定"按钮。在返回的"表输出组件"页面,单击"目标设置"模块,勾选"裁剪表"复选框,单击"确定"按钮。在返回的"表输出组件"页面单击"确定"按钮。

在返回的ETL转换页面,单击"保存""运行"按钮,转换日志如图12-13所示。

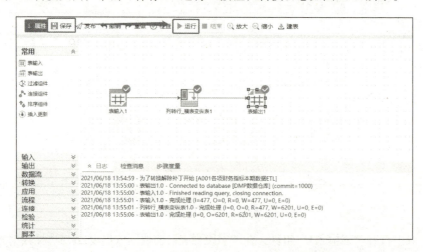

图12-13 转换日志

(4)《各项财务指标实际值》数据处理

①创建数据模型。

第二步，在打开的ETL转换界面，根据表12-19信息将组件中间的图标拖动至"计算器"组件，将组件连接，如图12-15所示。

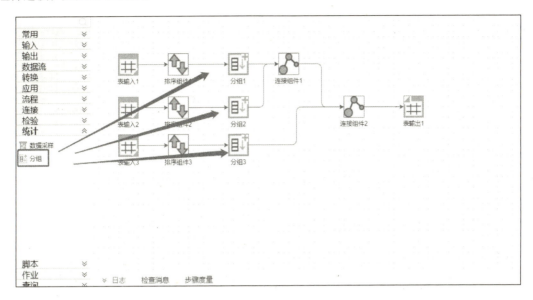

图12-15　组件连接页面

双击打开"表输入1"组件，在"字段列表"模块，依据表12-19选择数据源连接，单击"选择"按钮，在打开的"选择表"页面根据表12-19信息输入表名，单击"查询"按钮，选中查询出的数据表，单击"确定"按钮。同理完成"表输入2"组件和"表输入3"组件的设置。在返回的"表输入组件"页面单击"确定"按钮。

双击打开"排序组件1"组件，单击"拾取"按钮，根据表12-19信息设置选择排序字段，设置排序规则和大小写是否敏感，单击"确定"按钮。同理完成"排序组件2"组件和"排序组件3"组件的设置。

双击打开"分组1"组件，单击"拾取"按钮，选择分组字段，在返回的界面，根据表12-19的信息设置"聚合别名""分组字段""聚合方法"设置完成后单击"确定"按钮。同理完成"分组2"和"分组3"组件的设置。

双击打开"连接组件1"组件，在"字段列表"界面，根据表12-19的信息设置"连接步骤""连接类型"，单击"+"按钮设置"连接字段"，设置完成单击"确定"按钮。同理完成"连接组件2"组件的设置。

双击打开"表输出组件"组件，在"字段列表"模块，依据表12-19选择数据源连接，单击"选择"按钮，在打开的"选择表"界面根据表12-19的信息输入表名，单击"查询"按钮，选中查询出的数据表，单击"确定"按钮。在返回的"表输出组件"页面，单击"字段映射"按钮，在打开的"字段映射"界面，单击"字段自动对应"按钮，查看目的字段名、目的别名和源字段名、源别名是否对应，确认无误后，单击"确定"按钮。在返回的"表输出组件"页面，单击"目标设置"模块，勾选"裁剪表"复选框，单击"确定"按钮。在返回的"表输出组件"页面单击"确定"按钮。

在返回的ETL转换页面，单击"保存""运行"按钮，转换日志如图12-16所示。

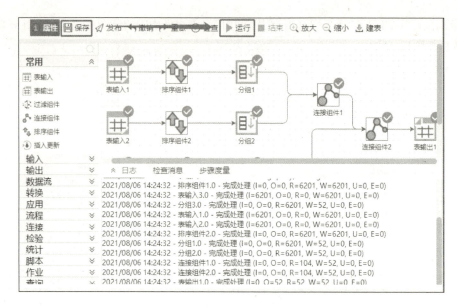

图12-16　数据转换日志

（5）查看《编号+各项财务指标行业值》数据处理结果

①创建模型。

参照表12-20和表12-21，在浪潮数据管理平台"数据加工厂"→"设计区"→"工厂分层"→"DW数据仓库"路径下新建主题域和主题，通过"创建自定义模型（全部字段需要手动定义）"方式创建指定名称的表。

表12-20　模板数据

路径	标题/简称	代号	数据源连接	数据库表
主题域	编号+姓名	编号+姓名缩写	浪潮数据管理平台数据仓库	—
主题	编号+行业对标分析数据整理	编号+HYDBFXSJZL	浪潮数据管理平台数据仓库	—
模型管理	编号+财务指标行业值实际值数据	编号+CWZHBHYZSJZSJ	—	编号+Cwzhbhyzsjzsj_DM

表12-21　财务指标行业值实际值数据

字段名	别名	数据类型	长度	精度	是否为空	是否主键
date	日期	字符型	255	—	否	否
zb	指标	字符型	255	—	否	否
hyzdz	行业最大值	浮点型	38	2	是	否
hypjz	行业平均值	浮点型	38	2	是	否
hyzxz	行业最小值	浮点型	38	2	是	否
sjz	实际值	浮点型	38	4	是	否

【操作步骤】

第一步，新建主题域（注：DM数据集时新建主题域是以学生姓名命名的，前面实验中新增了主题域，如果后续实验中出现新建重复的主题域，无须再增加，可直接在学生姓名的主题域下新建主题）。

第二步，新建主题。

第三步，单击"添加模型"按钮，在弹出的"请选择一种创建方式"窗口选择"创建自定义模型（全部字段需要手动定义）"，单击"下一步"按钮。

第四步，单击"添加"按钮，根据表12-21信息录入字段名、别名、长度、精度，选择"数据类型""是否为空""是否主键"内容，增加完成后单击"完成"按钮，如图12-17所示。

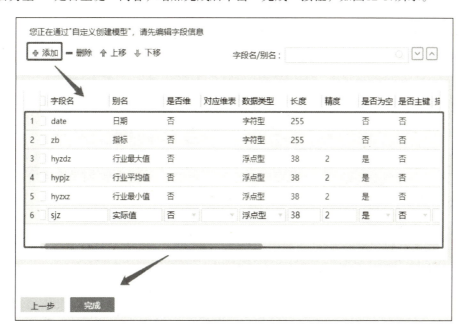

图12-17 财务指标行业值实际值数据表

②数据抽取。

参照表12-22~表12-24，在浪潮数据管理平台"数据加工厂"→"设计区"→"工厂分层"→"DW数据仓库"→"ETL转换"路径下创建指定名称的ETL转换。

表12-22 ETL转换分组

路　径	分组标题	分组代号
新建分组	编号+姓名	编号+姓名缩写
新建分组	编号+行业对标分析数据整合	编号+HYDBFXSJZH

表12-23 ETL转换命名

路　径	转换标题	转换代号	转换类型
ETL转换	编号+财务指标行业值实际值数据ETL	编号+CWZHBHYZSJZSJETL	普通转换

表12-24　ETL转换要求

组件名称	数据源连接	选择表	备注		
表输入1	浪潮数据管理平台数据仓库	编号+Gxcwzbhyz_DW	—		
排序组件1	—	—	排序字段：日期、指标 排序规则：升序 大小写是否敏感：否		
表输入2	浪潮数据管理平台数据仓库	编号+Gxcwzbsjz_DW	筛选条件		
			字段	比较符	值
			公司简称	=	万通股份有限公司
排序组件2	—	—	排序字段：日期、指标 排序规则：升序 大小写是否敏感：否		
连接组件1	—	—	步骤一：排序组件1 步骤二：排序组件2 连接方式：左连接 连接字段： 步骤一连接字段：日期、指标 步骤二连接字段：日期、指标		
表输出1	浪潮数据管理平台数据仓库	编号+Cwzhbhyzsjzsj_DM	—		

【操作步骤】

第一步，新建分组，根据表12-24的信息填写分组标题、分组代号，填写完成后单击"保存"按钮。

第二步，新建ETL转换。

第三步，在打开的ETL转换界面，根据表12-24信息将组件拖动到右侧区域，选中"表输入"组件中间的 图标拖动将组件连接，如图12-18所示。

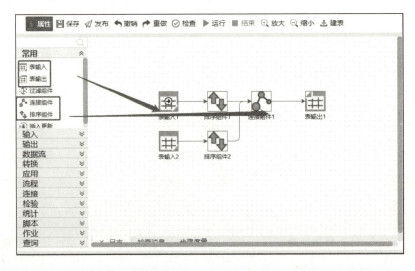

图12-18　建立组件连接

双击打开"表输入1"组件，在"字段列表"模块，依据表12-24选择数据源连接，单击"选择"按钮，在打开的"选择表"页面根据表12-24信息输入表名，单击"查询"按钮，选中查询出的数据表，单击"确定"按钮。在返回的"表输入组件"页面单击"确定"按钮。同理完成"表输入2"组件的设置。

双击打开"排序组件1"组件，单击"拾取"按钮，根据表12-24信息选择排序字段，在返回的页面设置"排序规则"和"大小写是否敏感"。同理完成"排序组件2"组件的设置。

双击打开"连接组件1"组件，在"字段列表"模块，依据表12-24信息，设置"连接步骤"、"连接类型"和"连接字段"，同理完成"连接组件2"组件设置。

双击打开"表输出1"组件，在"字段列表"模块，依据表12-24选择数据源连接，单击"选择"按钮，在打开的"选择表"界面根据表12-24的信息输入表名，单击"查询"按钮，选中查询出的数据表，单击"确定"按钮。在返回的"表输出组件"页面，单击"字段映射"按钮，在打开的"字段映射"界面，单击"字段自动对应"按钮，查看目的字段名、目的别名和源字段名、源别名是否对应，确认无误后，单击"确定"按钮。在返回的"表输出组件"页面，单击"目标设置"模块，勾选"裁剪表"复选框，单击"确定"按钮。在返回的"表输出组件"页面单击"确定"按钮。

在返回的ETL转换页面，单击"保存""运行"按钮，转换日志如图12-19所示。

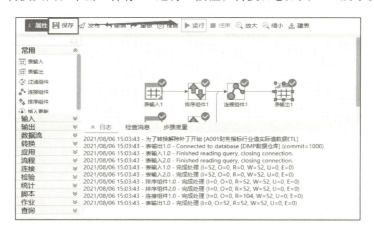

图12-19　转换日志

按照如下路径查看《编号+财务指标行业值实际值数据》数据处理结果。

3. 数据可视化

在"数据集定义"模块下新增内容见表12-25。

表12-25　新增数据集模块信息

新增内容	编　　号	名　　称
新增系统	编号+CWDSJ	编号+财务大数据
新增模块	编号+学生姓名首字母	编号+学生姓名
新增分组	编号+HYDBFX	编号+行业对标分析

【操作步骤】

第一步，新增"编号+财务大数据"系统。

第二步，新增模块。
第三步，新增分组，单击"保存"按钮。
在"部件定义"模块下新增内容见表12-26。

表12-26　新增部件信息

新增内容	编　　号	名　　称
新增系统	编号+CWDSJ	编号+财务大数据
新增模块	编号+学生姓名首字母	编号+学生姓名
新增分组	编号+HYDBFX	编号+行业对标分析

【操作步骤】

第一步，单击"新增"→"新增系统"选项，输入"编号""名称"，单击"保存"按钮。
第二步，单击"新增"→"新增模块"选项，输入"编号""名称"，单击"保存"按钮。
第三步，单击"新增"→"新增分组"选项，输入"编号""名称"，单击"保存"按钮。
数据集定义

在"财务大数据"系统→"学生姓名"模块→"行业对标分析"分组下创建数据集，相关内容见表12-27。

表12-27　新增数据集详细信息

新增内容	编　　号	名　　称
新增数据集	编号+CWZBHYZ	编号+财务指标行业值
	编号+CWZBFX	编号+财务指标分析
	编号+CWZBPMtop10	编号+财务指标排名前10
	编号+CWZBPMlast10	编号+财务指标排名后10
	编号+CWZBHYFX	编号+财务指标行业分析

【操作步骤】

第一步，新增"编号+财务指标行业值"数据集，选中"编号+行业对标分析"分组，单击"新增"→"新增数据集"选项，输入"编号""名称"，单击"参数模板"空白框右侧的 按钮，进入"BI参数模板"窗口。在"BI参数模板"窗口，选择"财务大数据"→"行业对标分析"→"行业对标分析-年度指标"参数模板，单击"确定"按钮。

在返回的"数据集定义"页面，单击"配置数据集"选项，进入"SQL"页面。
SQL语句为：

```
SELECT DATE,ZB,HYZDZ,HYPJZ,HYZXZ,SJZ FROM 编号+Cwzhbhyzsjzsj_DM WHERE
DATE='<!01-DATE!>' AND ZB='<!01-ZB!>'
```

在"SQL"页面单击"测试"按钮可测试取数是否成功，如果正确，返回结果，否则提示错误信息。

在"SQL测试"页面选择"年度""指标"，单击"查询"按钮，可查看SQL语句执行效果，单击"关闭"按钮可返回"SQL"页面。

在返回的"数据集定义"页面单击"保存"按钮,将弹出"数据集预览"页面。

在弹出的"数据集预览"页面选择"年度""指标",单击"查询"按钮可查看数据集的查询结果。下方的"字段说明"初始为数据库中的字段名称,可根据需要修改为中文名称,方便查看。具体修改内容见表12-27,修改完成之后单击"保存"按钮,数据集定义完成。注:必须单击"保存"按钮才真正完成数据集定义。

"数据集预览"字段说明具体修改内容见表12-28。

表12-28 "数据集预览"字段说明

字 段 名	字 段 说 明
ZB	指标
DATE	日期
HYZDZ	行业最大值
HYPJZ	行业平均值
HYZXZ	行业最小值
SJZ	实际值

第二步,参照第一步新增"编号+财务指标分析"数据集,将相关数据从后台数据库进行归集。"数据集预览"字段说明具体修改内容见表12-29。

表12-29 "数据集预览"字段修改

字 段 名	字 段 说 明
DATE	日期
ZB	指标
HYZDZ	行业最大值
HYPJZ	行业平均值
HYZXZ	行业最小值
SJZ	实际值

第三步,参照第一步新增"编号+财务指标排名前10数据"数据集,将相关数据从后台数据库进行归集。

注意: 参数模板选择"财务大数据"→"行业对标分析"→"行业对标分析-年度指标"选项。

"数据集预览"字段说明具体修改内容见表12-30。

表12-30 "数据集预览"字段说明

字 段 名	字 段 说 明
coname	公司简称
SJZ	实际值

第四步，参照第一步新增"编号+财务指标排名后10数据"数据集，将相关数据从后台数据库进行归集。

注意： 参数模板选择"财务大数据"→"行业对标分析"→"行业对标分析-年度指标"选项。"数据集预览"字段说明具体修改内容见表12-31。

表12-31 "数据集预览"字段说明

字 段 名	字 段 说 明
coname	公司简称
SJZ	实际值

第五步，参照第一步新增"编号+财务指标行业分析"数据集，将相关数据从后台数据库进行归集。

注意： 参数模板选择"财务大数据"→"行业对标分析"→"行业对标分析-年度指标"选项。"数据集预览"字段说明具体修改内容见表12-32。

表12-32 数据集预览字段说明

字 段 名	字 段 说 明
ZB	指标
HYZDZ	行业最大值
HYPJZ	行业平均值
HYZXZ	行业最小值
SJZ	实际值

数据集预览结果如图12-20所示。

图12-20 数据集预览结果

4. 部件定义

在"财务大数据"系统"→"学生姓名"模块"→"行业对标分析"分组下创建部件，相关内容见表12-33。

表12-33　模板数据

新增内容	编　号	名　称	部件类型	数据集
新增部件	编号+CWZBHYZZXT	编号+财务指标行业值柱线图	图形部件	编号+财务指标行业值
	编号+CWZBPMtop10HTT	编号+财务指标排名前10横条图	图形部件	编号+财务指标排名前10
	编号+CWZBPMlast10HTT	编号+财务指标排名后10横条图	图形部件	编号+财务指标排名后10
	编号+CWZBFXBG	编号+财务指标分析表格	表格部件	编号+财务指标分析
	编号+CWZBHYJDT	编号+财务指标行业极地图	图形部件	编号+财务指标行业分析

"财务指标行业值柱线图"部件配置内容见表12-34。

表12-34　部件配置表

部　件	配置项目		配置内容	
财务指标行业值柱线图	标题	主标题	财务指标行业值柱线图	
	图形类型		柱、线及区域图	
	颜色系列		默认	
	图形分类		指标	
	图形系列		行业平均值、行业最大值、行业最小值、实际值	
	图例		显示图例	
	系列值为null值时不显示		勾选	
	系列		归属坐标轴	类型
	行业平均值		Y1轴	柱型
	行业最小值		Y1轴	柱型
	行业最大值		Y1轴	柱型
	实际值		Y1轴	柱型

【操作步骤】

第一步，单击"新增"→"新增部件"选项，输入"编号""名称"，"部件类型"选择"图形部件"，单击"数据集"空白框右侧的 按钮，在弹出的"公共帮助"窗口选择"财务指标行业值"数据集，单击"确定"按钮。在返回的"部件定义"页面勾选"自动刷新"选项，单击"部件配置"按钮，按照表12-34配置相关内容。在弹出的"图形部件配置"窗口中按照表12-34进行设置，设置完成后单击"保存"按钮。在返回的"部件定义"页面单击"保存"按钮，单击"预览"按钮可预览部件展示效果，如图12-21所示。

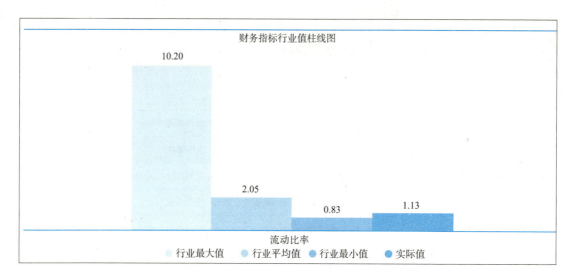

图12-21 展示效果图

"财务指标排名前10横条图"部件配置内容见表12-35。

表12-35 部件配置表

部件	配置项目		配置内容
财务指标排名前10横条图	标题	主标题	财务指标排名前10横条图
	图形类型		横条图
	颜色系列		默认
	图形分类		公司简称
	图形系列		实际值
	图例		显示图例
	系列值为null值时不显示		勾选

第二步,单击"新增"→"新增部件"选项,输入"编号""名称","部件类型"选择"图形部件",单击"数据集"空白框右侧的 按钮,在弹出的"公共帮助"窗口选择"编号+财务指标排名前10"数据集,单击"确定"按钮。在返回的"部件定义"页面勾选"自动刷新"选项,单击"部件配置"按钮,按照表12-35配置相关内容。

在返回的"部件定义"页面单击"保存"按钮,单击"预览"按钮可预览部件展示效果,如图12-22所示。

"财务指标排名后10横条图"部件配置内容见表12-36。

表12-36 部件配置表

部件	配置项目		配置内容
财务指标排名后10横条图	标题	主标题	财务指标排名后10横条图

续上表

部　件	配置项目	配置内容
财务指标排名后10横条图	图形类型	横条图
	颜色系列	默认
	图形分类	公司简称
	图形系列	实际值
	图例	显示图例
	系列值为null值时不显示	勾选

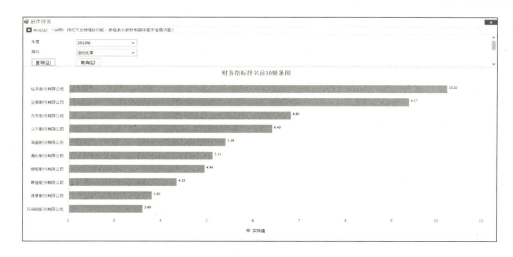

图12-22　效果预览图

第三步，参照第二步新增"编号+财务指标排名后10横条图"部件，基于"编号+财务指标排名后10横条图"数据集。

"财务指标分析表格"部件配置内容见表12-37。

表12-37　部件配置表

部　件	配置项目	配置内容		
财务指标分析表格	表格标题	财务指标分析表格		
	行高	35		
	列宽类型	百分比		
	相同项合并	日期		
	格式函数	行业最小值	@COL@HYZXZ@<0	255，0，0
		行业最大值	@COL@HYZDZ@<0	255，0，0
		行业平均值	@COL@HYPJZ@<0	255，0，0
		实际值	@COL@SJZ@<0	
	横向位置	中		

第四步，新增"编号+财务指标分析表格"部件，基于"编号+财务指标分析"数据集，选中"编号+行业对标分析"分组，单击"新增"→"新增部件"选项，输入"编号""名称"，"部件类型"选择"图形部件"，单击"数据集"空白框右侧的"浏览"按钮，在弹出的"公共帮助"窗口选择"编号+财务指标分析"数据集，单击"确定"按钮。在返回的"部件定义"页面勾选"自动刷新"选项，单击"部件配置"按钮，按照表12-37配置相关内容。

"格式函数"设置方法：单击"表格设置"部分"行业最大值"列"格式函数"。

在弹出的"设置格式函数"窗口中，"请选择格式类型"选中"字体颜色"，鼠标单击"条件"后面的空白框，按【F3】键，在弹出的"公共帮助"窗口中，选中"行业最大值"数据集，单击"确定"按钮。在返回的"设置格式函数"窗口"条件"框中录入"<0"，颜色选择红色，单击"+"按钮逐条录入格式函数，单击"保存"按钮。

在返回的"部件定义"页面，单击"保存"按钮，单击"预览"按钮可预览部件展示效果，如图12-23所示。

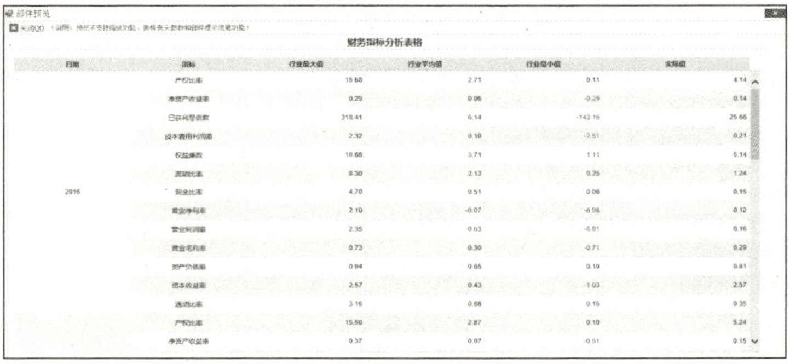

图12-23 效果预览图

"财务指标行业极地图"部件配置内容见表12-38。

表12-38 部件配置表

部件	配置项目		配置内容	
财务指标行业极地图	标题	主标题	财务指标行业极地图	
	图形类型		极地图	
	颜色系列		默认	
	图形分类		指标	
	图形系列		行业平均值、行业最大值、行业最小值、实际值	
	图例		显示图例	
	系列值为null值时不显示		不勾选	
	系列设置		系列	类型
	行业最大值		蛛网型	
	行业平均值		蛛网型	
	行业最小值		蛛网型	
	实际值		蛛网型	

第五步，新增"编号+财务指标行业极地图"部件，基于"编号+财务指标行业分析"数据集，选中"编号+行业对标分析"分组，单击"新增"→"新增部件"选项，输入"编号""名称"，"部件类型"选择"图形部件"，单击"数据集"空白框右侧的 按钮，在弹出的"公共帮助"窗口选择"编号+财务指标行业分析"数据集，单击"确定"按钮。在返回的"部件定义"页面勾选"自动刷新"选项，单击"部件配置"按钮，按照表12-38配置相关内容。在弹出的"图形部件配置"窗口中按照表12-38进行设置，设置完成后单击"保存"按钮。

在返回的"部件定义"页面单击"保存"按钮，单击"预览"按钮可预览部件展示效果，如图12-24所示。

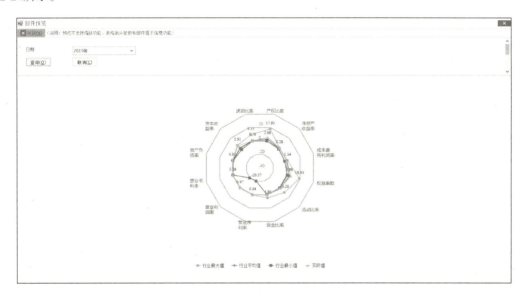

图12-24　效果预览图

在"部件定义"模块"财务大数据"系统"学生姓名"模块"行业对标分析"分组下创建"行业对标分析参数部件"，用于在看板界面展示查询条件，相关内容见表12-39和表12-40。

表12-39　部件定义

新增内容	编　号	名　称	部件类型	数据集
部件定义	编号+HYDBFXCSBJ	编号+行业对标分析参数部件	参数部件	

表12-40　部件配置表

部　件	配置项目		配置内容
编号+行业对标分析参数部件	参数模板		编号+行业对标分析-年度指标
	设置布局	参数值变化立即刷新	勾选
		加载完立即刷新	勾选
		参数默认锚定	勾选
		显示收起隐藏图标	勾选

"编号+行业对标分析参数部件"联查配置新增内容见表12-41。

表12-41 联查配置新增

编 号	名 称	类 型	联动部件
001	财务指标行业值柱线图	当前窗口联查	编号+财务指标行业值柱线图
002	财务指标排名前10横条图	当前窗口联查	编号+财务指标排名前10横条图
003	财务指标排名后10横条图	当前窗口联查	编号+财务指标排名后10横条图

"编号+财务指标行业值柱线图"联查配置新增内容见表12-42。

表12-42 联查配置新增

编 号	名 称	类 型	联动部件
001	财务指标行业极地图	当前窗口联查	编号+财务指标行业极地图

【操作步骤】

第一步,新增"编号+行业对标分析参数部件",用于在最终展现界面控制查询条件。选中"编号+行业对标分析"分组,单击"新增"→"新增部件"选项,输入"编号""名称","部件类型"选择"参数部件","参数部件"不需要选择数据集,勾选"自动刷新"选项,单击"部件配置"按钮,按照表12-41、表12-42配置相关内容。

在弹出的"参数部件定义"窗口可对参数设置布局,调整参数排版和颜色等。单击"参数模板",在弹出的"BI参数模板"窗口选中"财务大数据"→"行业对标分析"→"行业对标分析-年度指标"选项,单击"确定"按钮。

在返回的"参数部件定义"窗口单击"设置布局"选项,在弹出的"查询界面布局设置"窗口,首先选中虚线框调整到适当大小和位置。在虚线框内按照需要设置参数部件布局,单击"保存""关闭"按钮。在返回的"参数部件定义"窗口勾选"参数值变化立即刷新""加载完立即刷新""参数默认锚定""显示收起隐藏图标"选项,单击"保存"按钮。

在返回的页面,单击"联查配置"按钮。在弹出的"联查配置"页面,单击"新增"选项,按照表12-42录入"编号""名称",选择"类型""联动部件""联查联动位置",单击"年度"所在行"参数值"框,单击"部件变量"选项。按照上述步骤设置完所有参数值,单击"保存"按钮。

按照相同步骤增加002和003联查,单击"保存""退出"按钮。在"联查配置"页面单击"退出"按钮,在返回的"部件定义"页面单击"保存"按钮完成参数部件定义。

第二步,同理,根据表12-42内容完成"财务指标行业值柱线图"部件联查。

5. 页面管理

新建目录见表12-43。

表12-43 目录表

目录编号	目录名称
编号+CWDSJ	编号+财务大数据

在"编号+财务大数据"目录下新建页面见表12-44。

表12-44 页面表

页面类型	页面编号	页面名称
PC端	编号+HYDBFX	编号+行业对标分析

【操作步骤】

第一步,新建"编号+财务大数据"目录。单击"新建目录",录入"目录编号""目录名",单击"保存"按钮。

第二步,在"编号+财务大数据"目录下,新建"编号+行业对标分析"页面。单击"编号+财务大数据"目录,在打开的目录下,单击"新建页面"选项,"页面类型"选择"PC端",录入"页面编号""页面名称",单击"确定"按钮,进入"页面设计器"页面。

第三步,在"页面设计器"页面,单击"配置"功能项,可以根据需要选择"界面风格",此处设置为"科技蓝"风格。

第四步,设置页面布局。单击"布局"功能项,依次拖动三个"12栅格"、两个"66栅格"到右侧空白区域。

第五步,设置页面标题。页面标题为"行业对标分析"。在组件中将标题组件拖动到第一个"12栅栏",选择标题的颜色和位置。

第六步,设置部件布局。单击"部件"功能项,将"编号+行业对标分析参数部件"拖入第二个"12栅格"中,单击"高度"选项,设置参数部件高度为50,单击"确定"按钮。

将"编号+财务指标行业值柱线图"拖入第一个"66栅格"左半部分,将"编号+财务指标行业极地图"拖入第一个"66栅格"右半部分,将"编号+财务指标分析表格"部件拖入第二个"12栅格",将"编号+财务指标排名前10横条图"部件第二个拖入"66栅格"左半部分,将"编号+财务指标排名后10横条图"部件拖入第二个"66栅格"右半部分,单击"保存"按钮,单击"预览"按钮,即可查看最终展现效果,如图12-25和图12-26所示。

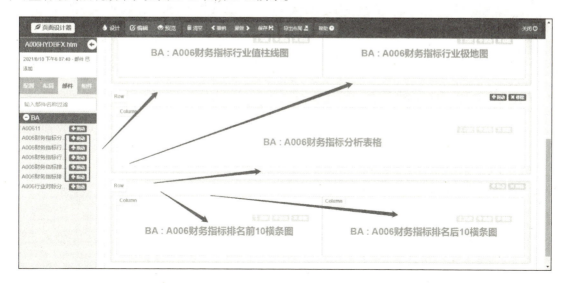

图12-25 页面设置

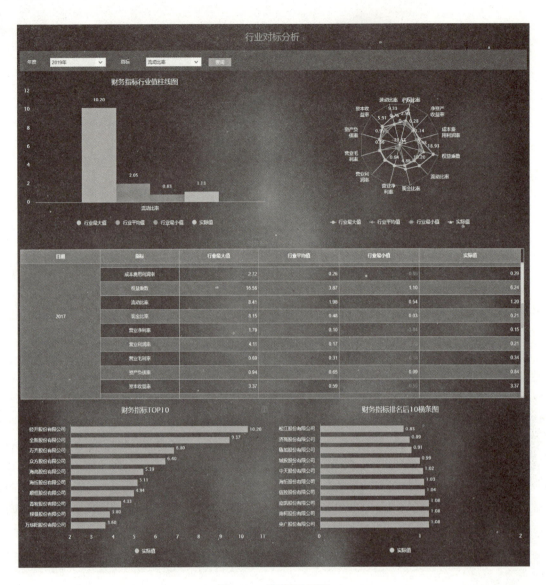

图12-26　效果展示图

参考文献

[1] 张尧学，胡春明. 大数据导论[M]. 2版. 北京：机械工业出版社，2021.

[2] 武志学. 大数据导论：思维、技术与应用[M]. 北京：人民邮电出版社，2019.

[3] 李建牧. 大数据技术与应用导论[M]. 北京：机械工业出版社，2021.

[4] 施苑英. 大数据技术及应用[M]. 北京：机械工业出版社，2021.

[5] 杨和稳. 大数据分析及应用实践[M]. 2版. 北京：高等教育出版社，2019.

[6] 林子雨. 大数据导论：数据思维、数据能力和数据伦理（通识课版）[M]. 北京：高等教育出版社，2020.

[7] 陆嘉恒. 大数据挑战与NoSQL数据库技术[M]. 北京：电子工业出版社，2013.

[8] 王鹏. 云计算的关键技术与应用实例[M]. 北京：人民邮电出版社，2010.

[9] 赵丁. 大数据云计算语境下的数据安全应对策略[J]. 电子技术与软件工程，2019（2）：210.

[10] 杨继武. 关于大数据时代下的网络安全与隐私保护探析[J]. 通讯世界，2019（2）：35-36.

[11] 孙得，王镜涵. 互联网大数据时代对国家安全影响[J]. 中国新通信，2018，20（9）：153.

[12] 王海蓉. 浅谈大数据时代下国家安全面临的挑战及对策[J]. 吉林省经济管理干部学院学报，2016，30（5）：5-7.

[13] WHITE. Hadoop权威指南（中文版）[M]. 周傲英，译. 北京：清华大学出版社，2010.

[14] 林子雨. 大数据导论（通识课版）[M]. 北京：高等教育出版社，2020.

[15] 姚宏宇，田宁. 云计算：大数据时代的系统工程[M]. 北京：电子工业出版社，2013.

[16] 舍恩伯格，库克耶. 大数据时代：生活、工作与思维的大变革[M]. 盛杨燕，周涛，译. 杭州：浙江人民出版社，2013.

[17] 陆嘉恒. Hadoop实战[M]. 2版. 北京：机械工业出版社，2012.

[18] 黄宜华. 深入理解大数据：大数据处理与编程实践[M]. 北京：机械工业出版社，2014.

[19] 李俏. 大数据时代下的隐私伦理建构研究[J]. 九江学院学报（社会科学版），2018，37（4）：106-109.

[20] 杨欣. 试论大数据垄断的法律规制[J]. 法制博览，2018（3）：145.

[21] 孙嘉睿. 国内数据治理研究进展：体系、保障与实践[J]. 图书馆学研究，2018（16）：2-8.

[22] 周苏，王文. 大数据可视化[M]. 北京：清华大学出版社，2016.

[23] WROX. 国际IT认证项目组、机器学习、大数据分析和可视化[M]. 姚军，译. 北京：人民邮电出版社，2016.

[24] 鲁浪浪. 大数据交易的规则体系构建研究[J]. 中小企业管理与科技，2017（12）：180-182.

[25] 王国平. 数据可视化与数据挖掘[M]. 北京：电子工业出版社，2017.

[26] 黄史浩. 大数据原理与技术[M]. 北京：人民邮电出版社，2018.

[27] 刘鹏，张燕. 数据挖掘[M]. 北京：电子工业出版社，2018.

[28] 王振武，徐慧. 数据挖掘算法原理与实现[M]. 北京：清华大学出版社，2015.

[29] 娄岩. 大数据技术概论：从虚幻走向真实的数据世界[M]. 北京：清华大学出版社，2017.

[30] 刘鹏，张燕. 大数据库[M]. 北京：电子工业出版社，2017.